河出文庫

ワインの科学

J・グッド

梶山あゆみ 訳

河出書房新社

ワインの科学——目　次

く私の本心からの考えであり、テーマについても、最も興味深くて意味があると思うものを取り上げている。科学的な話題を選ぶ際には、できる限りの公正を期したつもりだ。しかしながら、利害の対立が起こりうる状況にあることを読者には知っておいてほしい。ここ数年、私はワインについての文章を書くだけでなく、ワイン関連のさまざまな企業のために有償で仕事をしてもいる。たとえばテイスティング会を運営する、講演を行なう、ブレーンストーミング・セッション（自由に意見を出し合う会議）に参加する、デイベートの司会をする、ディスカッションのパネリストを務める、などだ。ただし、私はどの組織にも所属していない。これまでに仕事をしたことのある企業や団体のなかで本書と関連があるのは、ディアム社（ワイン栓メーカー）、ノマコルク社（ワイン栓メーカー）、コーンテック社（ワイン・テクノロジー企業）、ラルマン社（酵母および醸造関連商品メーカー）、ニュージーランド・ワイングローワーズ（生産者団体）である。読者にこのことを伝え、自分で判断してもらうことが大切だと考える。

旧版を執筆してから、ソーシャルメディアは私たちの世界に欠かせないものとなった。ということで、フェイスブックやツイッター（@jamiegoode）を通じて喜んで読者とやり取りをしたい。古き良き電子メール（jamie@wineanorak.com）も歓迎だ。

二〇一三年五月

ジェイミー・グッド

はじめに――なぜワインに科学が必要か

ワインはまれにみる飲み物である。考えてもみてほしい。ただの発酵したブドウ果汁が、さまざまな文化で中心的な役割を担い、しかもその地位を何千年ものあいだ保っている。いったいなぜだろうか。ワインは八〇〇〇年ほど前にユーラシアで生まれ、今や世界中で夕食のテーブルに欠かせない存在となった。どうしてだろうか。人はワインを収集し、ワインの本を読み、収入のかなりの部分をワインにつぎ込む。実入りのいい仕事を辞めて、自分でワイン造りを始める者までいる。二〇世紀には科学技術が目覚ましく進歩するとともに、おおむね地方に根差していた産業がいくつも都市に移った。それでもワイン造りは(今のところ)生き残っている。ブランド戦略やマーケティングの天才がどう頑張っても、ワインを近代的な小売システムに取り込むことはできない。ワイン産地でない国々では、ワインは高級品というイメージが強かったのに、今やそこから脱却して大衆の飲み物になる兆しを見せている。

ワインの原料となるブドウには、もともとヨーロッパブドウ（学名ヴィティス・ヴィニフェラ）というひとつの種しかない。そこから何千もの品種が生まれ、それぞれが独自の個性をもつようになった。ブドウには、生まれ育った土地の特徴をワインに伝える性質もある。ブドウから生まれる飲み物は風味や質感が多種多様で、甘味や渋みの度合いもさまざまだ。だからいろいろな料理を見事に引き立てる。それだけではない。天然のアルコール飲料として、気分を変え、気持ちをほぐしてくれる。おまけに、適量を飲む分には体にもいいらしい。

本書では、この素晴らしい物質を特別なレンズで覗いて探っていきたいと思う。科学というレンズだ。ワインは古くからある飲み物であり、科学に基づく近代的な世界観の助けなど借りずとも何千年ものあいだ造られてきた。それは百も承知である。科学がワインにもたらしたものは、少しもワインのプラスになっていないとの声も多い。たとえば、ブドウ畑では殺虫剤や除草剤をまいたり、機械でブドウを収穫したりする。醸造所では、濾過《ろか》や、培養酵母や酵素や、逆浸透膜装置を利用する。そうした科学の「進歩」のせいで、かえってワインの品質が損なわれているとの指摘もあるだろう。

それでも、科学は大いにワインの役に立つものなのだ。それは、工場で製造される巨大《メガ》ブランドであろうと、職人が造る銘醸ワインであろうと変わらない。なぜ科学が有用なツールになるのかを、この序章のなかで簡単に説明していこうと思う。もちろん、ツールというものは何でもそうだが、正しく使われもすれば悪用されもする。だが、ワインを取り巻くじつに興味深い話題の数々に、科学的な視点からの理由づけを加えれば、普段飲むワインから高級ワインまで、注目に値する素晴らしいワインを生む助けになるはずだ。そのことを明らかにするのが本書の目的のひとつである。人の手を加えない「自然な」ワイン造りを目指す場合であっても、ワイン科学の基礎を理解していれば途中の失敗を減らせるだろう。たとえば、ワイン愛好家は特定の土地、つまり特定のテロワールで生まれるワインに大枚をはたく。ワインの科学を通じてその畑の何が特別なのかを突き止められれば、似たような土地を見つける手がかりになるし、それほど恵まれていない畑からでもより良いワインを造る手助けになるかもしれない。

科学は役に立つ

科学的手法は非常に有用なツールだ。偏見や先入観を打ち破ってくれ、難しい問題を解決する手立てにもなる。私たちを取り巻く世界がどうなっているかを明快に示してくれるので、特定の環境を理解する助けになる。また、実際に使い物になる新技術を開発するのにも役立つ。

ここで強調しておきたいのは、科学を利用して思いどおりの成果をあげるには客観的になることが大事だということだ。人間という生き物は、もともと客観的にはできていない。もって生まれた予断や偏愛や偏見によって、あちらに引かれ、こちらに押される。だから、優れた科学者は一歩脇にのいて、自分の研究対象を非情なまでに客観的に眺めようと努める。科学研究を支える二本の柱は観察と実験だ。科学者はそこに何があるのかを観察し、仮説を組み立て、それから実験をしてその仮説を検証する。全力を傾けて仮説の誤りを証明しようとする。それ以外に、自説の正しさを確信する方法はない。

もっと具体的な例で考えてみよう。かりにあなたが、ブドウのうどんこ病を防ぐ薬剤を開発したとする。どうすればその効果を検証できるだろうか。すべてのブドウの木にその薬剤をまいて、結果を見ればいいと思うかもしれない。だが、そのやり方には問題がある。肯定的な結果が得られたとしても、あなたの薬のおかげかどうかはわからない。ブドウにとって好ましい何らかの条件がほかに存在するためかもしれないのだ。科学的手法が物をいうのはこういう場面である。

別の例もある。たとえばあなたが、ワインは心臓病の予防になるという仮説を立てたとする。仮説を証明するにはどうすればいいだろうか。倫理上の理由により、人体実験でじかに確かめるのはまず無理だ。しかも、ひとつの被験者集団のなかで、彼らの条件(ワインを飲むか飲まないかなど)をひとつだけ変えるのも簡単ではない。心臓病のように、発症までに長い年月を要する病気が対象の場合はなおさらだ。

まず動物実験を行なう手はある。動物実験の長所は、自分が行なう処置の生理学的な効果を詳しく調べられることだ。ただし、ネズミやウサギの生理機能は人間とは異なっている。そこが問題だ。動物実験でどんなことが明らかになっても、その知識を利用できる範囲は大幅に限定される。もうひとつのやり方は、人間が心臓病を発症する過程でかならず現れるひとつの生理学的なプロセスに注目し、有志の被験者を対象にして、ワインの摂取がそのプロセスにどう作用するかを短期間観察するのだ。もちろん、確実に心臓病の指標となるプロセスを見つけ出すことが一番の鍵であり、そこがいつも非常に難しい部分となる。

あるいは、大勢の人を長期にわたって観察し、ワインを飲むと心臓疾患が進行するかどうかを確認してもいい。疫学研究と呼ばれる手法だ。

反科学の動き

このように、科学が役立つことは明らかなのに、現代は反科学の空気が色濃い。一九六〇年代や七〇年代には、科学者はおおむね尊敬される存在だった。今日では懐疑の目を向けられている。なぜ世間は科学に幻滅してしまったのだろうか。ひとつには、科学に裏切られたとの思いがあるからだ。科学は多くのことを約束したのに、その約束を果たせなかった。科学が進歩しても、病気も犯罪もない幸福な社会は実現していない。消費者は医学の限界を感じ取って幻滅を覚え、科学的に立証されていない民間療法に頼るケースが増えてきた。現在や未来の問題が科学で解決できそうに思える場合でも、消費者は本当にその解決策を求めているとはいい切れずにいる。たとえば、遺伝子組み換え（GM）作物などがそうだ。

私たちは科学に多くを期待しすぎたのかもしれない。それとも、できもしない約束をした科学者たちが悪いのか。結局のところ、科学はひとつの道具である。驚くほど役に立つが、道具であることに変わりはない。倫理、道徳、宗教、政治、法律といった領域にある問題は科学では扱えないのだ。だが、悪いのは科学手法そのものではないし、道具やプロセスとしての科学が失敗したわけでもない。むしろ、畑違いの問題に科学者からの答えを期待した社会が間違っていた。科学はエンジンの役目を果たして目的地に着くのを助けてくれる。だが、車を運転するのは断じてエンジンではない。

科学者は、測定できないものを軽視したり無視したりするとよく非難される。たとえば、ワインには「魂」があるという考え方がある。だからこそワイン造りにかかわる人たちは、誠実に仕事をして嘘偽りのないワインを造り、その土地の特徴をワインに忠実に表現させようとする。科学者にとって、こうした姿勢は理解に苦しむものだ。しかし、同じワイン造りに携わっていても科学に明るい人はいる。そういう人たちと、たとえばビオディナミの支持者のように科学以外の言葉で語ろうとする人とのあいだで、何らかの対話が始められるにこしたことはないだろう。

以上のことがワインとどう関係しているのだろうか。本書では、科学のレンズを通してワインを眺めていく。ブドウ栽培やワイン醸造の分野においても、ワインと人体の相互作用を調べるうえでも、科学は有効な（欠かせないといってもいい）ツールである。本書ではそれを明らかにしていこうと思う。だがワインというものは、人を夢中にさせ、文化に色濃く彩られ、人生を豊かにし、喜びを与えてくれる液体でもある。そのワインをおもしろくしている要素をすべて剝ぎ取って、ただの技術的に完璧な工業製品にしたほうがいいなどというつもりはない。科学がどれだけワインの役に立とうと、それでワインが科学者のものになるわけではないのだ。そこで本書では、ワイン科学の本によくあるような無難な話題を離れ、ワイン愛好家が話の種にしたくなる非常に興味深いテーマに分け入ってみたい。たとえば、テロワール（地域特有の味）、ビオディナミ（超科学的な農法）、人為を排した「自然派」ワイン、などだ。

科学がワインに貢献できる余地は大きい。本書は専門家でなくても理解しやすいように書かれているが、専門家の関心も引きつける十分な内容をもっている。本書を通じて、読者がワインへの理解を深め、文化に色濃く彩られたこの魅力的な飲み物を究める助けにしてもらえれば幸いだ。

第1部　ブドウ栽培の科学

1章　ブドウとはどんな植物か

ひとつの種から数千もの品種へ

アギオルギティコにアルバリーニョ、バガにブールブーラン、カベルネ・ソーヴィニヨンにシャルドネ、ドルチェットにデュリフ。ブドウには数千もの品種があって、そこから途方に暮れるほど多種多様なワインが造られる。だが、それらはすべてひとつの種、ヴィティス・ヴィニフェラから生まれた。推定によると、地球上には約一万四〇〇〇～二万四〇〇〇の栽培品種があるそうだが、実際には同じ品種に違う名前がついているものも多いため、正確な数字はおそらく五〇〇〇～八〇〇〇種類程度と見られている。近年、このテーマに関する『ワインのブドウ』[1]という重要な本が刊行されたが、これによれば、商業目的のワインを造るのに使われているブドウは一三六八品種だ。いずれにしても種のレベルではすべて同じであり、現在消費されているワインのほぼすべてがそのたった一種のブドウを原料としている。ヴィティス・ヴィニフェラとは学名であり、一般にはヨーロッパブドウと呼ばれている。原産地は、ヨーロッパとアジアが出会う中東だ。この地に行けば、今でも野生のヴィティス・ヴィニフェラを見ることができる。

ブドウ属（ヴィティス）には約七〇の種があり、その多くはアメリカに自生している。たとえばヴィティス・ラブルスカ種（一般名アメリカブドウ）、ヴィティス・リパリア種、ヴィティス・ベルランディエリ種などがそうだ。これらのブドウからワインが造られることもないではないが、独特の風味が出てしまう。アメリカ原産のブドウは味に価値があるのではない。アブラムシの一種であるフィロキセラとともに進化してきたために、フィロキセラと共存できるという点にその重要性がある。このため、アメリカ原産のブドウは台木《だいぎ》として使われ、ヴィニフェラ種に属するほぼすべてのブドウがその上に接《つ》ぎ木されている。一九世紀後半、フィロキセラがアメリカからヨーロッパに渡って猛威を振るい、ブドウの根を食い尽くした。接ぎ木という方法がなければ、ヨーロッパはもちろん、世界の多くの地域でブドウ栽培は壊滅していただろう。これについては5章でさらに詳しく見ていきたい。

野生のブドウ

ブドウの木というとたいていの人が思い浮かべるのは、綺麗に仕立てられたブドウが畑に整然と並ぶ光景か、低木としてこんもりと茂っている姿だろう。だが、野生のブドウはそんなふうには育たない。ブドウは本来、森林地に生える蔓《つる》植物だ。木に巻きつい

オリーブの木に絡まって成長する野生のブドウ。ポルトガルのドウロ地方。写真は、台木にもなるアメリカ原産の品種と見られ、実をつけている。

てよじ登っていく。蔓が樹葉の天蓋を突き抜けて日光を浴びると、花を咲かせ、実をつける。ブドウの実は鳥に食べられ、鳥の糞によって種子がまき散らされる。ブドウはこのようにして育つので、広い範囲に根を張らないと、自分が巻きついている木と競って水や養分を手に入れることができない。限られた資源を最大限に利用する能力が必要不可欠といえる。また、樹冠の外に出て日光を浴びるために、茎をできるだけ短期間で長く伸ばす必要もある。花を咲かせるのも実を結ぶのも、日光を受けているときにするべき活動であって、まだ樹冠の陰にいるときに始めても何の役にも立たないからだ。ブドウは生まれながらに競争力が強く、生育形態も柔軟で、巻きついた相手の形に合わせることができる。

野生のブドウを栽培植物にする

ワインのためのブドウ栽培を考えるときも、この本来の姿を念頭に置くことが大切だ。遺伝子によってブドウがどのように「プログラム」されているかを知ることが、効果的なブドウ栽培の科学を理解する助けになる。

太古の昔に生きた人々も、ブドウの生育に適した土地に住んでいさえすれば、野生のブドウの木とおいしそうな実に慣れ親しんでいたに違いない。野生のブドウがどういう経緯で栽培されるようになったのかは謎に包まれている。だが、さまざまな推測がなされていて、なかでも「旧石器時代説」と呼ばれる仮説は信頼できそうに思える（証明は不可能だが）。旧石器時代の人間が、食糧を探しているところを思い浮かべてほしい。ふと彼らは、木に巻きついた蔓から色鮮やかな実が下がっているのを見つける。つまんで食べてみると、おいしい。そこで、その実を集められるだけ集めて、ありあわせの入れ物に入れた。家に帰る途中、ブドウの実の重みでいくつかが潰れ、そこから発酵が始まる。こうして数日後には、原始的ではあるがすぐ飲めるワインが入れ物の底に溜まった。もしもあなたが容器の底にこういう液体を見つけたら、味見してみるのではないだろうか。こんなふうにしてできたワインの味が素晴らしいとは思えないが、大昔の人はあまり選り好みをしなかったに違いない。この液体を飲んで、多少なりとも気分が変わる効果を感じたら、この飲み物はたちまち人気を博したことだろう。すぐにブドウを意図的に植え始めたのではないだろうか。誰かが数個の種を植え、試行錯誤を重ねながらブドウ畑を作った。正確に特定するのは難しいが、ブドウがはじめて栽培品種となったのは遅くとも七〇〇〇年前、早ければ一万年前のことだと見られている。

ブドウについて詳しく見ていく前に、植物全般の形態と生理機能の基本原則を簡単におさらいしておいて損はない。それをブドウに当てはめて考えると、理解がしやすくなる。

ブドウの構造と成長

　地上に生える植物は六つの難題に直面する。ひとつ目は、十分な量の水を探し、その水分を失わないようにしながら同時にガス交換も行なうこと。ふたつ目は、草食動物に食べられたり病原体に攻撃されたりしないように身を守ること。三つ目は、十分な光を探して光合成をすること。四つ目は、生殖をして種子をまき散らすこと。五つ目は、季節の周期や環境の変動に適応すること。六つ目は、ほかの植物との競争に負けないことだ。こうした難題にどのように対処してきたかが、植物の成長や形態、さらには生理機能を形作り、またそれらに制約を与えてきた。ブドウの場合にはこうした難題に加え、森林地に生きる蔓植物ならではの制約や機能がある。

　では、ブドウの木の仕組みをまずは根から見ていこう。根にはふたつの役割がある。固定することと、取り込むことだ。具体的に何を土から取り込んでいるのだろうか。ほかの植物と同じで、ブドウもそれほど多くのものはいらない。自分でほとんど何でも作ることができるからだ。とはいえ、過不足のない水の供給と、水に溶けた無機イオンは必要だ。このイオンは多量栄養素と微量栄養素に分けられ、いずれも無機物（炭素が含まれていない）である。根の成長は、植物の成長プログラムと、地中における無機栄養素の分布との兼ね合いによって決まる。根は地中の水分と栄養分を探す。その場所を感

ブドウの新梢。写真はフランス・ヴーヴレ地方のシュナン・ブラン種。①成長点。茎頂分裂組織ともいう。②巻きひげ。③葉。葉と巻きひげは、茎の「節」から生える。節と節のあいだの部分を節間と呼ぶ。④葉腋で形成されつつある副梢。その隣にあるのが⑤主芽。

知すると、そのあたりに選択的に側根《そっこん》を伸ばす。土壌の上層にあまり栄養分がないと、根は深く伸びていく。そうすることによって水分の供給が安定するからだ。根は地下三メートルかもっと深いところにまで達する場合がある。一本のブドウのこの根系《こんけい》が、地上部の巨大な構造を養っているわけだ。

ブドウの地上部は、いかにも蔓植物らしい形をしている。新梢《しんしょう》は単純な構造で適応性が高く、短期間で成長できる。ブドウは自立しないので、胴回りを太くするために資源を無駄遣いしなくてもいい。必要なのは細くて長い新梢であり、そこから副梢《ふくしょう》が出て、最終的には木質《もくしつ》になる。木質組織が形成されるのは、構造上の理由からではなく保護のためだ。とくに休眠期に植物を守ってくれる。新梢には、一定の間隔を置いて芽が作られる。芽は複雑な器官で、葉か花か巻きひげのいずれかになる可能性をもっている。芽は休眠期に活動を止めながら、二シーズンかけて成長を続ける。

新梢の形態と構造

新梢は「節《ふし》」と呼ばれる器官によっていくつかの部分に区切られる。節の片側には葉が、反対側には芽がつき、これが巻きひげかつぼみになる。つまり、栄養部分（葉）と繁殖部分（花）の両方の分裂組織（細胞分裂が盛んに行なわれる成長部分）が同じ新梢上に作られる。ブドウの成長の鍵を握るのは光だ。光は、成長を促す最も重要な刺激である。新梢には正の屈光性があるので、光に向かって伸びていく。光は開花を誘発するうえでも欠くことができない。巻きひげは茎が変態したもので、支持物に巻きついて登っていくのに必要だ。

芽の形成と開花

ブドウの開花には二シーズンかかるところが普通とは変わっている。休眠していた芽に対して最初に開花プロセスが誘発されるのは夏なのだが、実際に花が形成されて開花が始まるのは次の年の春だ。開花が誘発されると、茎頂《けいちょう》分裂組織（細胞分裂が盛んな成長点のこと）から側方分裂組織が生じる。これが花か巻きひげになる。

花が形成されて受粉が起きるのは、暖かくて天候の安定した時期が最も好ましい。栽培品種のブドウは雌雄同花（同じ株の個々の花に雄性生殖器官と雌性生殖器官の両方が備わっている）なので、自家受粉する。受粉期の天候が悪いと、質の悪い実やふぞろいの実ができてしまうため、ブドウ園のカレンダーにおいて開花はブドウ栽培の成否を握る重要な局面のひとつといえる。

上　開花前のブドウの花房。写真はアルザス地方のマスカット種。
中　ブドウの開花。ヨーロッパブドウの栽培品種はほぼすべてが雌雄同花で、花には雄性生殖器官（葯、雄しべ）と雌性生殖器官（胚珠、心皮、雌しべ）の両方が備わっている。写真の花はほぼすべて開いているが、まだ「帽子」がついている花もある。これが落ちずに房のなかにとどまると、シーズン後半に灰色カビに感染する場合がある。
下　巻きひげ。ブドウはこの特殊な器官を使って、野生の状態では別の植物に、またブドウ畑ではワイヤーや格子などに絡みついて成長する。

赤ブドウのヴェレーゾン。実が果皮にアントシアニンを蓄え始め、色を緑から赤や黒に変える。これに伴って果皮が柔らかくなり、実が膨らみ、糖が蓄積される一方で酸が減る。白ブドウにもヴェレーゾンはあるが、アントシアニンをもたないためにあまり目立たない。

実の成長

ブドウの実は鳥のためにある。野生のブドウは、鳥の力を借りて種子をばらまくように実を「設計」した。鳥は空を飛んで自由に移動できるうえ、鳥が行きそうなところはブドウの種をまく場所として先行き有望だ。ブドウの実にあれだけの糖分が含まれているのも、種子を運んでくれる鳥へのご褒美である。だが、実をもっていかれるのが早すぎるのは困る。種子の準備が整って、まき散らしてもいい状態になってからか、秋が始まる前が望ましい。秋には雨が降って発芽に適した条件になる。このため、ブドウの成熟はタイミングが絶妙に調節されていて、三つの段階に分かれている。

第一段階では実の構造ができる。この間《かん》、酸の蓄積と急速な細胞分裂が起きる。この成長のペースがゆっくりになると第二段階に入る。第二段階は「ヴェレーゾン（色づき期）」と呼ばれ、赤ブドウの場合は果皮が緑色から赤色に変わり、白ブドウの場合は濃い緑色が柔らかい半透明の緑色になる。続く第三段階ではふたたび成長が始まる。糖とフェノール類が蓄積され、酸が減少する。これらはすべて鳥のためのものだ。熟さないうちは緑色で目立たないようにし、しかも食欲をそそらない味にする（酸味が強く、草のような味のピラジンを多く含み、タンニンの渋みもある）。ところが、実が熟すと魅力的な赤や金色に変わって、味も素晴らしくなる（あらゆる果物のなかで最も甘く、酸味が少なく、タンニンが成熟し、青臭い風味も減っている）。鳥に向かって、食事の用意ができたことを告げているわけだ。実のなかで最も早く成熟するのは種子で、ヴェレーゾンの頃にはすべての生理機能が整った状態になる。これも理にかなっているといえるだろう。

実の成熟

では、ワイン造りにとってのブドウの成熟とは何だろうか。それは何の成熟について語るかによって違ってくる。ワインの世界では二種類の成熟が話題になる。糖分の蓄積と、フェノール類の成熟（生理学的成熟ともいう）だ。後者は風味の成熟と呼ばれることもある。自分の畑の気候に合った品種を選び、適切に育てれば、完璧に成熟した実という目標に到達する。風味の成熟と糖度が一致して、アルコール度数が一二〜一三度のワインになるはずだ。ところが、糖分が蓄積してリンゴ酸が減少するプロセス（気候に左右される）と、色と香りの深まりやタンニンの成熟（フェノール類の成熟）は連動しない。後者は気候の影響をあまり受けないためだ。その結果、温暖な地方では、ブドウの風味が成熟する頃には糖度がかなり高くなってしまう。

旧世界（欧州）にある昔ながらのワイン産地は気候が冷涼なところが多い。ブドウの収穫期は、日が短くなって気温が下がる時期と重なるので、糖分の蓄積はゆっくりと進む。こういう地域では、糖度が収穫のタイミングを推し量る目安になる。糖度を測るのは簡単で、畑で行なうことができる。アルコール度数にして一二度相当の糖分が蓄積していれば、フェノール類の成熟も十分なレベルに達していると考えていい。一方、新世界（欧州以外のアメリカ、オーストラリアなど）のワイン産地で同じ糖度のブドウを収穫したら、まだ風味の成熟していないワインができてしまう。

成熟のプロセスでは日光が決め手になる。日陰のブドウは、日光を浴びたブドウより糖度が低くて酸味が強い。日光は芽の生殖力も左右する。そのため、ブドウ栽培における重要な目標のひとつは、葉を茂らせすぎないようにして木陰を作らないことにある。これについては9章で詳しく見ていきたい。

さまざまな品種、さまざまなクローン

ブドウの学名の「ヴィティス」は分類学でいう「属」にあたり、「種」よりも一段階上になる。進化の歴史をさかのぼると、かつてこのヴィティスが三つの系統に分かれた。そのうちのひとつ、ヴィティス・ヴィニフェラはヨーロッパブドウとも呼ばれ、今日造

られているほぼすべてのワインの原料になっている。ふたつ目のアメリカ産ブドウ（学名ヴィティス・ラブルスカ）は、フィロキセラ（5章参照）に強い台木として利用され、この上にヴィティス・ヴィニフェラを接ぎ木している。三つ目としてアジアブドウもわずかにあるが、ワインにとっての重要性はほとんどない。

ヴィティス・ヴィニフェラはひとつの種にすぎないが、進化と交配によって数千もの品種が生まれ、ワイン造りに使われている。栽培されるようになった結果、これらの品種は実のつきがよくなるとともに、さまざまな地域に広がった。

では、そもそも「ブドウの品種」とは何なのだろうか。私はこの疑問を研究者のジョゼ・ヴィラモーにぶつけてみた。「ブドウの品種というのは、一個の種子から育った植物が人間によって選択され、何百年も何千年もかけて取り木や穂木《ほぎ》で増やされ、その過程でいくつもの突然変異を蓄積したもののことです」と彼は答える。「古い品種のブドウであればあるほど、形や色や、性質や特徴が多様になります。このように、同じ品種のなかで違った特徴をもつものを『クローン』と呼びます。すべてのクローンが合わさってひとつの品種を作っています。どれも出発点は父と母です」。突然変異がいくつも蓄積するだけでは新品種は生まれない、とヴィラモーは指摘する。有性生殖が必要だ。「人間と同

ワイン研究者のジョゼ・ヴィラモー博士。分子生物学に基づいた最新の技術を使って、ブドウの品種に関する重要な研究を行なっている。

じです。どんな品種もかならず父と母から生まれます。突然変異が積み重なって新しい品種になるわけではありません。そうでないと際限がなくなってしまいますからね」。

この定義でいくと、ピノ・ノワール、ピノ・グリ、ピノ・ブランは別々の品種ではないことになる。「ピノは一個のブドウ品種です。非常に古い品種なので、これまでにたくさんの『事故』に遭ってきました。つまりたくさんの突然変異です」とヴィラモーは説明する。「なかには驚くような突然変異もあります。実の色にだけ変化が起きて、あとはほとんど何も変わらないんです。ピノ・ノワール、ピノ・グリ、ピノ・ブランのDNAを分析して、一〇から一二ヵ所の領域を調べただけでは、色の変異が起きた場所は見当たりません。DNAの特徴はどれもみな同じに見えます」。

ブドウは無性生殖で増やすことができる。接ぎ木をすれば、親品種と同じコピーが新たに誕生する。ブドウを種子から育てようとすると、まず間違いなく失敗する。遺伝子の組み合わせが変わるために、普通はその品種がもつ好ましい特徴が失われてしまうからだ。そのため、ほとんどのワイン農家はもてる品種で満足していて、品種特有の特徴が失われないようなかたちで改良したいと思っているだけである。

先ほども触れたように、ひとつの品種にはいろいろなクローン（同じ品種だが異なる特徴をもつもの）が存在する。そのなかには、枝変わりといって、芽の遺伝子が自然に突然変異を起こしたために遺伝的に異なる新梢が生じるケースがある。こうした突然変異はたいてい良からぬ変化をもたらす。ところが、ときとして好ましい影響が現れる。

その場合は、枝変わりを起こした新梢を切って接ぎ木にして増やせば、その品種の新しいコピーを得ることができる。十分な時間がたてば、ひとつの品種からそうやってさまざまな種類のクローンが生まれる可能性がある。

近年では分子生物学を利用した技術が発達したため、遺伝子の解析を通して、従来の研究ではわからなかった品種間の関係も解明されてきている。

レトロトランスポゾンとブドウの実の色

ところで、なぜブドウの色に白や赤があるかを考えたことがあるだろうか。ブドウ栽培家たちはこれまで、祖先の野生ブドウはすべて黒っぽい色の果皮をもっていたと考え、白ブドウは突然変異で生まれたと考えてきた。だが、具体的にどういうメカニズムで白ブドウが誕生したのかは謎に包まれていた。ところが近年、果皮の色が決まるメカニズムが日本人研究者によって突き止められ、白い果皮を生む変異遺伝子が特定された。二〇〇四年に、果樹研究所の小林省蔵率いる研究グループが『サイエンス』誌に発表した発見である。

果皮の黒色や赤色は、アントシアニンという赤い色素から生じている。この色素の合成は複数の遺伝子によってコントロールされている。小林のグループは、レトロトランスポゾンと呼ばれる特定のＤＮＡ配列が、その遺伝子のひとつを発現させないようにしていることを突き止めた。つまり白ブドウでは、レトロトランスポゾンが邪魔をして、色素を合成するスイッチが切られていたのである。レトロトランスポゾンは移動可能な遺伝情報であり、別の遺伝子の近くや、遺伝子配列のなかに入り込んで突然変異を誘発しうる。小林たちはまた、アントシアニンを調節する遺伝子を白ブドウの果皮に挿入すれば赤い色素を誘導できることや、白ブドウ品種の遺伝子から自然にレトロトランスポゾンが移動して、白が赤に突然変異した例があることも示した。

「納得のいく仮説だと思いますね」と語るのは、カリフォルニア大学デイヴィス校ブドウ栽培学部のアンドリュー・ウォーカー教授。「いくつかの品種、とくにピノ・ノワールと、その色の異なる枝変わり（ピノ・ブランとピノ・グリ）について、育種家や遺伝学者や栽培家が観察してきたこととも一致します」。

ブドウの遺伝子研究で有名な同大学のキャロル・メレディスも、小林たちの研究が大きな意味をもつと考えている。「レトロトランスポゾンが昔からブドウのなかで活動していて、ワインの成分組成や風味の重要な特徴を生んできたとしてもおかしくはありません」。品種内に枝変わりが生じるうえで、レトロトランスポゾンがどんな役割を果たしているかについては現在研究を進めているとメレディスは補足する。「ワインブドウにとってレトロトランスポゾンが非常に重要であることが、私たちの研究から明らかになると思います」とメレディスは語る。

（1） Robinson J, Harding J, Vouillamoz J. Wine Grapes. Allen Lane, London 2012

2章　テロワールの正体に迫る

ワインを統合する定義

「テロワール」は、上質なワインを統合するコンセプトとして急速に注目を集めている。かつては旧世界の専売特許だったが、最近では新世界でも話題にのぼるようになった。旧世界での従来の定義によるテロワールは、つかみどころがなく明確に説明しがたい。だがひと言でいうなら、ブドウ畑の環境がワインの質に影響することである。ワインに「地味《ちみ》」があること、ワインが「その場所らしさ」を備えていること、といってもいい。つまり、特定の土地で造られたワインには、ブドウが栽培されたときの物理的な環境に関連した特徴が現れるということだ。

テロワールは盛んに議論されている熱いテーマである。本章ではテロワールの概要を紹介しながら、なぜこのテーマがいまだに物議を醸《かも》しているのかを考えていきたい。さらには、ブドウ畑の特徴とワインの風味とのあいだにどういう関連があるかを科学的な視点から探っていく。「テロワール」と聞いただけで拒否反応を示す人がいるのは残念でならない。実際にはワイン研究のなかでもとりわけおもしろいテーマだからだ。そのことを本章で明らかにしてみたいと思う。

テロワールとは何か

テロワールについて議論するときに問題になるのは、人によってテロワールの捉え方が違っている点だ。たしかにテロワールを厳密に定義するのは非常に難しい。ひとつには、この言葉が三通りの使われ方をしていて、それぞれがかなり異なっているせいもある。

地味

テロワールの最も一般的な定義は、ワインに地味があるということだ。つまり、そのブドウ畑や地方に固有の特徴がワインの風味に現れていることを指す。だとすれば、どういう規模で話をするかがポイントになる。環境の違いがワインの風味に影響を与えるのはたしかだが、その影響はさまざまな規模に及ぶ。同じ畑でも区画が違えば、そこからできるワインの味が違ってきてもおかしくない。その一方で、もっと大きな規模で考えた場合、その地方のどんなワインにも共通する特徴というのもあるだろう。ブルゴーニュ産のピノ・ノワールとカリフォルニア産のピノ・ノワールといった具合に、ほかの

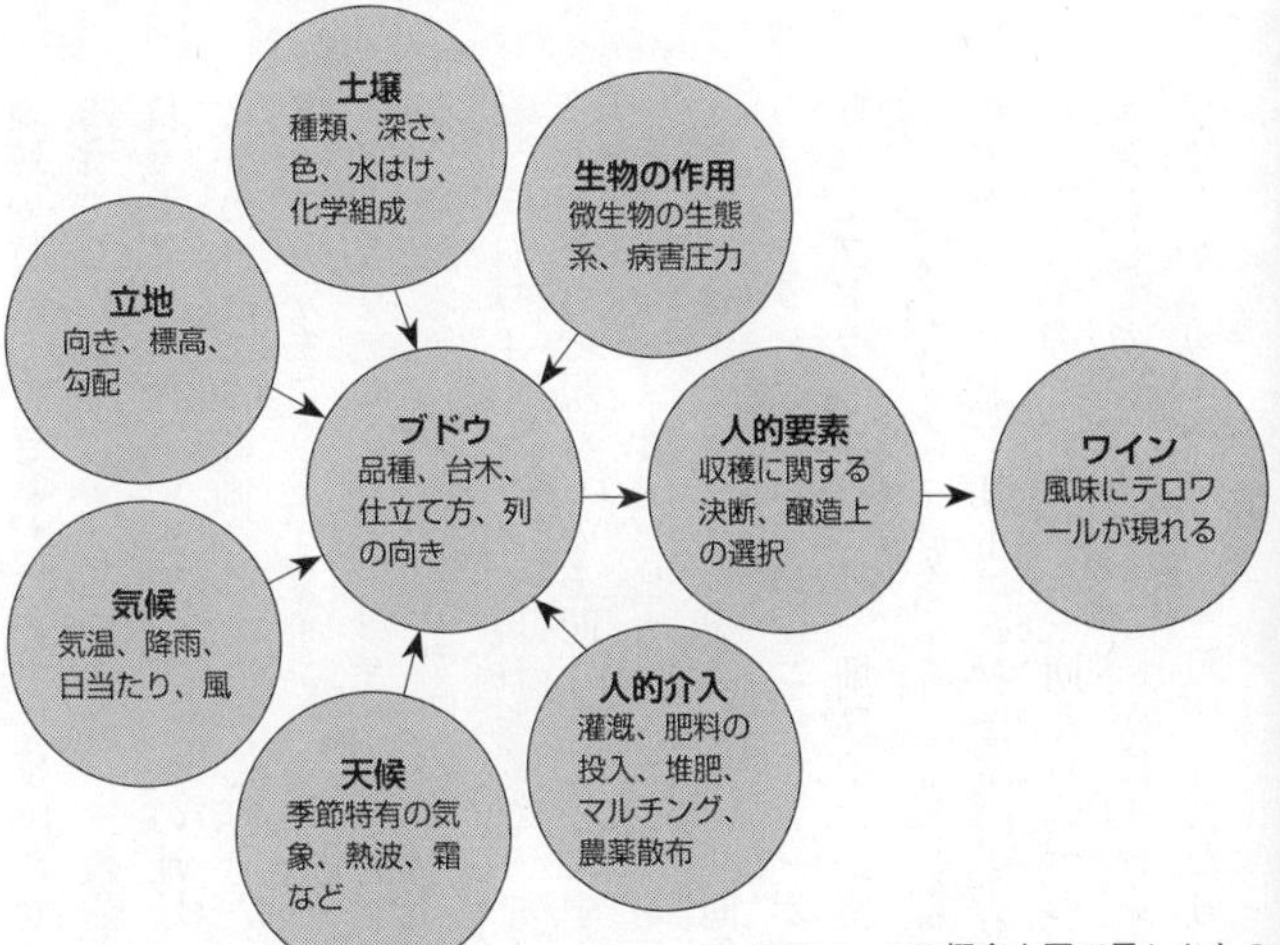

テロワールの概念を図で示したもの

地域のワインと比べてはじめてわかる特徴だ。さらには、どこまでをテロワールに含めるかという問題もある。ブドウ栽培やワイン醸造の過程で行なわれる人為的なプロセスも、ワインに地味を与える一因かもしれない。それなのに、ほとんどの人は人的な要素をテロワールには含めようとしない。

ここから興味深い疑問が浮かぶ。テロワールと「ティピシテ（個性）」はどう違うのだろう。普通、テロワールでは人間の介入を考慮しない。だが、ティピシテを維持するには、ワイン造りの技術もひと役買っているといえないだろうか。伝統的な旧世界のワイン産地でテロワールの違いが明確なのは、醸造家が用いる技術にあまり差がないためにその地域特有のスタイルが際立つとも考えられる。

地域の特性をできるだけ忠実に反映させるように、自分の技術を調節する場合もあるだろう。このようにティピシテは、一般的な定義によるテロワールよりも人為的な介入に負うところが大きいものの、手法の地域差を維持してワインにおもしろみを与えているという意味では評価されてしかるべきだ。とはいえ、テロワールのほうが概念としてのまとまりがあるうえ、ワイン醸造を含めないのなら使い勝手のいい考え方でもある。オーストラリアのクレア・ヴァレー地区でワインを造るジェフリー・グロセットは、次のように語る。「醸造技術がテロワールの一部だとは思いません。ただ、造り方がまずいと、テロワールがうまく現れなくなります。良いワイン造りとは、テロワールがそのままのかたちで現れるのを助けることです」。

セントラル・オタゴ地方（ニュージーランド）の有名なワイナリー「フェルトン・ロード」では、テロワールを人と畑の共同作業と捉えている。オーナーのナイジェル・グリーニングによれば、コーニッシュ・ポイントとカルヴァートというふたつの単一畑で採れたブドウのうち、単一畑ワインに使われるのは全体の三、四割にすぎない。残りは「バノックバーン」というレーベルに回される。「ここで悩ましいのは、どの三、四割を選ぶかです」とグリーニングは説明する。「それぞれの畑からは普通八ロットのワインができますので、それを三回くらいずつブラインドで試飲します。評価のポイントはワインとしての質ではなく、いかに土地を表現しているかです。最もカルヴァートらしいワインが『カルヴァート』ワインになり、最もカルヴァートらしくないワインは『バノックバーン』になる。コーニッシュ・ポイントについても同じです」。だとすれば、どのロットが最も畑を表現しているかをどうやって判断するのだろう。「カルヴァートのほうが上品で、引き締まっていて、直線的なワインです。コーニッシュ・ポイントは官能的で香り高いワインです。この違いは畑からくるものであり、私たちはそれをできるだけ明確に表現したいと考えています」。

ブドウ畑の環境

テロワールという言葉のふたつ目の用法は、ブドウ畑の環境そのものを指す。土壌と、下層土と、気候要因の組み合わせが、ブドウの実の生育状態に影響を与え、それがひいてはワインの味を左右する。この用法は完全に事実に基づくものなので、一番異論が少ないといっていい。

グー・ド・テロワール

最後にもうひとつの使い方がある。「グー・ド・テロワール」という言葉が、ブドウ畑によって与えられた風味を表現するのに用いられることがある。「ワインにテロワールの風味がする」といった言い方をするわけだ。これは一番紛らわしい用法である。科学的に実証できないメカニズムを前提としているからだ。これについてはあとで詳しく取り上げたい。

テロワールの実際

テロワールをもっと具体的な言葉で語ってみよう。ひとつのブドウ園に三つのブドウ畑があるとする。ひとつは平地に、ひとつは南向きの丘の中腹に、もうひとつは北向きの斜面にあるとしよう。単純化するために、三つとも同じ品種で同じクローンのブドウを栽培しているとする。三ヵ所とも地質は同じで、栽培法もまったく同じである。それぞれの畑から採れたブドウで、三種類のワインをまったく同じ手法で造る。すると、三つとも味が異なる可能性が高い。これがテロワールの作用だ。普通のブドウ畑では、この例のようにひとつの条件だけが異なるわけではなく、いくつかの点が違ってくる。また、斜面の勾配や向き、土壌の種類などの違いによって、どの品種をどこに植えるかが変わってくるため、さらなる変数が組み込まれることになる。

新世界のテロワール

長いあいだ新世界では、ワイン醸造こそが何より重要だという考え方があった。ブドウ栽培は、単なる退屈な準備段階にすぎないと見なされていたのだ。ところが、最近ではそれが大きく様変わりしてきており、なぜそうした変化が起きたかをめぐって興味深い問題が浮かび上がっている。新世界ではつい最近まで、テロワールはマーケティング戦略にすぎないと考えていた。ヨーロッパの生産者がマーケットシェアの減少に取り乱し、窮余の策として編み出したものだ、と。この姿勢が変化した背景にはふたつの理由がある。まずひとつは、高品質のワインを造るうえで重要なのは、ブドウの成熟度が均一であることはもちろん、畑内や畑間の自然環境の差異が何らかの役割を果たしていると認めることであると、新世界のワイン醸造家たちが気づいたからだ。「精密ブドウ栽培」（4章参照）という手法が広まるにつれて、同じ特徴をもった小区画に畑を分割し、必要な場所に狙いを絞って必要な介入をするやり方が一般的になってきている。

ふたつ目の理由は、高級ワインの場合は地域の特性を打ち出すことが成功への道だと気づいたことだ。とはいえ、旧世界と新世界とでは、テロワールの捉え方にわずかながら重要な違いが容易に見て取れる。一般に、旧世界の「テロワール主義者」は個々の畑の個性《ティピシテ》を表現しようとしているのに対し、新世界の醸造家はもっと実利的で、テロワールを理解することが品質向上につながると考えている。もちろん、どちらにも例外はある。

醸造家はテロワールをどう見るか

土壌や気候がワインの風味に影響を与えるというのは、ずいぶんわかりきったことのように思える。ところが、テロワールに対しては賛否両論あるのが実情だ。このコンセプトが、長らくフランスの専売特許と見なされていたこともマイナスに働いている。「フランス人はテロワールを自分たちの所有物だと考えています」と語るのは、オーストラリアのバロッサ・ヴァレーでブドウを栽培するチャールズ・メルトン。「でも、良いワイン造りをするうえで、そのコンセプトは世界共通のものです」。メルトンは、「テ」で始まる言葉自体を使うのは好まず、「ブドウ畑の区画ごとの特徴」という言い方をする。「バロッサでは個々の区画が独自の特徴をもっています」。そのため、隣り合った区画からでもまったく違うワインが生まれることがある。「それをテロワールといいたければそういってもいいでしょう」とメルトンはつけ加えた。

メルトンの見方を後押しするかのように、オーストラリアのワイン醸造家、ジェフリー・グロセットは、このコンセプトを考え出したのはフランス人が最初ではないと指摘する。「オーストラリアには何千年も前から『パンカラ』という概念があります。それをフランス語で表したのがテロワールです」。パンカラとは先住民の言葉で、気候、地質、土壌と水の関係など、その土地ならではの特徴を指す。

アルゼンチンのテロワール

テロワールに相当する言葉はスペイン語にもある。アルゼンチンの高級ワイナリー「アチャバル・フェレール」の社長であるサンティアゴ・アチャバルによると、その言葉は「テルーニョ」という。アチャバルは積極的にこのコンセプトを推し進めている。「私たちのこの言葉はテロワールと同じニュアンスをもつだけでなく、テロワールにはない意味合いももっています。それは、人が属する土地、ということ。土地が人に属しているのではありません。自分が生まれた土地と人との絆を表現しているのです」とアチャバルは説明する。「ワインの独自性と個性を生むものはテロワールしかありません。テロワールは、汲めども尽きない驚きのみなもとでもあります。場所が少し離れただけで、そして土壌の組成や日当たりや、周辺の植生さえもがほんの少し違うだけで、ワインの特徴が明らかに違ってくるのですから」。

左　チリのアルトマイポ地区にある「ビニエド・チャドウィック」の畑の土穴。土壌の構造がよくわかる。ここは沖積土で石が多く、生産力は中程度で水はけがよい。　右　ニュージーランド・マルボロ地区のブランコット・ヴァレーにある「ブランコット・エステート」の土壌構造。

アチャバルは、テロワールがいわゆる旧世界の専売特許だとの考え方に異議を唱える。「フランスやイタリアと同じようにアルゼンチンにもテロワールはあります。ほかの国々との違いは、アルゼンチンのテロワールの発見がようやく始まったばかりだということです」。

「テロワールは私たちのワイン造りに欠かせないものです」と語るのはジェフ・シノット。ニュージーランドのセントラル・オタゴ地区にあるワイナリー「アミスフィールド」の醸造責任者だ。セントラル・オタゴは近年注目を浴びているワイン産地である。「私たちが考えるテロワールとは、ブドウ畑の場所、気候、品種、そして作業をする者たちの考え方や行動の仕方などをワインが体現しているということです。自分たちを取り巻く環境を理解することによって、ブドウ畑をより適切に管理し、ここならではの地味を本当に表現したブドウを作ることができます」。シノットは続ける。「テロワールという言葉は使い古されているとの批判もあるでしょう。ワイン産業の神秘性を高めるために便利に使われてきた言葉だと。でも、ここセントラル・オタゴでは、ブルゴーニュやオレゴンやカリフォルニアなどと同じように、自分たちのワインができるだけ環境を映したものになるように努力しているのです」。

テロワールへの反論

新世界にはテロワールという概念に異議を唱える者もいる。そのひとりがカリフォルニアの醸造家、ショーン・サックリーだ。サックリーは「オライオン」という銘柄の単一畑ワインでその名を知られている。「私がいやなのは、この言葉がむやみに使われすぎていて、しかも恐ろしいほど偽善の匂いがするから。それに尽きます」と彼はいう。「もちろん、違う場所で育てられたブドウの味が違うのは事実です。というより、それが当たり前でしょう。それなのに、どうしてここまで強調したがるんです？」サックリー自身は、自分の仕事にテロワールが影響していることを認めている（「オライオンを造るうえで、ひとつの畑の微妙な変化に私ほど注意している人間はいません」)。しかし、フランス人がテロワールを必要以上に強調するのは、おもに金儲けの観点からだと考えている。「じつにありがたい、確実に儲かるコンセプトですよ。畑を売るにしろ、譲るにしろ、引き継ぐにしろ、その畑で採れたブドウであれば素晴らしいワインができるという価値がすべてついてくるわけですから」。そのせいでワイン醸造やブドウ栽培の技術が過小評価され、畑自体の役割ばかりが強調されているとサックリーは非難する。「世話をする以外の人為的介入をしなくても、大地からワインを造るためにどれほど心を砕かなくてはならないか。それだけでも複雑な厚い本が一冊書けるくらいですよ。だからフランス語には『ワインメーカー（ワインの造り手）』に相当する言葉がないのかもしれませんね」とサックリー。「フランス料理の質が高いのは、フランス人に料理の才能があるからだと思います。それと同じで、フランスワインの質が高いのは、フランス人にブドウ栽培やワイン醸造の才能があるからだと個人的には考えています」。

気候の影響か、土の影響か

テロワールには気候がきわめて大きな鍵を握っているのは間違いない。畑が立地する場所の平均的な気候によって、どの品種のブドウがうまく育つかが決まる。フランスのモンペリエ国立高等農学校ではブドウ品種の大規模なコレクションを所蔵しており、それを見てみると、熟す時期の一番早い品種と一番遅い品種とでは二ヵ月もの開きがある。

思い出してほしいのだが、どれもすべてヨーロッパブドウという同じ種に属するものだ。ブドウは気候の好き嫌いが激しく、かなり限られた気候条件のもとでないとうまく育たない。

しかし、どの場所にどの品種を植えればいいかは気候で決まるとしても、ワインを科学的に捉える際に本当の意味で興味深いのは土壌の役割である。栽培したい品種がかりに気候に合っていても、話はそれで終わりではないのだ。フランスの有名なワイン産地であるブルゴーニュがそのいい例だろう。

ピノ・ノワールがうまく育つ土地はあまり多くない。ブドウ品種のなかでもとりわけ気候の好き嫌いが激しいからである。おかげで新世界では、ピノ・ノワールに適した場所を見つけるのに何十年もかかった。同じブルゴーニュ地方のなかであっても、わずか数メートル離れただけでブドウの出来に大きな差が現れる。気候はどこも同じなので、違いを生んでいるのは土壌と地質だ。

そう考えると、ブルゴーニュはテロワールのテストケースといえる。この地方では長年の経験に基づいて、土地がパッチワークのようにいくつものブドウ畑に分けられている。人々は何百年ものあいだ、毎年一貫して良いブドウが採れる畑があることに気づいてきた。そうした観察をもとに、ワインの特徴の違いに応じて畑に序列がつけられた。以後、その特徴の違いが畑の物理的な性質によるものであることが明らかになっている。ブルゴーニュで畑の境界線が決められたとき、地質や土壌の分布状況を把握している者はいなかった。ただ、説明のつかない不思議な理由から、ほかより優れたワインを生む場所があることはわかっていた。今では、ブルゴーニュの畑の序列は下層土の違いが現れたものであり、それがブドウとワインの品質を左右していることが地質研究によって示されている。

おもしろいことに、ブルゴーニュでの白ワイン（シャルドネ）と赤ワイン（ピノ・ノワール）の区分けは完璧とはいえないらしい。イギリスの著名なワイン・ライターでブルゴーニュ・ワインの専門家であるジャスパー・モリスは、赤ワイン用の畑の一部は赤より白の生産に向いている、と著書のなかで指摘している。品種の選択が経済的要因によって決まる場合もあるのだ。

テロワールのメカニズム――テロワールは土の味？

テロワールというコンセプトは、フランスやイタリア、ドイツなどの旧世界のワイン産地ではすべての基本となっている。ワインを造る人たちはこれを理念の枠組みとして仕事をする。地域のワイン法の中心にあるのは、「アペラシオン」（ワインの名前に原産地名をつけること）と呼ばれる概念だ。これが公的なお墨付きとなって、特定のブドウ畑と特定の品種の組み合わせがその土地の特徴を忠実に再現した独特のワインを生むという考え方が認められている。それに呼応するかのように、旧世界の生産者の多くは、畑を正確に映し出すワインを造るのが自分たちの義務だと考えている。そのため、ブドウが育った土壌と関連づけてワインの特徴を語ることが多い。この「関連性」なるものが非常に具体的な場合もある。ワインに現れたミネラルの特徴が、ブドウ畑の土の無機物《ミネラル》と関連しているというのだ。ブドウの根から吸収されたわけである。では、畑の土が石灰岩や燧石《すいせき》（火打石）や粘板岩であったら、ワインにも石灰岩のような、燧石のような、粘板岩のような特徴が宿るのだろうか。私は植物生理学を研究していたので基礎的な知識はもっているが、このようにテロワールを文字どおりに解釈するのは無理があると思う。それでも、世界で最も魅力的で最も複雑なワインの圧倒的大多数は、テロワールをきわめて重視している人たちによって造られている。その事実からは目を背《そむ》けるわけにいかない。そこでここからは、とくに土に焦点を当ててテロワールのメカニズムを探ってみたい。具体的にどういう仕組みで土がワインの品質に影響を与えるのか。直接的ないし間接的な関連性があるのか。テロワール効果は科学的にどう説明できるだろうか。

土がワインに影響する仕組み

ひと口に土といっても、化学的な特性や物理的な特性はさまざまである。南アフリカのステレンボッシュ大学でブドウ栽培学を教えるヴィクトリア・ケアリーはテロワールの専門家で、テロワール効果には後者の特性のほうが重要だと考えている。ケアリーはこう指摘する。「科学文献を見る限り、土壌の影響は物理的な特性を通して現れると考えるのが妥当だと思います。もっと具体的にいうなら、ブドウへの水分供給です」。ブドウ栽培の権威として知られるリチャード・スマート博士も同意見で、かつてフランス人科学者のジェラール・セガンが行なった先駆的な研究を引き合いに出す。セガンはボルドー地方の土壌の特性を調べた。しかし、ワインの特徴や品質と土壌の化学組成とのあいだには、信頼できる関連性を見出すことができず、重要なのは水はけの良さだと主張した。セガンの結論はこうだ。「ワインの品質と土壌の栄養素含有量とのあいだに、何らかの相関関係を立証するのは不可能である。カリウムであれ、リンであれ、ほかのどんな微量元素であれ同じである」。ブドウへの水分供給を調節する土壌の物理的特性こそが、ワインの品質を決めるうえでなくてはならないもの。それがセガンの見解だった。つまり最高のテロワールとは、水はけが良く、地下水面の高さが十分で、ブドウの根につねに水が供給される一方で、ヴェレーゾン（実の色づき期）になったら地下水面が下がって栄養成長を止め、ブドウが実の成熟にエネルギーを振り向けられるような土地といえる。

どうやら、土壌の化学組成（つまり栄養素の有無）が物をいうのは、窒素が過剰で樹勢（成長する勢い）が強まりすぎてしまう場合か、何らかの栄養素が著しく欠乏している場合に限るようである。それが、私がインタビューした専門家たちの共通の見解だった。

土壌の化学的性質の影響

とはいえ、化学的性質は重要でないと見切りをつける前に、無機栄養素の影響に関する最近の研究を紹介しておいて損はないだろう。私はテロワールのメカニズムについて何らかの手がかりが得られないかと思い、植物の無機栄養素について精力的に研究している大勢の科学者と話をした。「土壌の化学的性質が、風味化合物の生産にかかわる遺伝子の発現に影響しているとしても、私はいっこうに驚きませんね」。そう答えてくれたのは、ランカスター大学（イギリス）のブライアン・フォード教授。「植物は地中の栄養素を敏感に感知して、それに反応します。この点については間違いなくたくさんの証拠があります。栄養素（窒素、リン、カリウム、硫黄、カルシウム、微量栄養素）間のバランスが重要な役割を果たしている可能性はありますね。栄養素が欠乏すると、植物のストレス反応が誘発されますが、そのストレス反応も、欠乏している栄養素の種類が違えば微妙に異なるかもしれません」。フォードが紹介してくれた何件かの文献には、地中の栄養素の組成が異なると、植物が生産するさまざまな化学物質の量が大幅に変動することが示されていた。もっと細かいレベルでいうと、植物の遺伝子発現のパターンが栄養素の有無によって左右されることが今では明らかになっている。

ノッティンガム大学のマルコム・ベネット教授とマーティン・ブロードリー博士は、リン酸塩の欠乏が遺伝子発現にどう影響するかを研究している。ふたりに話を聞いたと

左　ポルトガル北部ドウロ渓谷の片岩質土壌。一般的な植物には適さないが、高品質のブドウを栽培するには理想的である。片岩は垂直方向に割れるので根が深く伸びることができる。そのため、この地方に多い高温で乾燥した夏のあいだも、ゆっくりだが安定して水が供給される。土の生産力が低いためにブドウの樹勢が弱くなるので、実の質が高まる。　　右　ブドウ畑のテロワールを微修正する試み。ニュージーランド・マーティンボロ地区のブドウ園（「アタ・ランギ」）。実に光を反射させようと、砕いたガラスを土にまいている。この土地のように冷涼な気候では、プラスアルファの光があったほうが赤ブドウの品質が高まる場合がある。

ころ、土壌がワインの風味に及ぼす影響についてはすぐに解明が進むというのがブロードリーの考えだった。「ブドウの分子生物学については、現在、膨大な数の研究が進行中です。ワインの風味に影響を与える遺伝子も特定され始めていますよ」とブロードリーは説明する。「ブドウの分子生物学がもっと解明されれば、テロワールがワインの味に影響するメカニズムについても理解が進むでしょう。この研究によって現行の栽培法が改善され、もっと味の良いブドウを作れるようになるかもしれません。あるいは、ブドウ品種の選択や品種改良がもっと効果的にできるようになる可能性もあります」。

今のところ、テロワールを科学の目で見るといささか魅力が薄れる感はある。だからといって、これまで大切にされてきたこの概念が重要でなくなるとは思わない。世界のなかでもとくにおもしろみのあるワインを造っている人たちは、テロワールを指針として仕事をし、土壌を重視しているケースが圧倒的に多い。たしかに、ワインの風味と土壌とのあいだには直接のつながりがないように見える。それでも、土壌重視の世界観に基づいてさまざまな作業を行ない、多少なりともワインに「その場所らしさ」とミネラル感を吹き込もうとすることが、おもしろいワインを造る確率を大幅に高めているかもしれないのだ。そして、おもしろいワインは世界にもっとあっていい。

ブドウ栽培とワイン醸造についてはほとんどの面でいえることだが、テロワールに関してもまだ研究が十分ではないようだ。では、テロワールの研究には、知的好奇心を満たしてくれる以外にどんな使い道があるのだろうか。理想の世界では私たちの誰もが、一級格《ファースト・グロース》づけのボルドーや特級格《グラン・クリュ》づけのブルゴーニュのような高級ワインを毎日楽しめる。それができないのは、そういうワインがあまりたくさん造られていないうえに、高価だからだ。優れたブドウ畑を作るための具体的な方法が科学の力で明らかにできたら、より適切な管理法を実施してワインの品質を高めたり、平凡なテロワールでも素晴らしい実をつけるブドウを生み出したりできるかもしれない。結局のところ、テロワールが優れているからといって、そこに神秘的な力が働いているわけではない。ただ、もともとブドウに適した自然環境を備え、そこから採れたブドウをワイナリーで適切に扱えば極上のワインを生み出してくれる。そういう土地であるというだけのことだ。最高級のワインがすべての人の手に届くようになったら、じつに嬉しいではないか。科学が目指すべき目標として、これほど素晴らしいものはない。

次章では土壌についてさらに詳しく探り、それがワインの品質にどう影響しているかを見ていく。このところワインの世界で熱い注目を浴びている「ミネラル感」についても取り上げたい。

3章　土とブドウ

「植物は土から作られる」――古代の人々であれば、そのことに少しの疑問も抱かなかっただろう。根と土とが交わるのだから、植物の本体も、そこからできる実も、その成分はあらかた土壌の組成で決まると思いたくなる。しかし、現代科学による説明はこれとはかなり違う。現に、土を使わずに水栽培をして、水と日光と微量元素溶液を与えただけでも申し分なくおいしい果実が育つのを思い出してほしい。つまり、土が植物を作るという考えは、いくら直観的には正しいように思えてもじつは大きな誤解なのである。

植物は、日光、水、空気、微量元素を使って必要なものをすべて合成する。いわば優れた化学工場だ。ごくありふれた原材料をもとにして、複雑なものを作り出す。ブドウの木も同じである。ワイン造りの出発点となるブドウの実にしても、光合成によって糖を蓄え、さらにさまざまな生化学反応を経て糖から複雑な物質や構造を作った結果にほかならない。土壌は何をしているかといえば、ただ水と無機イオンを供給するだけである。栄養となるこの無機物がブドウ畑の土からくるのはたしかだが、ブドウが必要とするのはほんの少量にすぎない。また、その無機物に香りや味があるとしてもごくわずかだ。

だが、科学に凝り固まった見方をしばらく脇に置いて、世界中のブドウ栽培家たちが何世紀にもわたって実感してきたことに目を向けてみよう。ワインにとって、土壌は間違いなくきわめて重要だというのが彼らの生の声だ。ブルゴーニュのようなワイン産地に行けばわかる。隣り合ったふたつのブドウ畑であっても、土壌の構造が違えば生産されるワインの質は大きく異なるものだ。

畑の地質がワインに強く影響するということに疑いの余地はない。たとえば同じブルゴーニュ地方で造られたワインでも、グラン・クリュ（特級畑）のワインであれば非常に高値で取り引きされる。低級なブレンドワインはもちろんのこと、それなりに名のある村名を冠したワインであっても、価格はグラン・クリュの足元にも及ばない。だからブドウ栽培家は、自分のワインの質を高めるためなら何でもしようとする。ところが、どれだけ畑を手入れし、収量を減らし、最高レベルの醸造を行なっても、その品質には畑による限界があるようだ。

ここで矛盾にぶつかる。栽培家の声を聞く限り、土壌はワインの品質に大きな影響を及ぼしているらしい。一方、科学的な見方をすれば、ブドウの風味を生むうえで土壌はたいした役割を果たしていないことになる。いったいどうなっているのだろうか。

岩、石、土

私もそうだが、ワイン業界の人間はよくブドウ畑の土の話をする。だから間違ったことを語り散らさないために、土壌の科学についていくらか知っておいて損はないだろう。そもそも岩はどのようにして土になるのだろうか。ひと言でいえば、非常にゆっくり時間をかけて、だ。だが、地質学では時間はそれほど問題にはならない。ゆっくりといっても十分に速いのである。岩が土になるためには、ふたつのことが起きる必要がある。ひとつは風化、もうひとつは有機物の取り込みだ。

岩が大気にさらされている状態を考えてみよう。岩はときに雨に濡れ、温度変化も経験する。雨はわずかに酸性だが、それは大気中の二酸化炭素が雨に溶け込むからだ。岩の亀裂や小さな割れ目に少しでも水が入り、そのまま凍れば、水は凍る際に九%膨張するので岩に圧力を加えることになる。わずかな圧力とはいえ、果てしなく長い年月のあいだには影響が現れて岩は風化する。

生物もひと役買っている。細菌類や藻《そう》類、地衣類などの生物が岩にすみ着くことによって、風化が著しく加速されるのだ。地衣類は不思議な生物である。菌類（真菌類）と藻類というまったく異なるふたつの生物が合体している。藻類が菌類の構造の内部に共生しているのだ。菌類は酸性の分泌物を出して岩の表面を分解する。すると無機物が放出されるので、それを利用して藻類が光合成を行なう。そして光合成で生成された炭水化物を菌類と分かち合う。このように地衣類は、ほかの生物がほとんどすめない岩の表面でも成長することができる。コケ類も岩で生きていくのがうまい。湿潤と乾燥が繰り返されても生き延びることができ、成長するのにごくわずかな無機物しか必要としない。岩の表面にこうした生物が定着すると、ごく基本的な土の成分が作られ始める。物理的な風化や化学的な風化によって岩石の小さな粒子が生まれ、生物が分解されてできた有機物がそこに取り込まれ、しだいにさまざまな種類の植物が侵入してくる。

おおまかにいうと、土壌自体はさまざまな大きさの粒子からできている。それには岩や石も含まれるが、注目すべきは三種類の粒子サイズ、砂、シルト、粘土だ。具体的な大きさは分類法によって異なるものの、おおむね粗砂《そさ》は粒径が〇・二〜二ミリメートル、細砂《さいさ》は〇・〇二〜〇・二ミリメートル、シルトは二〜二〇マイクロメートル（〇・〇〇二〜〇・〇二ミリ）で、粘土は二マイクロメートル以下である。

これらが混じり合ったものに、腐植土《ふしょくど》と呼ばれる有機物を合わせれば土壌のできあがりだ。腐植土とは動植物（おもに植物）の残骸であり、土壌中の生物によって分解・無機化されて再利用されてきたものである（しかもそうした生物の活動は今もまさに行なわれている。土壌は生命に満ちあふれているのだ）。

土中の有機物は、土壌の構造や組成（土性ともいう）に重大な影響を及ぼす。「構造」とは、さまざまな土壌粒子がどのように結びつき、どのように配置されているかを表す。個々の粒子が集まって、「団粒《だんりゅう》」と呼ばれる集合体を作っている状態を団粒構造という。

この団粒が不安定だと土壌がすぐに押し固められてしまい、根がうまく水を吸えなくなるうえに通気性も悪くなる（土壌を健康に保つには空気も欠かせない）。団粒を安定させるうえでなくてはならないのが有機物、つまり腐植土だ。これが接着剤のように働いて団粒をまとまりやすくする。ブドウの根が順調に活動するためには、空気の満ちた隙間が土壌中に一〇％以上存在する必要がある。一五％ならさらに望ましい。そうでないと、水はけが悪くなって水が停滞するという問題が生じる。休眠中であれば、水が停滞しても数週間なら根はもちこたえられる。ところが成長期には、水が五日間停滞しただけでも根腐れを起こす。

土壌の表層で団粒が壊れると、表面が硬くなって水が浸透しにくくもなる。このように、土壌にとっては団粒構造が保たれていることがきわめて重要だ。それによって、土の通気性はもちろん、排水性や保水性も決まってくる。空気は微生物の活動を盛んにするために欠かせない。この土壌微生物の活動が、団粒の形成を促して安定した団粒構造を保つ役に立っており、そのことは研究からも示されている。

土壌の特性を考えるうえでもうひとつ重要なのが「コロイド」であり、微粒子が分散した状態をいう。具体的には、粘土や腐植土がこれにあたる。コロイドは化学物質を蓄える働きをもち、無機イオンを吸収したり放出したりする。粘土は体積に比して表面積が非常に大きいので、そうした能力に優れている。

ひと口に粘土といってもいくつかの種類があり、その種類がブドウ栽培に大きな影響を及ぼす。粘土はおもにケイ素の層とアルミニウムの層が重なってできているが、具体的な構造はかならずしも同じではない。粘土は大きくふたつのグループに分けられる。ひとつはカオリナイトとイライトのグループ。もうひとつはスメクタイトとモンモリロナイトのグループだ。カオリナイトとイライトは膨張性が小さく、「陽イオン交換」をする能力も低い（つまり栄養分を保持したり、その栄養分を植物の根に渡す能力が限られている）。一方、スメクタイトとモンモリロナイトは膨張性が大きく、ひどく乾燥するとひび割れる。こちらのほうが粘性は強く、可塑性があり、陽イオン交換能力が高い。

粘土質の土壌は粘土だけでできているわけではない。粘土はほかの土壌粒子と結合した状態で存在し、しかも土壌中に含まれる割合はさまざまだ。じつはこの割合が重要な鍵を握っている。粘土の含有率が高ければ、無機イオンをより多く蓄えてそれを根に渡すことができる。粘土の種類がカオリナイトやイライトではなく、スメクタイトであればなおさらだ。粘土はブドウ栽培の観点から非常に興味深いものなので、あとでまた詳しく取り上げたい。

ブドウが土壌から必要とするもの

では、生きていくためにブドウは土壌から何を必要とするのだろうか。どうやら驚くほどわずかでいいらしい。必要不可欠なのはもちろん水だ。水の得やすさとブドウの実の質には密接な関係があり、ブドウ畑の土が果たすべき最大の役割はブドウに水を供給することだとの声もあるほどだ。この点についてはあとで詳しく見ていく。

ブドウには水のほかにも無機栄養素を土から取り込む必要がある。これは、ブドウが必要とする量によって多量栄養素と微量栄養素に分けられる。

窒素はなくてはならない栄養素であり、かなりの量が必要とされる。とはいえ、たとえ必要でも多すぎれば実の質に悪影響を及ぼす。ブドウの木の樹勢を強めて、枝や樹冠を成長させすぎてしまうからだ。こうなるとブドウは、人間の思惑どおりに最良の実を結んでくれなくなる。一般に植物は、好ましい環境にあるときには葉や梢《こずえ》を成長させるのを選び、不利な環境にあるときに有性生殖をして実や種子を作る。また、樹冠が茂って日陰が多くなりすぎると、結果母枝《けっかぼし》（葉や実がつく木質の枝）の基部が日光に当たらなくなり、次シーズンの実のつきが悪くなる。実が陰になると病気の問題も起きやすい（1章および9章参照）。

逆に、土壌がやせすぎていて窒素がほとんど含まれていないと、ワインの発酵に支障をきたすことがある。発酵をうまく進めるには、酵母が窒素を必要とするためだ。また、ある研究では、窒素の含有量が最終的なワインの出来にも影響することが示されている。その研究では、スイスで一三ヵ所のブドウ畑を選び、土の窒素含有量に応じてブドウ（ドラル種）にどんな影響が出るかを調べた。この一三ヵ所は、窒素含有量が異なるだけでほかの条件はすべて同じである。すると、比較的低窒素の畑のブドウからできたワインは、そうでない畑のものと比べて可溶性固形物が多く、リンゴ酸が少なく、pH（ペーハー）が高かった。実も小さかった。ブドウの木と果汁の窒素含有量が低ければ低いほど低品質のワインとなり、香りの複雑さが失われていた。ただし、この研究で用いられたドラル種は白ブドウ品種である。実際に低窒素のブドウに現れた特徴を考えると、赤ワインであれば逆に品質の向上につながるといえるかもしれない。

カリウムも大切な栄養素である。不足すると、収量や実の質が落ちることがあり、ブドウの木そのものも病気にかかりやすくなる。だが多すぎても、とくに赤ワインの場合は問題になる。カリウムの大半は果皮に含まれるため、赤ワインが発酵するあいだにそれがワインに入り込むからだ。カリウム・イオンは、ブドウの主要な酸である酒石酸《しゅせき》と結合して沈殿するため、ワインの酸度が下がる。酸度が下がれば、ワイン造りにとって良いことはないといっていい。

カルシウムやマグネシウムも重要だ。どうやら、土壌構造が密になるかどうかはカルシウムとマグネシウムの比率で決まるらしい。カルシウムが多ければ、構造は密ではなくなる。そのほうが土壌の通気性が良く（土中の生物を活性化し）、水はけも良くなるので、ブドウにはプラスに作用する。

ブドウの根の働き

ブドウの根は周囲の土壌のさまざまな条件に反応する。根はまず主となる太い基本構造ができてから細い側根が次々に生え、それからもっと細い三次根（ひげ根）が生える。

植物の生長に必要な栄養素

多量栄養素	微量栄養素
窒素	ホウ素
リン	塩素
カリウム	鉄
カルシウム	マンガン
硫黄	亜鉛
マグネシウム	銅
ケイ素	モリブデン
	ニッケル
	セレン
	ナトリウム

三次根は水や栄養素を取り込むうえで何より大事なものだ。取り込みには受動的なものと能動的なものがある。ブドウが水を吸い上げるとき、普通はなかに溶けているものをすべて一緒に（受動的に）取り込む。だが特定の栄養素が足りず、しかもそれが土中にあれば、根はその栄養素を含む水を能動的に吸い上げる。ただ、よく似た無機イオンが存在すると、ブドウはだまされて間違った栄養素を取り込んでしまう場合がある。その結果、ひとつの栄養素を多量に吸収して、本来必要な別の栄養素が不足するという状況が起こりうる。また、たとえば石灰岩を多く含む土壌ではブドウが白化するおそれがある。土に石灰岩が多いと、植物は鉄をうまく吸収できない。鉄は葉緑素の緑色の色素を作る成分として不可欠なものなので、不足すると光合成に支障をきたす。

では、ブドウの根はどうやって土から栄養素を取り入れるのだろう。鍵を握るのが陽イオン交換だ。根は水素イオン（正の電荷をもつ陽イオン）を放出し、代わりに土壌中の陽イオンを取り込むことができる（つまり陽イオンを交換する）。土壌中の陽イオンは、負の電荷をもつ土壌粒子（粘土や腐植土など）と結合していたものだ。粘土は負の電荷を帯びることが多い。一方、腐植土（分解された有機物）は負の電荷も正の電荷も帯びることがあるので、陽イオンも陰イオンも保持できる。土壌が保持できる陽イオン（カルシウムやマグネシウム、鉄、窒素を含むアンモニウムイオンなど）の量のことを「陽イオン交換容量（CEC）」という。一般に、CECの値が大きければ土壌の肥沃度は高い。土壌が保持できる植物栄養素の量がそれで決まるからである。土壌のpHもCECに影響する。酸性に傾いた（pHが低い）土壌は、アルカリ性に傾いた（pHが高い）土壌よりCECの値が低い。CECを高めるには、土壌の有機成分を増やすことがひとつの手だ。そうすれば、CECが増して肥沃度が高まるだけでなく、土性も改善する。有機物や粘土がなければ、土壌は栄養素を保持したくてもできない。たとえば、砂や砂利《じゃり》が多すぎる土壌では、雨が降るとすぐに無機イオンがしみ出てしまう。

ところで、無機イオン（栄養素）はそもそもどこからやってくるのだろうか。岩盤から、と思いたくなるところだがそうではない。岩盤由来の無機イオンがあるとしても、植物が根を張る表土ではなく、下層土にとどまることが多いはずだ。微量が雨からきたり、石や岩など大きな土壌粒子の風化に由来するものもあるとはいえ、大部分は有機物が分解される過程で生じる。

この点をもっとよく理解しようと、私はワイン商のティム・カーライルと話をした。カーライルはかつて土壌について研究したことがあり、しかも仕事柄、ワインへの造詣も深い。「それなら微生物の活動に注目しなくては」とカーライルはいう。「土壌中の有機物がどれくらいの速さで無機イオンに分解されて、植物が利用できるかたちになるか

1　世界的に有名なブドウ畑の土壌。フランス・ブルゴーニュ地方のヴォーヌ・ロマネ村にあるロマネ・コンティ特級畑（グラン・クリュ）。土壌は石灰岩と粘土を含む。

2　フランス・ボルドー地方、メドック地区の有名な土壌。ポイヤック村の第一級畑。沖積性の小石が多いために水はけに優れ、ヴェレーゾン（色づき期）にはゆっくりと水を供給するので実を申し分なく成熟させる。

3　フランス・ローヌ地方北部、エルミタージュの丘の花崗岩質土壌。シラー種の原産地でもある。

4　フランス・ローヌ地方南部、シャトーヌフ・デュ・パプ村の有名な丸石。

5　ドイツ・モーゼル地方の粘板岩質土壌。写真はエアデナー・プレラートの畑。

6　ポルトガルのドウロ渓谷に見られる片岩質土壌。写真はキンタ・ダ・ロエダの畑。

7　スペイン・カタルーニャ地方、プリオラート地区の片岩質土壌。
8　ポルトガル北部、ダン地方特有の砂質花崗岩。
9　ポルトガル中部、テラス・ド・サド地方に特有の砂質土壌。
10　イタリア・トスカーナ地方のキャンティ・クラシコ地区のアルベレーゼと呼ばれる土壌。目の詰まった粘土質土壌に石灰分が混じっている。
11　ニュージーランド・ホークス・ベイ地方にある有名なギムレット・グラヴェルズ地区。流水によって堆積した砂礫質土壌で、水はけが非常に良い。

は、微生物の活動に左右されます。微生物の活動は、根がイオンを取り込むのも助けているんです。微生物抜きでは土壌について語れませんよ。どんなテロワールであれ、微生物がどれくらい活発かが重要なんです。なのに、微生物はいつも蚊帳《かや》の外です」。

カーライルによれば、微生物の活動に影響する要因はたくさんあるものの、とくに重要なのは水と食物、そして酸素である。「酸素は、押し固められていない土壌のほうが豊富にあります。固まりすぎた土壌には酸素が非常に少ないので、微生物の活動もほとんどありません。水はけの悪い土壌についても同じことがいえます。岩盤が多孔質であることや、土地が傾いていることが重要だというのは、ひとつにはそこに理由がありますす。ブドウにストレスを与えないため、というだけではなく、微小植物や微小動物をおぼれさせないためでもあるんです」。微小植物とは細菌や真菌類などのことだ。微小動物は、単細胞の原生生物をはじめ、小型の節足類や昆虫類、さらには線虫やミミズなどを含む。

カーライルは続ける。「こうした生物は有機物から栄養を得ます。ところが、従来の農法を行なう畑にはほとんど有機物が見られません。そのせいで微生物の活動もほとんどなく、農薬を散布すれば活動はさらに減ります。結局は何トンもの化学肥料を使わざるをえないという悪循環に陥るわけです」。

カーライルは土壌の研究をしているとき、殺菌剤や除草剤、あるいは殺虫剤が土壌微生物にどんな影響を及ぼすかを調べた。その結果、ふたつのことが明らかになる。ひとつは、程度の差はあれこうした農薬がさまざまな土壌微生物を死滅させたり、その成長を妨げたりすること。もうひとつは、人間が何らかの処置を施した土壌よりも、何もしない土壌のほうが健康だということだ。「肥料をまいた土壌についても同じことです」とカーライルは説明する。「いってみれば、無機物というのは微生物の排泄物です。土壌に排泄物が多すぎれば、微生物には毒ですよね。ですから肥料をまいて無機物を増やすことが、じつは微生物の活動を抑える方向に働いているんです。活動がなくなるわけではないけれど、活発ではありません」。さらにこうも指摘する。「ブドウ栽培との絡みでいうと、もっと注目すべきは硫酸銅です。硫酸銅は殺菌剤として、有機栽培の場合には散布が認められていますが、私が調べた土壌サンプルのなかで微生物の活動が最も低下していたのがその硫酸銅をまいた土壌でした」。

かつて大量の硫酸銅がブドウ畑にまかれた時代があったせいもあり、ほかの畑と比べてブドウ畑は銅の含有量はかなり高いことが知られている。あるフランスの著名な土壌研究者はこう語る。「だからといって、ワインの質に直接かかわる問題ではありません。銅はブドウの木にあまり吸収されませんから。ですが、土壌微生物の数や種類を減らし、ミミズなどの土壌微小動物の数や種類を減らすことにつながるのはたしかです。そうなれば微小生物のおかげで高まっていた土壌の特性や機能も衰えてしまうでしょう。たとえば団粒の安定性などです」。

根と植物ホルモンのシグナル伝達

ブドウの根はいろいろなかたちで実の質に影響を及ぼす。なかでも重要なのが植物ホルモンによるシグナルだ。根は発達の過程で、植物ホルモンをブドウの地上部に送って、成長の仕方を変えるように伝えるのである。いろいろな指令を携えた植物ホルモンが何種類もあるが、ワインの品質を考えるうえでとくに注目すべきはアブシジン酸（ＡＢＡ）だろう。根はＡＢＡを使って、水が不足しそうだということをブドウの本体に知らせる。葉はそれを受けてしかるべく反応し、水蒸気を逃がさないように気孔を閉じる。ＡＢＡはまた、別の植物ホルモンであるオーキシンと相反する働きをもつ。実の成熟をコントロールするうえで、両者が一種の綱引きを繰り広げるのだ。オーキシンは成長中の種子によって作られる物質であり、実の成熟を遅らせてヴェレーゾン（色づき期）前の時期を長くする作用をもつ。一方のＡＢＡは、実が速く熟すように働きかける。土中の水が不足していると、ＡＢＡは実に速く熟すようシグナルを送る。実にＡＢＡが大量に届く時期はヴェレーゾンと一致しており、それはこの段階で実のオーキシンが減少するためだと見られている。根が水ストレスにさらされることが、実の成熟にひと役買っているのである。

根の構造は土壌の状態によって決まる。土壌の表土が深く、水がふんだんに存在する場合には、根は時間をかけて発達し、植物の地上部にも成長を続けるよう指令を伝える。

一方、表土の浅い土壌で、水の量が十分でなかったり、根の成長を阻むような組成をもったりする場合は、樹勢が弱まる。一般に、ワインの質を考えると樹勢は弱いほうがいい。とくに赤ワインについてはそういえる。

水の供給とワインの品質

ブドウ畑の土壌できわめて大事な特性のひとつが、ブドウに対してどのように水を供給するかだ。ブドウの根は、土壌から水や栄養素をじつにうまく吸い上げる。ブドウはもともと蔓植物なので、すでにほかの植物が生えている土壌でしっかりと根を張って生きていくようにできているからである。だから水を与えすぎるとブドウの木は大きく成長し、樹冠を茂らせ、実を結ぶことにあまり力を入れなくなる。

前章でも触れたが、研究者のジェラール・セガンは一九八〇年代にメドック地区（ボルドー地方）の複数の土壌で有名な調査を行なった。そして、最高ランクのブドウ畑の多くは土壌養分に乏しいことを発見し、ブドウの根が深く張ることでそれが補われているのに気づいた。こうした畑の土は往々にして酸性で、砂利が混じっている。また、カリウムの含有量が多いためにマグネシウム量が不足し、さらに窒素量も少ない。だがそれ以外、ワインの品質と土壌養分の量との関係を明らかにすることはできなかった。

したがって、ブドウの実の質に決定的な影響を与えるのは土壌中の栄養素の有無ではなく、枝葉の成長期に土壌が水を制限するかどうかだというのがセガンの結論だ。水が適度に不足しているほうが新梢の成長（樹勢）が抑えられ、実の重さや収量が減ることがわかっている。こうしたブドウでは、実のアントシアニン量やタンニン量が増える。これは、赤ワインの質を高める理想的な条件だ。ブドウの水分状態は土壌や気候の特性によって決まる。土壌について具体的にいうと、どれくらい保水能力があるかが重要になる。ボルドーでは畑に灌漑をしていないため、水が不足すると実が小さくなってフェノール類の総量が増え、収量は減るが質の高い実ができる可能性が高まる。これがセガンの示したことだった。

この点は、もっと最近の研究でも裏づけられている。その研究では、一九七四年から二〇〇五年にかけてボルドー地方で造られた三二年分のワインを調べ、ワインの品質評価とブドウの水ストレス指数（水不足の度合い）とのあいだに相関関係があることを明らかにした。その一方で、ブドウの成長期の平均気温とのあいだには明確な相関関係が見られないという意外な結果も得られている。

では、水が不足していればかならずワインの質が高くなるかというと、そうとばかりもいえない。水不足のストレスは諸刃《もろは》の剣であり、ブドウにとってプラスにもなればマイナスにもなる。土が乾燥してくると、根は植物ホルモンのアブシジン酸を合成して地上部に送り、実の成熟を促して、樹冠より実のほうに資源を振り向けるように指示する。しかし先ほども触れたように、このシグナルを受け取ると葉は気孔を閉じるので光合成の作用が弱まることにもつながる。水が著しく不足すると葉は落ちてしまう。たしかに、水不足の度合いが高まるにつれてブドウ中に可溶性固形物が増えていき、それはとくに赤ワインにとっては好ましいことなのだが、ある一線を越えて水が不足すると可溶性固形物はかえって減る。

したがって、水供給だけでなく土壌の化学的性質もワインの質に大きな影響を及ぼしている可能性はあるのに、なかなかそちらは注目されない。これはおそらく、土壌の保水能力こそが鍵を握るというセガンの見方がワイン業界に浸透しているせいだろう。とくに赤ワインに関してはそうだ。しかし、セガンが調べたのは限られたタイプの土壌にすぎず、別の土壌を対象にすればまったく違う結果になるかもしれないと指摘する専門家もいる。

粘土の重要性

先ほども触れたように粘土にはいくつかの種類があり、土壌にどの種類の粘土が含まれているかがブドウ栽培に大きな影響を及ぼす。粘土は、土壌粒子のなかで最も小さい粒子でできていて、しかも層状の構造をもつため、体積に比して表面積が極端に大きい。だから栄養素となる無機イオンや水をきわめて効果的に保持できる。「粘土はブドウ栽培に向かないとずっと考えていました」と語るのは、「マスター・オブ・ワイン」の資格をもつジョン・アトキンソン。イギリスにブドウ園を所有し、ブルゴーニュのコート・ド・ニュイ地区のテロワールについて興味深い研究論文を書いている。「無機物と水を多く含みすぎているので、温暖な地域では必要以上にブドウの樹勢を強くしてしまうとばかり思っていました。ですからドゥニ・デュブルデューの著書を読んだときには驚きましたね。シャトー・ペトリュスのスメクタイトの粘土土壌が、メルロー種に水ストレスを与えているっていうんですから」。デュブルデューはボルドー大学の教授で、ワイン醸造学の第一人者だ。

アトキンソンは続ける。「私はこのテーマに関する資料を読みあさり、ジーロング〔オーストラリア・ヴィクトリア州〕の土壌についての報告を見つけました。そこで指摘されていたのは、粘土は保水能力が高くて土中の水の量が多いように見えても、密度が高くて根を伸ばしにくいので、かえってブドウは水を得にくい場合があるということ。これは別の論文とも一致します。その論文には、同じボルドー地方でも粘土質の土で育つブドウは、この地方に典型的な砂礫《されき》質の土で育つブドウより水不足のストレスを受けやすいと記されていました」。

ボルドーのポムロール村にある有名な「シャトー・ペトリュス」のブドウ畑は、村内ではどこよりもスメクタイト粘土が多いようだ。「スメクタイトは火山性の無機物です。内部の表面積が大きく、収縮性と膨張性が高いのが特徴です」とアトキンソンは説明する。「スメクタイトのようなモンモリロナイト系の粘土は、水を吸って膨張すると土壌のなかの孔をふさぎます。すると土が酸欠状態になって新しい根が成長できなくなりますし、すでに生えていた根の働きも妨げられます。その結果、根があまり発達しないので水の吸い上げが難しくなるんです。逆に乾燥すると収縮してひび割れができるので、その隙間に細い根を伸ばすことができます。それにひきかえカオリナイトやイライトは、ほとんど膨張も収縮もしません」。

アトキンソンはさらに続ける。「だとすれば、夏に高温になり、雨がときどきしか降らない地域で、モンモリロナイト系の粘土を含む畑に植えるというのが、ひとつの栽培モデルになるかもしれませんね。そういう条件であれば、ほぼつねにブドウに水ストレスを与えられますから。かりに豪雨が降っても、粘土が膨張して地表の孔をふさぐので、土壌にはしみ込まないはずです。ペトリュスの土壌はこの条件がそろった典型例といえるでしょう」。

アトキンソンはおもにブルゴーニュ地方のテロワール研究に主眼を置いてきた。コート・ドール県の名だたるブドウ畑は断層崖の斜面にあるため、ほんの数メートル離れただけで土壌が異なることも珍しくない。なかでも、岩盤が石灰岩（主成分は炭酸カルシウム）で活性炭酸カルシウムを多量に含む畑から最良のブドウが採れるとアトキンソンは指摘する。この炭酸カルシウムがあると、土壌構造が密になりすぎないのだという。こうした土壌では、粘土粒子がいくつも集まって塊を作っている。この塊は、砂と同じような高い排水性を備えながら、栄養素も保持できる性質をもつ。石灰質の土壌は隙間が多いので水はけを良くする一方で、その隙間に水を溜めることもできる。土に含まれる粘土がその水を引きつけ、成長期を通じて少量ずつブドウに供給する。赤ワインの特級畑《グラン・クリュ》にはスメクタイト（膨張する粘土）が多く、白ワインにはカオリナイト粘土のほうが向いている。

アトキンソンはあるフランスの研究についても教えてくれた。その研究では、ブルゴーニュ地方の二八一六個の「クリマ」を詳しく調べ、統計的な手法で分析した。クリマとはブルゴーニュ地方特有の細分化された区画畑のことで、同じ区画内はテロワールが同じだと考えられている。畑全体が一個のクリマという場合もあれば、大きな畑がいくつものクリマに分かれている場合もある。

研究では各クリマの土壌の種類と、地形や気候のパターンを調べたうえで、その結果を統計分析にかけた。すると意外な事実が明らかになる。海抜、方位、岩盤、傾斜度といった重要そうな要因が、ブルゴーニュのブドウ畑の格づけにはあまり影響していなかったのである。むしろ鍵を握るのは土壌の特性であり、それが海抜や勾配より意味をもつことがわかった。分析からは、東向きの畑が高い評価を得ているという傾向がやや見られたものの、それは日当たりの問題というより、その畑の土壌が興味深い特徴を備えているためである。

ワインのミネラル感——土の味は感じられるのか？

さて、こう考えてくると、どうしても「ミネラル感」の問題に行き着く。「ミネラル感とは、土壌に含まれる岩石を味として感じることです」と土壌科学者のリディア・ブルギニョンは主張する。リディアは夫のクロードとともに、ブドウ畑の土壌の役割についてコンサルティングをしている。その助言は高く評価され、影響力も大きい。「私たちは土壌体感試飲会を行なっています。一種の味覚トレーニングですね。実際にいろいろな岩石をさわったりなめたりもして、ワインを味わったときにも同じ感覚を見出せるようにするのです。たとえば、花崗岩に触れると冷たい感じがして、石灰岩は温かい感じがしますよね」。

ワインのミネラル感とはいったい何なのだろう。どういう味がしたらその言葉を使うと、定義づけることはできるのだろうか。そもそも、ひとりひとりが「ミネラル感」という言葉で表現しているものはみな同じなのだろうか。また、ミネラル感は、ワインに含まれる化学物質と具体的に結びつけられるものなのだろうか。どれも簡単には答えの出ない問題だ。ミネラル感という言葉はあまりにも曖昧《あいまい》でわかりにくいために、いっさい使わないという人も少なくない。

「ミネラル感」はたしかに便利な表現ではある。私も含め、ワインの専門家にはこの言葉を頻繁に使う者が多い。それでいてこれは、人によって意味合いの異なる用語でもある。「ワインにこういう特徴を感じたらそれをミネラル感と呼ぶ」という基準は私自身にはある。だが、ほかの人も同じ基準かどうかは私にはわからない。しかも、ミネラル感をもたらすものはひとつではないかもしれないのである。それに私の見る限り、ワインの複雑味を褒めたいときにこの言葉が使われるケースもあるようだ。

専門家が考えるミネラル感

専門家は「ミネラル感」という言葉で何を意味しているのだろう。有名なイギリスのワイン・ライターで、『デキャンター』誌の編集者でもあるスティーヴン・スパリアに尋ねてみた。「『ミネラル感』というのはおもしろい言葉ですね。でも一九八〇年代の半ばになるまでは存在しませんでした。私も昔は使った覚えがありません」とスパリアは振り返る。「以前はフランスのたいていのブドウ園で、過剰生産とか補糖とか、そういう不自然なことをさんざんやっていました。だから土からくるような風味が求められることはなかったし、だから言葉も存在しなかったのでしょう」。スパリアはテイスティング・ノートでよくこの言葉を使う。「私の場合は、たぶん石のような味を感じたときに使っているんだと思います。でも石は硬いものですし、ミネラル感は一般には『軽快な』ものです。その味を感じると、とにかくミネラル感という言葉が思い浮かぶんです。気づくと『後味に心地よいミネラル感が残る』なんて書いていることがよくありますよ。たぶん『ミネラル感とは何か』を説明するより、『何ではないか』を説明するほうが楽でしょうね。つまり、果実味でもなく酸味でもなく、タンニン味ともオーク味とも違い、芳醇さでもなく肉づきのよさでもない何か。ミネラル感は舌ざわりとも違います。舌ざ舌ざわりを感じるのは舌の真ん中ですが、ミネラル感は舌の先ですから。軽快で生き生きとした石のような味、としかいいようがありません。渋みやこくに似ているようでいて、タンニンのように口に貼りつく感覚はないし、果実味特有のこくとも違う」。最後にこうつけ加えた。「みんなが混乱するのも無理はありませんよ」。

私は有名なワイン・ライターにもうひとり訊《き》いてみた。イギリス人のジャンシス・ロビンソンである。「その言葉を使うときにはとても気をつけています。どれほどいい加減に使われているかを知っていますから」と彼女は答える。「普段はできるだけ使わず、もう少し具体的にいい表すようにしています。たとえば『濡れた石』というのは好きな表現ですが、ドイツのモーゼルワインなら『粘板岩《ねんばんがん》のような』といってもいいですし、ピレネー山麓でできるワインなら、もっとざらざらした感じがあるので『片岩《へんがん》質のような』ともいいます。ただ、ワインにフルーティな香りがせず、植物や動物の匂いもまったくない場合には、ミネラル感という言葉を使うかもしれません」。

フランスの著名なワイン評論家、ミシェル・ベタンヌは、ミネラル感を「最近の流行《はや》り言葉であり、一九七〇年代や八〇年代にはけっして使われなかった」と指摘する。この点はスパリアの見解と同じだ。ベタンヌによればミネラル感という言葉は、「醸造過程で人為的な操作が加えられていないワインや有機栽培のワイン」のことを「当たり障りなく表現するため」に使われることが多いという。「香りや果実味がありすぎるのは人の手が加わったしるしか、産地を適切に表現できていないことの現れ」と見なしてのことである。ベタンヌは続ける。「ミネラル感という言葉を使っても問題がないと思うのは、味の根底に塩気のようなものや無機物が感じられて、それが果実味を適度に抑えている場合だけです。よく使うのは、カルシウムやマグネシウムの豊富な白ワインについてでしょうか。ミネラルウォーターにもそういうものが多いですよね。赤ワインについてはわかりません。ただし、味の根底に金属が感じられる赤は別です。たとえば、ボルドーのシャトー・ラトゥールなら鉄の味、ブルゴーニュのニュイ＝サン＝ジョルジュ・レ・プリュリエなら銅の味がしますから」。

ミネラル感を文字どおりに解釈する

ベタンヌがミネラルウォーターを引き合いに出したのは注目に値する。ミネラルウォーターのボトルには、よく無機イオンの含有量が書かれている。含有量は水源によって違い、飲み比べると風味がかすかに異なることが多い。わずかな差ではあるが、おそらく無機物の組成の違いからくるのだろう。もっとも、ほとんどの無機イオンは何の味もしないといい張る人は大勢いる。しかし、それが「ミネラル感」の第一の定義だ。つまり、文字どおり無機物《ミネラル》の味である。この場合、ワインのミネラル感をもたらすものは畑の土の無機イオンであり、それが実に入り込んでワインの風味に影響したことになる。

「ワインを味わっていると無機物を感じることがたしかにあります」とオリヴィエ・ウンブレヒトは頷く。ウンブレヒトはフランスのアルザス地方を代表するブドウ栽培家のひとりで、ビオディナミを支持していることでも有名だ。「舌でかすかに感じるんです。そのおかげでワインの味に塩気のようなものが増します。酸やタンニンを多く含むからといって、ワインのミネラル感が強くなるわけではありません。無機物が豊富なワインなら、酸味に『うま味』が加わり、刺すような刺激がなくなります。良いミネラル感とは、飲む人に唾液を出させ、もうひと口、もう一杯、もう一本と飲みたくさせるものなんです」。

この「文字どおり」の定義に基づいておもしろい実験も行なわれている。何年か前、カリフォルニア州でワインを造るランダル・グラムは、ミネラル感をもっとよく理解しようとワインタンクにじかに何種類かの石を入れてみた。「本物の土壌のなかで無機物が抽出されるときには、きわめて複雑な化学反応が起きています。それに比べて私たちの実験は、呆れるほど単純で大ざっぱなものでした」とグラムは振り返る。「ただおもしろそうな石を拾ってきて丹念に洗い、粉々に砕いて、それを一定期間、ワインの樽に浸けておいたんです。ワインがおもしろい風味を引き出したと思えるまでね。そうしたら、石の種類によってワインの風味にかなりの違いが感じられたのです」。

結果的にワインの舌ざわりや口当たりは大きく変わり、香りや後味の長さ、さらには風味の持続性にも劇的な違いが生まれた。「どの場合も少量のミネラルが加わったことで味わいははるかに複雑になり、風味が長く口に残るようになりました。ワインにミネラル分が豊富に含まれていれば、違いははっきりと現れる。私はそう確信しています」。

ただしここで注意しておきたいのは、ワインは酸性でpHが低いために、土中よりも石からミネラル分が抽出されやすい環境にあったという点だ。また石が入ったことで、はからずもワインのpHが上昇し、それが風味を変えたという可能性も否定できない。

ミネラル感としての還元臭

一方、「ミネラル」という言葉でワインの香りを表現する人もいる。この場合、実際に感じているのはある種の揮発性硫黄《いおう》化合物の匂いなのだが、それをミネラル感と捉えているようだ。この匂いは「還元臭《かんげんしゅう》」とも呼ばれる。一番わかりやすい還元臭は硫化水素によって生じ、腐った卵や下水溝のような匂いをもつ。完成したワインにそこまでひどい還元臭がするのはまれで、それがミネラル感と表現されることもない。もっと頻繁に見られるのが、複合硫化物やメルカプタン（チオールとも呼ばれる）を原因とする還元臭だ。硫化水素もそうだが、この種の硫黄化合物はおもに発酵の過程で酵母によって作られる（詳しくは15章参照）。このタイプの還元臭がどの程度生じるかは、ワイン中の硫黄化合物の濃度やワインの種類によっても違ってくる。だが、実際に還元臭が現れた場合には、火打石のような、あるいはマッチを擦《す》ったような匂いがし、それが「強いミネラル感」と表現される場合がある。

白ワインに感じられる火打石の匂いはどうやら軽度の還元臭といえそうであり、そう考えるのもあながち根拠のないことではない。たとえば素晴らしいブルゴーニュの白には、マッチを擦ったような匂いをもつものが多く、それがワインに複雑味を加えている。これなどは「良い」還元臭のおかげだ。新世界でシャルドネを造る生産者のなかには、醸造方法を工夫することでこうした香りをつけられないかと、試行錯誤を始めた者もいる。還元臭にはテロワールも関係している。ブドウ畑にもともと特定の栄養素が不足していると、それが酵母に多少のストレスを与え、この種の揮発性硫黄化合物を通常より多く作らせることがあるからだ。

このように、還元臭のことを表しているというのが「ミネラル感」の第二の定義であり、概して科学者たちはこちらの定義を好むようである。第一の定義のように、土中の無機物が最終的にワインの風味になることなどありえないと考えているからだ。そのため、文字どおりのミネラル感を信じる人は、この話題を口にするときにどうしても歯切れが悪くなる。「ミネラル感という言葉が科学的に見て正しくないのは重々承知していますよ」とジャスパー・モリスは予防線を張る。モリスはワイン・ライターにしてワイン商であり、ブルゴーニュ・ワインを専門に扱っている。「いやというほど大勢の地質学者にいわれてきましたからね。『シャブリを火打石のようだと表現するのはおかしい、火打石は水に溶けないのだから味がするわけはない』と。でも、そういう印象がするんです。つまり新鮮で心地よい刺激があるということで、こういう特徴と出会ったら『ミネラル』という言葉しか思い浮かびません」。モリスは科学者たちに不満を抱いている。ミネラル感を批判するだけで、それに代わる説明をしてくれないからだ。「科学一辺倒の人たちは私たちが間違っているというばかりで、何が正しいのかをいっこうに示してくれないんです」。

ミネラル感はまだ謎に包まれている。私たちは理解を深めるための一歩を踏み出したばかりだ。だがどうやら「ミネラル感」の原因はひとつではなく、いくつものメカニズムがかかわっているようである。

テロワールの味わい

テロワールについて考えるときにもどかしく思うのは、畑の物理的な特徴を語る人は大勢いても、土壌とワインのつながりを真剣に調べている人はほとんどいないということだ。私もそうだが、ワイン業界の人間は日頃からよくワインの試飲をする。科学的な説明がどうあれ、土が違えばワインの味も異なるということは身をもって体験している。たとえば、ポルトガルのドウロ渓谷で造られた同じトゥーリガ・ナショナル・ワインであっても、片岩質の土壌から生まれたものと花崗岩質の土壌から生まれたものとでは著しい違いがあるものだ。ローヌ地方のシラーも同じである。花崗岩質で育ったブドウはライトボディのワインになり、フレッシュさと香りの純粋さが際立って花の香りが強い。一方、片岩質のブドウからは、こくがあってストラクチャーのしっかりしたワインができる。モーゼル地方は大半が粘板岩質の土壌で、しかも畑によって粘板岩の種類が少しずつ違う。専門家なら目隠しをしてリースリングを飲んでも、畑の違いをいい当てられるだろう。

「ヨーロッパのワインを味わい、その土壌を調べていくと、いろいろなパターンが見えてきます。こういう土壌ならこういう印象のワインということが、一貫して当てはまるんです」。そう語るのは、ニュージーランドのカンタベリー地方北部にあるワイナリー「ピラミッド・ヴァレー・ヴィンヤード」のマイク・ウィールジング。彼は粘土質の土壌と石灰岩質の土壌からも異なるワインができると指摘する。粘土質はピノ・ノワールに豊かな肉づきを与え、石灰岩質はストラクチャーを与える。だが、石灰岩だけでは少しこくや厚みに欠け、弱々しいワインになることがよくあるので、表土には粘土質と石灰岩質が両方あるのが望ましい。「ブルゴーニュでもその違いがよくわかりますよ」とウィールジングは説明する。「典型的な丘の斜面を見ると、その土壌は上から順に、硬い石灰岩、柔らかい石灰岩、粘土の混じった石灰岩、粘土となります。同じ斜面のブドウからできたワインを比べてみると、上のほうのあまり粘土のない石灰岩からのワインはタンニンがとても強く、力強さがありますが、こくやまろやかさに欠けます。ところが、斜面を下がって、石灰岩と粘土の混じり合ったところのワインを味わうと、深みとこくがあるうえにストラクチャーもしっかりしています。一番下の粘土質からはいい意味で濃厚なワインができますが、熟成があまりうまくいきません」。

ウィールジングは続ける。「フランスでは、こういうふうに粘土と石灰が混じった土壌を『アルジロ・カルケール』と呼びます。フランス人は一二〇〇年近く前から観察を積み重ねて、ピノ・ノワール種とシャルドネ種を最高の状態で育てるにはそのふたつが混じり合うことが必要だと気づいたんです」。

テロワールの専門家として知られるチリのペドロ・パラも、土壌を理解することが大切だと説く。それがより良いワイン造りをするうえでの参考になるからだ。「テロワールとワインを結びつけて考えたいなら、自分がどんな土地にいるかを知ることが肝心です」とパラは指摘する。「土壌を知れば、良いワインを造るためにどんな方法で醸造すればいいかがわかります」。

結論

本章で見てきたように、土壌の役割はきわめて重要に思える。特定の場所で特定のブドウ品種がうまく育つかどうかは気候によって決まる。だが気候が適しているなら、ワインのスタイルと品質を左右するのは土壌の種類といってよさそうだ。それは今、ブドウ栽培家が大きな関心を寄せる領域でもある。土壌の種類によってブドウの成長はどう違ってくるのか。実の成分組成や、最終的なワインの味や香りに土壌はどんな影響を及ぼしているのか。土壌の種類に応じてどんな醸造法が必要なのか。こうした点の解明が待たれるが、まだ十分な研究がなされていないのが現状だ。ワイン業界は、見えない地下の世界にもう少し目を向けたほうがいい。そこで起きている複雑で興味深い生物学的・化学的現象が、ワインの質を決める鍵を握っているのだから。

4章　ハイテクを駆使した精密ブドウ栽培

ようこそ、ハイテクの世界へ。衛星画像、収量モニター、全地球測位システム（GPS）、マルチスペクトル・デジタルビデオカメラ、最先端のソフトウェア。どれも、初老の農夫が丁寧にブドウの世話をするという昔ながらのイメージとは相容れないように思える。だが、こうした技術をベースにした新しいブドウ栽培法が、今ワインの世界で大きな注目を浴びている。それが「精密ブドウ栽培（PV）」だ。

PVは精密農業の一分野である。精密農業は比較的最近になって発達した農法で、最初に提案されたのは一九九〇年代のはじめのことだ。精密農業の根本には、自然は均一ではないという考え方がある。従来の農家では、畑のなかに自然条件のばらつきがあってもそれを無視し、全域に同じ処置を施してきた。公正を期すためにいうと、高度な手法で農地を管理できるツールがなかったのである。ところが、ここ数十年のあいだに手頃な価格の技術が開発されたために、農家でもこのばらつきを正確に表した地図が作れるようになり、それに応じて管理の仕方を調節できるようになった。たとえば、肥料が余分に必要な区画もあれば、肥料を減らしたほうがいい区画もある。あるいは、土壌の特性にばらつきがあってもおかしくなく、灌水《かんすい》が必要な区画もあれば、そうでない区画もあるだろう。単純な話だと思うかもしれない。たしかに理論は単純だ。難しいのは、具体的にどうやってそのばらつきを測定して使い物になる地図を作ればいいか、そして異なる区画に異なる処置を施すにはどうすればいいかである。

なぜばらつきに対処する必要があるかといえば、ブドウの場合、生産性の最も低い区画と最も高い区画では収量に八倍から一〇倍もの開きがあるからだ。だとすれば、おそらく実の成熟度にもばらつきがあることが考えられ、それがワインの品質に悪影響を与えかねない。フェノール類の成熟と糖分の成熟を畑全体で均一にできれば、品質は大幅に向上する。たとえごく一部でも低品質のブドウが混じっていれば、畑全体のレベルが下がってしまう。このように、PVを導入すればメリットは明らかなのに、実際に精密農法がブドウ畑で採用されるようになったのはつい最近のことだ。PVの先駆けとなったのはオーストラリアとカリフォルニアである。どちらも基本理念は似ているものの、具体的な手法はやや異なっている。

カリフォルニアではおもに「リモートセンシング」に重点を置いてきた。これは空中写真でデータを集める手法で、衛星画像を利用したり、もっと一般的なのは上空に飛行機を飛ばして写真を撮影したりする。

一方、オーストラリアではブドウ栽培の機械化が進んでいるため、収穫機に収量モニターを取りつけ、それを通じてデータを収集するのが一般的だ。ただし、リモートセンシングも広く使われている。収量モニターを全地球測位システム（ＧＰＳ）と組み合わせれば、収量マップが作成できる。どちらの方法にもそれぞれのメリットがある。オーストラリアのＰＶの発展に重要な役割を果たしているのが、オーストラリア連邦科学産業研究機構（ＣＳＩＲＯ）のボブ・ブラムリー博士だ。なぜブラムリーは収量モニタリングに重点を置いたのだろうか。「ひとつには、どのみちブドウを収穫しなければならないわけですから、それを機械で行なっているなら、併せて収量モニターもすれば、何もデータがないよりははるかにましだからです」と彼は説明する。「ふたつ目の理由は、リモートセンシングで得られる情報は相対的なものでしかないからです。それに、グラウンドトゥルース〔空中探査結果を補うために直接地上調査から得た情報〕のない画像は使い物になりません。とはいえ、リモートセンシングが有益なのも

ブドウ畑の収量マップ
（南オーストラリア州パッドサウェイ地区、4.3ヘクタール）

この部分は収量は高いが、実の品質は落ちる。何らかの手段を講じて樹勢を抑えるか、ここの実だけ別個に収穫する必要あり。

収量（単位：トン／ヘクタール）

南オーストラリア州パッドサウェイ地区にある4.3ヘクタールのシラーズ種ブロック。おもしろいことに、ヴェレーゾンの時期に同じブロックをリモートセンシングで空撮すると、やはり中央が高収量・高樹勢のゾーンとして示される。ワイン醸造家の評価によると、中央の高収量地域から採れたブドウは「Ｃクラス」、それ以外の場所で採れたブドウは「Ｂクラス」だった。ということは、このブロックをふたつのエリアに分けて、収穫の時期や、おそらくは管理の仕方も変えたほうがいいことになる。（図版提供／ボブ・ブラムリー）

事実なので、私たちは中間期のモニタリングに利用しているほか、データのひとつとして収量マップの理解に役立てています」。

現にブラムリーは、ウエスタンオーストラリア州でPVのケーススタディを実施した際にリモートセンシングも利用している。このケーススタディは、マーガレット・リヴァー地区の「ヴァス・フィリックス」社が所有する畑で行なわれた。その結果、PVには経済的なメリットがあることが明らかになる。ブラムリーとチームのメンバーは、リモートセンシングで撮影したブドウ畑の画像をもとに、ターゲットを定めて収穫直前にサンプリングを行なった。実際の収穫ではサンプリングの結果に基づき、ブドウが栽培されていた場所に応じて二種類の箱に分けて入れていく。ひとつの区画から採れたブドウは十分に基準を満たしていたため、「ヴァス・フィリックス・カベルネ・ソーヴィニヨン」となり、残りのブドウはもっと安価なヴァス・フィリックス・「クラシック・ドライ・レッド」となった。以前ならば、畑のすべてのブドウが安価なワインになっていただろう。PVの作業をし、ターゲットを絞った収穫をすれば、たとえコストが増えても十分に元が取れることがこの実験からわかった。

ブラムリーはサウスオーストラリア州のクナワラ地区とミルドゥラ地区でも実験を行なっている。ここでは、収穫機に収量モニターとGPS装置を取りつけて収量マップを作成した。どちらの地区でも、畑内のばらつきのパターンに年ごとの大きな変動は見られなかった。栽培する側にとってはありがたいことである。わずか数年分だけばらつきのマップを作成すれば、それをもとにして的を絞った管理手法を導入できるからだ。これならコストを大幅に切り詰められる。マップを作成するときには、地理情報システム（GIS）と呼ばれる複雑なソフトウェアを使用する。このマップは次年度の予想にも使える。たとえば、いつも決まって収量の低い区画があれば、次の年も収量が低いと予想できるわけだ。

アメリカでPVの牽引役となっているのは、カリフォルニアにあるNASAエームズ研究センターのリー・ジョンソンである。ジョンソンがブドウ畑でリモートセンシングを使い始めたのは一九九三年のこと。PVが構想されるよりかなり前である。彼の目的は、フィロキセラ（5章参照）の発生状況を把握するためだった。これは、NASAと「ロバート・モンダヴィ・ワイナリー」の共同プロジェクトとして実施された。以後もジョンソンはモンダヴィ社と協力しながら、PV技術の開発を進めている。モンダヴィ社のブドウ栽培責任者、ダニエル・ボッシュは、少し前からこのプロジェクトに携わっていて、リモートセンシングから得られた情報をもとにしてブドウ畑での自分のやり方を改めてきた。「この情報を使って、点滴灌水システムを変えました」とボッシュは振り返る。「いくつかの畑では、二本のホースを使うようになっています」。こうすれば、ブドウの樹勢に応じて区画ごとに灌水の仕方を変えることができる。またボッシュはPVの情報をもとに、耕す時期や収穫の時期を区画ごとにずらしている。だが、PVの一番見事な使い方は、トラクターにGPS装置を取りつけ、GISソフトウェアを搭載し

南アフリカのステレンボッシュにあるブドウ畑の空撮画像。これは赤外線画像で、色でブドウの樹勢を示している。（写真提供／ワーウィック・エステート）

たコンピュータにつなげたことかもしれない。この情報に基づき、ブドウの樹勢が弱いところだけを選んでカバークロップ（被覆植物）を取り除いている。樹勢の強い区画では、カバークロップが水や栄養分をめぐる競争相手となるのでそのまま残しておけばいい。この作業は、畑のなかでトラクターを走らせるだけで自動的に行なわれる。しかも、列ごとにピンポイントで作業ができるのだ。

　カリフォルニアのほかのブドウ園と同じように、モンダヴィ社でもリモートセンシングに主眼を置いている。当初は、リモートセンシングのために畑の上空に飛行機を飛ばしていた。だがこれがかなり高価で、一回の飛行につき二万米ドルかかる。費用対効果を上げるため、複数のワイン農家が集まって費用を分担している。最近では商業衛星が同様のサービスを提供しているので、将来的にはインターネットから有料で直接画像をダウンロードできるようになるかもしれない。

じつに華やかだが、ややこしそうな話である。空中写真と、地上で起きていることが、どうつながるのだろうか。リモートセンシングが、ブドウの実の状況を間接的に測定していることは間違いない。注目しているのは目に見える部分、つまり葉の面積だ。ジョンソンや共同研究者たちは、実の品質と収量を直接測定した結果と、画像データとの相関関係を調べることに力を注いできた。さらには、樹冠密度を重要な変数と位置づけて、それを「葉面積指数（LAI）」と名づけた。収量モニタリングよりリモートセンシングが優れていそうな点を、ジョンソンは次のように説明する。「リモートセンシングのデータを使えば、事前に策を講じることができます。成長期に観察した状態に応じて管理手法を変えるわけです。たとえば、リモートセンシングを利用してブドウの樹勢を観察し、それに応じて畑をいくつかに区切って収穫したり、灌水をどうするか判断したり、剪定《せんてい》の判断に役立てたり、カビの被害に遭いやすい区画を見つけたりすることができます」。ただし、ひとつ注意しなければならないのは、リモートセンシングの画像を撮るのに最適なのはヴェレーゾン（実の色づき期）の時期だということだ。成長サイクルのなかでもかなり後ろのほうなので、事前に策を講じるにしてもあまり時間がない。

ＰＶを導入して一番メリットが大きいのは、新世界でよく見るような比較的規模の大きいブドウ園のオーナーだろう。ブルゴーニュのような地域で大々的に導入されるとは考えにくい。すでにブドウ畑が小さな区画に分けられていて、区画ごとの栽培法に関しては膨大な経験を蓄積しているからだ。だが、PVの切り札のひとつは、自分のブドウ畑の状態がほぼ瞬時に把握できることである。従来であれば、何十年も辛抱強く観察を続けなければできなかったことだ。しかも、モンダヴィ社のダニエル・ボッシュによると、長年の経験から判断したブドウ畑の状態と、空中写真や収量マップから明らかになった事実とではかなり食い違う場合があるという。

オーストラリアとカリフォルニア以外で、PVを早い時期から導入しているのは南アフリカである。コンサルタントのフィル・フリーズ博士の協力を得て、PVはステレンボッシュ地方の「ワーウィック」「セレマ」「ラステンバーグ」といったワイナリーで利用されている。それ以外にも、南アフリカのいくつかのワイナリーや、チリやニュージーランドでも、PVを試験的に導入している。ワーウィック社のマイク・ラトクリフは、品質を高めるためにPVをどう利用しているかを話してくれた。「私たちはいくつかのカベルネ・ブロックで思い切った栽培法を導入しました。ヴェレーゾンに入ったとき、個々の枝にしるしをつけて、成熟が遅い枝（実が緑色）、成熟が早い枝（実が完全に色づいている）、両者が混じり合った枝の三種類に分けたのです。なぜそうしたかというと、ヴェレーゾンが過ぎて二、三週間たつと、全部の実が完全に色づいてまったく同じに見え、成熟段階の違いを示すものがなくなってしまうからです。収穫は、三種類のしるしごとに最適の成熟度を見計らって行ないました。それから、この情報をNDVI（正規化植生指数のことで、衛星画像から求めたブドウの樹勢を表す」と照らし合わせたところ、統計的に有意な相関関係が見つかったのです」。この作業には大きな労働力が必要となるが、ばらつきを減らして品質を著しく高めてくれる、とラトクリフは説明する。

ワーウィック社で使われているもうひとつの指標が、葉水分《ようすいぶん》ポテンシャル（ＬＷＰ）

オーストラリアのブドウ畑で収穫機を動かしているところ。GPS 装置と収量モニターが取りつけられている。（写真提供／ボブ・ブラムリー）

だ。これは、ブドウがどれくらいの水分ストレスを受けているかを直接示している。ブドウを栽培するうえでの目標は、適切な時期にブドウにちょうどいい水分ストレスをかけることにある（かけすぎてはいけない）。それにより、実の品質は大幅に向上する。「私たちはＬＷＰとＮＤＶＩを照らし合わせて、ブドウ園内の傾向とパターンを読み取っています」とラトクリフは語る。「ワーウィック社のＰＶのうち、最も役に立っていて実際に使われているのはたぶんこの技術だと思いますね」。

どれもこれもあまりにハイテクすぎると思うかもしれない。だが、もっと伝統的なやり方で作業をしている小規模ワイン農家でも、ＰＶから学ぶべきことはある。「基本的に、ＰＶは誰の役にも立ちます」

と語るのはCSIROのボブ・ブラムリーだ。「どんなブドウ畑にもばらつきはかならずあるからです」。モンダヴィ社のダニエル・ボッシュは、誰にでもできるローテクの手法があると指摘する。「落葉のパターンは、リモートセンシングで確認するパターンと非常によく似ています」。だとすれば、落葉期の二週間ほどのあいだ畑のなかを歩き回り、地図を作って、落葉パターンに応じて畑を区分けしてみればいい。次の年、収穫の二、三週間前に成熟度を検査するのはそう難しくはない。その結果が落葉パターンの地図と一致するようなら、適切な順番で区画ごとに収穫することができる。これも立派なPVだ。

チリの醸造家でテロワールの専門家でもあるペドロ・パラは、二〇〇一年から二〇〇四年までドン・メルチョーのワイナリーで働いていたときのことを振り返る。当時、テロワールの地図を作ろうと思ったら、NDVIを使って樹冠を調べ、それからGPSで差異の大きい場所を特定し、そこに穴を掘って土の状態を見るしかなかった。「斜面でNDVIを使うと、装置が植物の影まで拾ってしまって正しいデータが得られません」とパラは説明する。「GPSも正確とはいえません。これを改善するため、今では誤差がわずか二〇センチのDGPS〔ディファレンシャルGPS〕を利用しています。二〇〇三年以降は電気伝導率法という新しいツールも使っています。深さの異なる二ヵ所の数値を測って、伝導率を読み取るんです」。パラは続ける。「こんなふうにテロワールを分析するのはロマンがないかもしれませんね。でも、別々のテロワールのブドウから同じやり方でワインを造ってはいけないということは、確実に理解され始めています」。今はまだPVの黎明《れいめい》期といえる。だが、この先技術が進歩していけば、PVはさまざまなかたちでもっと普及するだろう。今後は、ブドウ栽培に関連するあらゆるデータをPVに取り入れるようになるかもしれない。データ収集の費用対効果が十分に高く、そのデータによってターゲットを絞った管理が可能になるなら、品質の向上につながる。たとえば電池で動くデータ収集装置を畑全体に配置して、ターゲットを絞ったサンプリングを行なう。装置から適切な情報が送信されるようにして、それを参考に管理上の判断を下す。あるいは、地中探査レーダーを使えば、畑に穴を掘らなくても地中の特徴がわかる。

どうやら風向きは変わってきたようだ。かつてブドウ畑の仕事は、あまり技術のいらない単調な作業と見なされていた。主役はあくまでワイン造りであって、ブドウ栽培はその前段階にすぎないと考えられていた。今ではブドウ栽培責任者が注目を集めている。ノートパソコンとGPS装置に身を固めた「空飛ぶブドウ栽培家」が、空飛ぶ醸造家と同じように世界を股にかけて活躍するようになるのだろうか。そうなってもけっして不思議ではない。

５章　フィロキセラと自根ワイン

世界のワイン産業はたった一本の脆弱《ぜいじゃく》な柱に載っている。この柱は一二〇年あまり前にかなり急いで建てられたものだ。今日あるようなワインが、フィロキセラという小さなアブラムシのせいであやうく永久に消滅しかけたときのことである。複雑なライフサイクルをもつこの小さな虫は、ブドウの木に途方もない被害を及ぼし、わずか数十年で世界中のワイン産業を屈服させた。救いの手は思いがけないところから差し伸べられた。しかもそれは、そもそもの厄災のみなもととなったものと同じだった。アメリカに自生するブドウの木である。現在のワイン産業は、このアメリカ産ブドウの台木の抵抗力を唯一の拠り所としている。幸い、この抵抗力は驚くほど長続きすることがわかった。

フィロキセラをめぐる物語はじつに興味深いものであり、これまでにも何度か本格的な著書が刊行されている[1]。だが本章ではフィロキセラの物語そのものよりも、それが後世に何を残したかに主眼を置いてみたい。フィロキセラ禍が起きたために、今やほぼすべてのヴィティス・ヴィニフェラ種ブドウが自分の根の上では育っていない。抵抗力をもつアメリカ産ブドウを台木として、そこに接ぎ木されているのだ。本章では、フィロキセラとの闘いにいかにして勝利したかを簡単に振り返ったあと、接ぎ木の方法について取り上げ、さらに接ぎ木が実の質にどう影響しているかを考えていく。接ぎ木は「自然な」こととといえるのだろうか。接ぎ木されていない自根のワインはほかとは違うのか。フィロキセラ禍より前に造られた偉大なワインは今のものより味がいいのだろうか。そういった疑問にも目を向けたい。

フィロキセラとの闘い

一九世紀後半は、フランスでワインを造るのにいい時代ではなかった。一八五〇年の時点では、じつに大勢の人たちの暮らしがブドウとワインに結びついていた。国家収入の六分の一がワインによって生み出され、労働人口の三分の一がワインで生計を立てていたといわれる。ところがわずか数十年のあいだに、フランスのワイン産業はふたつの天災によって根幹から揺さぶられることになる。ひとつはうどんこ病で、かなり短期間で対処できた。ところが、もうひとつのフィロキセラは甚大な被害をもたらし、ブドウ栽培そのものを地上から消し去ろうとしていた。

現在私たちが飲んでいるワインのほぼすべては、ヨーロッパブドウ（学名ヴィティス・ヴィニフェラ）というたったひとつの種のブドウから造られている。ワイン造りに広く使われている数百の品種も、すべて同じひとつの種に属しているために遺伝子の多様性に乏しい。そのために病害虫の攻撃を受けやすい。

アメリカでは多種多様な野生のブドウが自生している。ところが不思議なことに、アメリカ先住民がいずれかを栽培したり、そこからワインを造ったりしていた記録はいっさい見つかっていない。最終的にはヨーロッパからの移民が、必要に迫られて野生のブドウに目を向けた。祖国と同じようなワインをどうしても造りたかったのである。最初はヨーロッパブドウの変種を育てようとしたのだが、まったくうまくいかない。ヨーロッパブドウは、北米固有のうどんこ病とフィロキセラから身を守る手段をもっていなかったのである。一方、アメリカ産ブドウはそれらと共存するすべを身につけていた。ただし、アメリカ固有の品種にはひとつ大きな難点がある。そのブドウから造るワインの味がよくなく、「キツネのような」といわれる強烈な臭みがあるのだ。

品質にこうした欠点があったにもかかわらず、一九世紀のはじめにはアメリカ産ブドウがフランスに輸出され始めた。当時は新奇な植物を輸入することが流行していたのである。一八三〇年には、フランスの苗床で二十数品種のアメリカ産ブドウが育てられるまでになった。輸入されたブドウは、またたくまにヨーロッパ中のワイン産地に広がる。苗木を育てる人も、ワインを造る人も、新しいブドウを試してみたくて仕方なかったのだ。やがて、アメリカ産ブドウが恐ろしい積荷を運んでいたことがわかる。昆虫（フィロキセラ）とカビ（うどんこ病）である。

ヨーロッパのブドウ園では無性生殖でブドウを増やしていたため、ブドウは遺伝的に均一で、攻撃に弱かった。最初はカビによる恐ろしい病気、うどんこ病に襲われる。原因となるウドンコカビがはじめて見つかったのは、一八四五年、イングランド南部のケントの温室ブドウだった。このカビはヨーロッパでは知られておらず、何かの植物標本に付着してアメリカから来たことはまず間違いない。まもなくウドンコカビはヨーロッパ中に広がる。ものの数年で、フランスのワイン生産量は以前の三分の一未満にまで落ち込んだ。

ワイン農家はパニックを起こす。しかし、うどんこ病に対しては、科学がかなり素早く安価な解決策を与えてくれた。フランスの科学者たちが、ブドウに硫黄粉末を散布するとカビを寄せつけないことを突き止めたのである。一八五八年にはすでにウドンコカビは退却を始めていた。ちなみにのちの一八八〇年代、フランスがフィロキセラと格闘している最中に、第二の植物病がアメリカからもたらされることになる。べと病だ。原因となるのはべと病菌で、卵菌類という仲間の水生の原生生物だ。この場合も、運よく別の解決策が見つかる。生石灰と硫酸銅を水に混ぜた「ボルドー液」が効いたのである。

話を戻そう。うどんこ病が一段落したあと、フランスのワイン産業はつかのまの黄金時代に入る。鉄道の登場により、生産地以外でもワインが消費できるようになり、北部の工業地帯の住民が南部の安価なワインでのどを潤せるようになった。一八五〇年から一八八〇年にかけて、ワインの年間平均消費量はひとり当たり六〇ℓから九〇ℓに増える。だが、ワイン生産者たちのにわか景気は長くは続かなかった。

その後二〇年のあいだに、フランスのブドウ畑では大惨事が繰り広げられていった。やがては世界のワイン生産が危機にさらされ、ヨーロッパ中で大勢のワイン農家の暮らしが破壊された。犯人は、根を食うアブラムシの「フィロキセラ（ブドウ根アブラムシ）」である。ムッシュー・ボルティなる人物が、はからずもこの大災害を引き起こした不運な人物として歴史にその名を残すことになる。彼は南仏のガール県でワイン商を営んでいた。一八六二年、ボルティはニューヨークからブドウの苗を一ケース輸入し、自分の小さな畑に植えた。二年後、なぜか周辺のブドウがしおれて枯れ始める。やがてこの病気は広がっていった。ローヌ県の南部がすべて被害に遭い、一八六八年にはラングドック地方にも広がり始めていた。その後の一〇年間でフィロキセラはフランス全土に蔓延し、ついにはポルトガル、スペイン、ドイツ、オーストラリア、イタリアにも飛び火していく。

今回もワイン農家はパニックを起こす。表に現れる病気の兆候は、葉が黄色くなって早く落ち、やがて木が枯れるというものだ。木を引き抜いてみると、根が腐って崩れている。だが、害虫らしき姿は見えない。犯人探しはジュール＝エミール・プランション教授に任されることになる。プランションは植物学者で、政府の調査委員会から任命された。彼が健康なブドウの根を掘ったところ、翅《はね》のないごく小さな虫の群れが満足げに腹を満たしているのを見つける。賢い寄生虫は宿主を殺さない。フィロキセラもまた、生まれ故郷のアメリカではブドウとともに進化してきたので、両者は共存している。ところが、ヨーロッパブドウが相手では、和気あいあいとした関係が築けない。結局、絶望的なほどアンバランスな関係になってしまった。フィロキセラによる負担が大きくなりすぎて、最後には木が死んでしまうのである。

ここでは詳細には立ち入らないものの、フィロキセラは複雑なライフサイクルをもっていて、それが明らかになったのはフィロキセラ禍が始まったあとだった。フィロキセラはアブラムシの一種であり、たいていのアブラムシと同じように単為生殖である。つまり、受精しなくても新しい個体を作ることができる。フィロキセラが根に寄生しているときの形態は「根こぶ型」と呼ばれ、適当な根に落ち着くと口器で孔をあけて唾液を注入する。すると、根の細胞が異常増殖して「虫こぶ」（根こぶ）と呼ばれる構造ができ、これがフィロキセラへの養分の供給を増やすとともに、ある程度の保護の役目も果たしてくれる。根こぶ型のフィロキセラが卵を産み、卵が孵化《ふか》して幼虫になると、根の表面を這い回ったり地上に出て幹を登ったりして、やがて風で空中に飛ばされる。餌のある適切な場所が見つかればさらに繁殖を続け、個体数は急激に増えていく。地域によっては、単為生殖するフィロキセラが葉に発生する場合もあり、これは「葉こぶ型」と呼ばれる。葉こぶ型のフィロキセラも葉の裏に虫こぶ（葉こぶ）を作り、そのなかで葉を食害する。葉こぶは葉の表に向かって開いていて、幼虫が葉の表面に這い出せるようになっている。

フィロキセラによって引き起こされる被害には三つのメカニズムが考えられる。光合

ブドウの葉にできたフィロキセラの虫こぶ。写真は、台木になるルペストリス・デュ・ロットという品種。アメリカ産ブドウはフィロキセラと共進化してきたので共存できるが、ヴィティス・ヴィニフェラ種にはそれができない。

成産物の喪失、根の物理的な断裂、被害を受けた根への菌類の二次的な感染である。ひとつ目のメカニズムでブドウが致命的な被害を受けるとはまず考えられない。三つ目のメカニズムのほうが可能性がはるかに高い。

フランス政府はワイン産業の全滅を受け、三万フランの賞金を出して解決策を求めた。被害が拡大するにつれ、この金額は三〇万フランにまで引き上げられる。最初はフィロキセラが広がるのを食い止めようと、被害に遭ったブドウを引き抜いたり燃やしたりしたが効果がない。考えられるあの手この手が提案され、試された。なかには驚くほど近代的な案も出された。たとえば、生物学的防除（フィロキセラの天敵を見つける）や、フィロキセラが好みそうな植物をブドウの木のあいだに植えるといった意見である。だが、どれもうまくはいかなかった。

化学者たちは行き当たりばったりに「特効薬」を探した。当時、二硫化炭素が殺虫作用をもつことは知られていたが、揮発性が高く、空気と混ざると爆発しやすいという難点があった。では、それをどうやって地中深くに届かせればいいか。このいささか怪しげな化学物質を根の周辺に注入するため、さまざまな工夫が考え出された。ほどなくして、フィロキセラを防ぐにはこれが一番確実だと見なされるようになる。ただし、二硫化炭素には問題点が三つあった。ひとつ目は、比較的高価なので多くの農家には手が届かないこと。ふたつ目は、毎年同じ処置をしなくてはいけないこと。三つ目は、治療をするのではなく最悪の症状を和らげるだけなので、効き目が高いとはいいがたいことである。当時のある批評家は、たえず処置をしてブドウを生かし続けるのは「病人を薬漬けにして生かしておくようなものだ」と批判した。

やがて素晴らしいアイデアが生まれる。一八六九年にガストン・バジーユという人物が、アメリカ産ブドウの台木にヨーロッパブドウを接ぎ木してはどうかと提案したのだ。今にして思えば見事な解決策だが、当時はまだ不確定な要素が多かった。接ぎ木をしてどれくらい長持ちするのか、台木のせいでワインにアメリカ産ブドウ特有の「キツネ臭」が出るのではないか、台木の種類によってどれくらいの抵抗力があるのか、などである。その頃にはすでに、同じアメリカ産でも種類によってフィロキセラへの抵抗力に差があることが明らかになっていた。この案を受けて、集中的な実験が始まった。

実際に接ぎ木が行なわれたことが記録されているきわめて初期の事例のひとつが、一八七四年のアンリ・ブーシェによるものである。ブーシェは、モンペリエで開かれたブドウ栽培会議で、アラモン種（ヨーロッパブドウ）がアメリカ産ブドウの台木に接ぎ木できるのを示した。ほどなくして、直感的には不思議な気がするものの、アメリカ産ブドウの台木にヨーロッパブドウを接ぎ木してもヨーロッパブドウの特徴がまったく失われないとわかる。しかも、根はアメリカ産なのでフィロキセラの被害を受けない。災いはアメリカからもたらされたが、救いもまたアメリカからもたらされたのである。

とはいえ、二硫化炭素を推す化学者と接ぎ木賛成派とのあいだで意見の対立は続いた。大勢《たいせい》が後者に傾く分岐点が訪れたのは一八八一年のこと。ボルドーで開催された国際フィロキセラ会議で、ヨーロッパブドウをアメリカ産ブドウに接ぎ木しても本来の特徴が失われないという結論が下されたのである。

このアイデアは広まっていった。接ぎ木のやり方は簡単ですぐに覚えられるので、ほとんど誰でも試すことができる。むしろ、台木用のアメリカ産ブドウを確保するほうが大変だった。まだ被害に遭っていない畑を守るために、アメリカ産ブドウの輸入を禁止し始めたところだったからである。それに、接ぎ木という大胆な発想に誰もが納得したわけではない。植え替えをしたら三年は実がならないので渋る者も多く、彼らは頑なに化学的な処理にしがみついた。理想的な解決策を求めて反対派と賛成派の長いせめぎ合いが続いたが、幸いにして良識がまさり、接ぎ木派が勝利を収めた。フランスのブドウ畑では、ブドウを植え替える長い長い作業が始まる。けっして順調に進んでいったわけではない。いくつかの大規模ブドウ園は、今あるブドウを引き抜くのに気が進まず、可能な限り殺虫剤を使用してブドウを残そうとした。適切な台木を選ぶのも一筋縄ではいかなかった。フランスの主要ブドウ産地のなかには、石灰質の土壌が多いところがあって、どのアメリカ産ブドウが合っているかを探すのに時間がかかったからである。

ただ、植え替えのおかげで、ブドウ畑の現状を変えやすくなったのは事実である。この畑では栽培をやめよう、あの畑には新しい品種を植えよう、といったことが可能になったのだ。しかも、どの台木を使うかによって接ぎ穂の樹勢などが違ってくるので、台木の選択がブドウ栽培を左右する道具のひとつに加わった。

接ぎ木の仕組み

接ぎ木は二〇〇〇年以上前から行なわれており、古代ギリシアやローマの書物にも出てくる。接ぎ木という方法が可能なのは、植物が免疫系をもたないためだ。だから品種が異なっても、時によっては種が異なっても、合体してひとつの植物として成長できる。ヨーロッパブドウをアメリカ産の台木に接ぎ木するという提案がなされたとき、農家が反対したのも無理はない。自分たちの貴重なブドウを、なぜまずいワインしか造れない外国のブドウとつなげなければならないのか。しかも、ブドウが根を張る土に対しては、畏敬にも似た思いがある。伝統的なテロワール観に基づけば、ブドウの根は畑の特別な何かを吸い上げており、その何かがワインに地味を与えている。それどころか、大地とブドウは根を介して会話をしており、それがワインの個性を決めるという考え方も

接ぎ木されたばかりのブドウを苗床で育てているところ。

広まっていた。

接ぎ木をするには、二種類の植物（穂木と台木）を合体させることが必要になる。このときにきわめて重要なのが、維管束《いかんそく》形成層と呼ばれる薄い層をきちんとつなげることだ。この層はいくつもの細胞でできており、植物の茎や幹の外周近くを環状に取り巻いている。この細胞層の外側には師部が、内側には木部がそれぞれ作られる。どちらも管状の構造で、師部は糖や栄養素を運ぶ。木部は水や溶けた無機物を運ぶとともに、植物の構造を支える役目も果たす。

接ぎ木は、植物が傷を治すときのプロセスをうまく利用している。たとえば植物の茎に傷がつくと、それに対する反応として脱分化細胞（未分化の状態に戻った細胞）が形成される。同じように、すでに二次成長（上下方向の成長のあとに横方向に成長すること）を始めた枝や幹が傷つくと、傷近くの細胞が増殖してカルスと呼ばれる未分化の細胞の塊ができる。穂木と台木をつないだときにも、やはりカルスが作られる。カルスができることで維管束組織の連続性が回復するとともに、穂木と台木のそれぞれの維管束組織からシグナルが送られてカルスの未分化細胞が変化し、形成層細胞となる。その形成層から、穂木と台木の継ぎ目がない状態で新しい維管束組織が形成される(2)。ヴィニフェラ種の穂木をアメリカ産ブドウの台木に接ぎ木するのは比較的単純なプロセスだ。まず、穂木と台木ができるだけ密着するように切断する。重要なのは、両者の形成層を合わせること。通常は形成層の接着面積ができるだけ広くなるように、台木に切れ込みを入れる。ほとんどの接ぎ木は切り枝を用いて行なうが、畑で実際に生えている状態で接ぎ木をすることもできる。ブドウの場合、アメリカ産ブドウの台木にヴィニフェラ種を接ぎ木するだけでなく、ヴィニフェラ種のひとつの品種を別の品種に接ぎ木することも行なわれる。いずれの場合も、穂木と台木とで遺伝子は異なった状態のままであり、接ぎ木は単に維管束組織による水や栄養の輸送を容易にしているにすぎない。

自根ワインのほうがおいしいのか

さてここで、本章の核心となる問いを投げかけてみたい。接ぎ木をしたブドウは、本来のアイデンティティを多少なりとも失っているのだろうか。フィロキセラ禍以前の、接ぎ木をしていないブドウで造ったワインのほうがおいしいのだろうか。「私がはじめてワイン業界の人たちと会ったとき、この問題は大いに議論されていました」とワイン・ジャーナリストのヒュー・ジョンソンは振り返る。「フィロキセラ禍以前のワインが当時はまだたくさん残っていましたからね。実際に素晴らしいワインだったことがわかったわけです。ですが、フィロキセラ禍以後のワインがまずくなったとか、それがフィロキセラのせいだとか、そういうことを示す決定的な証明はいっさいなされていなかったと記憶しています」。フィロキセラ禍以後も残っていたボトルの数が減るにつれ、この問題が議論されることは少なくなった。それでも、フィロキセラ禍以前のワインを何度も味わったという人たちはまだ業界にいて、独自の見解をもっている。著名なワイン評論家のマイケル・ブロードベントもそのひとりだ。彼に尋ねてみた。フィロキセラ禍以前のワインのほうがおいしかったのだろうか？　「誰にもわかりませんよ」とブロードベントは答える。「一八四四年から一八七八年までは品質が高かったことは間違いありません。それについての文章もありますし、実際に味わった人もいます」。ワイン・ライターで、ワインの権威でもあるセリーナ・サトクリフも古いボトルをたびたび味わった経験をもつ。「ええ、たしかに違います。もっと強烈ですね。完全で凝縮された芯のようなものをもっています」とサトクリフ。「香りが信じがたいほど素晴らしく、後味が長く残ります。でも、当時は収量がはるかに低かったということも考え合わせないといけません。どこまでがそのせいによるもので、どこまでがブドウ本来の特徴からくるものなのか。その両方が合わさった結果ではないかと私は思います」。

ヒュー・ジョンソンも同じ点を指摘する。やはりフィロキセラ禍以前のワインが「違う」ことは認めつつも、それがアメリカ産ブドウの台木のせいだとは限らないという考えだ。「いうまでもないことですが、フィロキセラだけの話ではありません」とジョンソンは説く。「その前にはうどんこ病があったし、同じ時期にはべと病もありました。そのせいで、ブドウ畑では以前より予防策が講じられるようになっていました。ブドウを健康で丈夫にするために大量の堆肥を与える。おまけに硫黄をまき、二硫化炭素を土に入れ、ボルドー液も発明する。収量は跳ね上がります。補糖を始め、発酵温度の管理を試み、瓶詰めの時期を大幅に前倒しした。つまり短期間のあいだにいくつものことを変えたわけです。ですから、この時期に造られた自根ワインのなかに、以前と変わらぬ味を保っていたものがあるということのほうに逆に驚きますよ」。

樹齢約100年の自根のブドウの木。ドイツのモーゼル地方にあるエアデナー・プレラート畑に植えられている。フィロキセラはここの土壌では繁殖できない。

サトクリフは別の疑問も抱いている。今現在、ヴィンテージ・イヤーのブドウから造られている最高のワインであっても、この先八〇年、一〇〇年と長持ちすることはないのではないか、という点だ。「でも、それを望む人がどれだけいるでしょうね。たぶんほとんどいないでしょう。私たちが生きている時代は、即座に満足が得られることを求めます。ですから、寿命なんて関係ないのかもしれません」。サトクリフは、なぜ年代物のワインが長持ちするのかについて、考えられる原因を説明してくれた。「非常に興味深いのは、本当にフィロキセラ禍以前に造られたワインはアルコール度数がとても低いということです。一〇度のものが多く、それより低いものまであります。一九世紀の古いオーゾンヌもそうですね。アルコール自体が寿命を保証するものではないことをはっきりと証明していると思います。実際はむしろその逆ではないでしょうか。それを思うと、世間に出回っている一四度のワインには気をつけたほうがいいですね。時とともにアルコールがワインを食い尽くすような気がします」。

自根ワインのほうがおいしいのかどうかについては、実際に味わった経験以外にも、ふたつの視点から議論されている。ひとつは、世界に今も残る自根のヴィニフェラ種で造ったワインを、そうでないワインと比較するというものだ。そういった地域でおそらく最も有名なのはオーストラリア南部だろう。ここにはまだフィロキセラが到達しておらず、厳密な検疫によってその状態が保たれている。とくにバロッサ地方には古いブドウの木が何本もあり、ブドウが自根で育っている。このバロッサの古い畑からは極上のワインができる。ただし、旧世界の伝統的なワイン産地とは製法が少し異なるため、単純に比較するのは難しい。チリのワインもほとんどが自根だが、今のところチリは世界クラスのワインを造るのに苦労しているため、ここのデータも限られた使い道しかない。ドイツのモーゼルには樹齢の古い自根のブドウがたくさんあり、この地方のやせた粘板岩質土壌ではフィロキセラがなかなか繁殖できない。ここの古いリースリング・ブドウからは素晴らしいワインができる場合がある。

まわりを接ぎ木ブドウで囲まれていながら、一ヵ所だけまだ自根のブドウが育っているような場所があれば、両者のワインを比較できるので有益なデータとなる。実際にそういう比較ができるのがポルトガル・ドウロ地方の「キンタ・ド・ノヴァル」エステートだ。同じブドウ園内に、自根のブドウとそうでないブドウが混在しているのである。シマ・コルゴ地区にある二・五ヘクタールほどの「ナシオナル」という畑では、はじめてブドウが植えられた一九二五年以来、一度もフィロキセラの被害に遭ったことがない。

「この区画には何本か非常に古いブドウの木が生えていますが、平均すると樹齢四〇年くらいだと思います。ブドウが枯れて新しい株を植えるときにも、アメリカ産の台木に接ぎ木することはありません」。そう語るのはクリスチャン・シーリー。一九九六年からキンタ・ド・ノヴァルの経営にあたっている。毎年ナシオナル畑のブドウは、収穫も醸造も熟成もほかとは分けて行なわれる。平均して年間わずか二五〇ケースのワインしか生産されない。「あえて発表してはいませんが、ナシオナルからはいつも並外れて素晴らしいワインができます」とシーリー。「キンタ・ド・ノヴァルのほかの畑からのブドウとまったく同じ方法で醸造しているのに、かならずほかの区画とはまったく違ったワインができます。本当に不思議ですね。ほかの畑とは足並みがそろわないんです。この畑から世界最高級のヴィンテージ・ポートができた年に、ほかの畑ではレイト・ボトルド・ヴィンテージ〔ヴィンテージに次ぐ品質のポート〕しかできないこともあります。

かと思えば、ほかの畑から素晴らしいヴィンテージ・ポートが生まれた年に、ナシオナルではヴィンテージの品質に達しない場合もあります。いずれにしても、ほかの畑とはかならず違っているんです。ほかの畑とナシオナルが品質では同等だと思える年でも、ワインの特徴はまったく異なります」。しかしこの場合も、自根かどうかで差が出ていると断定はできない。フィロキセラの影響を受けないからには、ナシオナル畑の土壌の何かがほかと違っている可能性も十分にある。その違いがワインの特徴を方向づけていると考えても少しもおかしくはない。シーリーもこう指摘する。「ナシオナルは、テロワールがいかに大事かを示す好例だと思います」。

フィロキセラ禍以前のワインの味に関するもうひとつの視点は、理論的なものである。接ぎ木によってどんな影響が起こりうるかを科学に語ってもらうのだ。この切り口で考えるほうが有益な情報が得られる。

そもそも台木はワインブドウの質にどんな影響を与えているだろうか。台木によって、穂木の成長パターンが大きく左右されることは間違いない。リンゴの例が参考になる。二〇世紀のはじめ、イギリスではリンゴの台木に関する研究が盛んに行なわれた。リンゴの台木として有名なものにはおよそ二〇種類があり、どれを選ぶかでリンゴの木（穂木）の育ち方が決まる。リンゴの品種が同じでも、台木によって丈の高い木に育つ場合もあれば、わずか一・五メートル程度の低木にしかならない場合もある。台木は水や無機栄養素を供給するだけでなく、ホルモンのシグナルを通じて穂木と対話もしている。

ブドウの根が地上部にシグナルを送っていることはよく知られている。とくに近年に行なわれた部分灌水や制限灌水に関する研究からそれが明らかになった。根はストレスホルモンのアブシジン酸（水分が不足すると作られる）を介して、土の水分状態を地上部に知らせることができる。これを受けて葉は、実際に水不足のストレスを感じる前に気孔を閉じて水分が失われないようにする。台木は植物ホルモンを使ってありとあらゆる情報を送っている可能性があり、同時に新梢から根への情報伝達も考えられる。穂木と台木とでは遺伝子構造が若干異なるとはいえ、どの台木を選ぶかがヴィニフェラ種の穂木に生理学的な影響を及ぼしていてもおかしくはなく、ある程度まで成長パターンを方向づけることになるだろう。栽培家がこの相互作用を十分に理解して、うまく操作できるほどになれば、台木選びが栽培上の新たなツールとなりうる。これがブドウの実に、ひいてはワインの品質に影響を及ぼす。だからといって、それがマイナスの影響だと決めつける理由はない。プラスに働く場面のほうが多いと見られるからだ。科学的に考える限り、接ぎ木のワインが自根ワインより劣るという証拠は存在しない。

結論

フィロキセラ禍以前に自根のブドウから造ったワインにはどこか特別なものがあったと、長いあいだ大勢の評論家が主張してきた。たしかに非常に良いワインであり、以後のものより優れてさえいたのかもしれないという気にさせられる。しかし、ほかにもさまざまな要因がかかわっているため、単純にそうとはいい切れない。たとえば、フィロキセラ禍が起きた頃には、樹齢の高いブドウを引き抜いて新しい木を植えることが行なわれた。理由は定かではないが、樹齢の低いブドウは高いものと比べると実の出来が劣ることが知られている。広い範囲でブドウが植え替えられたあとにワインの品質がそのせいで低下し、それを評論家はフィロキセラ禍以後の品質低下と捉え、さらには接ぎ木のせいだと誤った判断を下してしまったのかもしれない。だが樹齢の問題以外にも、植え替えに伴う何らかの要因が質の低下を招いた可能性はある。科学の視点で考える限り、接ぎ木のせいにするのはどうやらお門《かど》違いのようだ。醸造法やスタイルが変化し、栽培法も「進歩」した。その結果として生まれたワインは、若いうちに飲む分には年代物のワインより強い印象を残す。だが、フィロキセラ禍以前の非常に樹齢の高いブドウで造ったワインのような、寿命の長さと純粋さを欠く。そういうことではないかと思う。

（1）Campbell C. *Phylloxera: How Wine Was Saved for the World*. Harper Collins, London 2004
Ordish G. *The Great Wine Blight*. Sidgwick & Jackson, London 1987

（2）Esau K. *Anatomy of Seed Plants*, John Wiley, New York 1977

6章　農薬を賢く減らせ

ブドウ栽培において科学はしばしば敵役《かたき》を割り振られる。ブドウ畑の科学と聞けば、化学物質を好きなようにまき散らして、ブドウ以外のあらゆる生命を根絶やしにするのを思い浮かべる人もいるのではないか。それとも、株の仕立てや灌水にハイテク技術を駆使してブドウの実をおびただしくつけさせ、それを魂のない大量の工場生産ワインに変える光景だろうか。あるいは、白衣を着たマッド・サイエンティストが遺伝子操作でスーパーブドウを作っている姿かもしれない。だが、これらは間違ったイメージだ。自然界の本当の複雑さを私たちに理解させてくれるのは科学である。生態系の研究を通じてわかってきたのは、自然がもつ抑制と均衡に逆らわずに仕事をすること、そして環境に優しく合理的なブドウ畑管理手法を促進することの必要性だ。これが実現できれば、ビオディナミのような理念主導の農法でもなく、化学薬品に頼った従来型の農法でもない、第三の道が開ける。

この新しい栽培法は、フランス語で「リュット・レゾネ」と呼ばれている。文字どおり訳せば「理にかなった戦い」という意味だ。この栽培法の土台となっているのが「総合的有害生物管理（ＩＰＭ）」という考え方である。リュット・レゾネは有機農法から アイデアを借りながらも、有機農法やビオディナミ農法のように厳密な規則で縛られてはいない。栽培者のニーズと環境のニーズとの折り合いをうまくつけ、双方にとって満足のいく「ウィン・ウィン」の関係を実現できるという強みをもつ。

自然界の闘争

真夏の午後の草原を思い浮かべてほしい。太陽が輝き、虫が飛び交う。植物は生い茂り、緑の濃淡が美しい対比を見せている。表面的にはじつにのどかな光景だ。だが、こうした自然の調和の陰には絶え間ない生存競争がある。どんな生物も、その競争に負けずになんとかして成長し、生き延び、子を作ろうとする。植物は、光、水、栄養を求めて互いに争っている。それと同時に、気孔（葉の表面にあいた小さな孔）を開いてガス交換をしながら貴重な水分を保つという、微妙なバランスを維持している。植物はまた、草食の昆虫や哺乳類にとって大事な食糧であり、その昆虫や哺乳類も、自分を襲う捕食者の心配をしている。これだけでも大変なのに、さらに真菌や細菌、ウイルスによるさまざまな病気が手ぐすね引いて待ち構え、抵抗力の低い植物の体内に入り込もうとしている。こうした状況にあるため、植物が作る器官や化学物質の多くは、草食動物に食べられないように自分を不快な味にしたり、微生物に対する抵抗力をつけたりするために

成長期の終わりにべと病にかかったブドウの葉。葉の表側に「油のしみ」のようなものが目立ち、裏側にはカビが成長している様子が見える。

進化した。ただ生きていくだけで大変な苦労なのである。
生物どうしの相互作用が自然環境のなかで繰り広げられるうち、抑制と均衡を図るためのいくつものメカニズムが生まれた。なかには非常に手の込んだものもある。たとえばある種の植物は、昆虫にかじられると情報化学物質と呼ばれる揮発性化合物を放出する。これはごく微量であっても、その昆虫を捕食する動物に感知される。驚くべきことに、この化学物質には自分をかじっている生物の種類を伝える働きがあり、適切な捕食者だけに注意を促すことができる。つまり、植物が発するSOSの信号が、捕食者にとっては「食事の支度ができました」という合図になっているわけだ。植物はこうした賢い方策でバランスをとっているおかげで、たとえ攻撃を受けても、ほかの生物との協力を通して自らの存続を図ることができるように進化してきた。IPMはこうした複雑な相互作用を理解したうえで、それを利用しようとする試みである。

フランスのラングドック地方で隣接するふたつのブドウ畑。左の畑には除草剤が使われ、列と列のあいだがきれいに耕されている。右の畑ではつねに草の茂みを生やしている。このほうが土の寿命が延び、浸食が防げるうえ、益虫の保護区の役目も果たしてくれる。

考え方の変化

IPMが生まれた背景には、害虫防除に対する考え方の変化がある。その点を理解してもらうために、もっと大きな視点から農業を眺めてみたい。農業が始まって以来、人間は害虫や病気の対策に頭を悩ませてきた。畑に一種類の作物しか植えていないと（これを単一栽培という）問題が起きる。条件が病害虫に有利な方向に大きく傾くのだ。それというのも、こうした招かれざる客は、適切な環境を見つけたら短期間で爆発的に増えるようにできているからである。その適した環境というのが、あなたの畑やブドウ園であってもおかしくはない。単一栽培の規模が大きくなればなるほど、害虫の自然減少が起こりにくくなるため、かなりの作物を害虫に奪われる危険性が高まる。それでも、効率的に栽培するには、畑の大部分、もしくは畑のすべてに一種類だけを植えるしかない。農業が発達するにつれて単一栽培の規模は拡大し、たった一種類の作物で覆われた土地はますます広がっていく。収量を高めようとするあまり、雑草は発芽する前に除草剤で根絶やしにされ、低木の生垣や林が取り払われてきた。

農家にしてみれば、せっかく植えた作物はたとえわずかでも病害虫の被害に遭わせたくない。それがごく自然な感情である。これまではそうした思いから、化学物質の「特効薬」に頼って問題を解決してきた。しかし、そういうやり方には欠点がある。時間がたてば、害虫や病原体が耐性をもつようになるのはまず避けられないからだ。昆虫のライフサイクルは短いため、殺虫剤のように強力な自然選択の圧力がかかると、抵抗するためのメカニズムが進化する。ある程度の抵抗力を備えた突然変異種がたとえ一匹でも現れたら、それが選択されて生き残る。殺虫剤のせいで減った個体数は短期間のうちに回復し、被害を与えられるレベルにまで達する。自然選択はほぼ間違いなく勝つのだ。

しかも、害虫を退治したら、その害虫にとっての天敵をも退治してしまう見込みが高い。やがて害虫が殺虫剤に対する抵抗力を強めたら、状況は以前より悪くなる。あなたにはもはや化学物質の特効薬がなく、害虫には天敵がいない。あなたは害虫に荒らし尽くされた作物を眺めながら、全体の一割を失うだけで済んだ昔を懐かしむ。

こうしたシナリオを避けるために生まれたのが、総合的有害生物管理（IPM）だ。もっと賢く害虫に対抗するための新しいパラダイムであり、一九七〇年代からかたちをとり始めた。今では、農薬に頼る従来の農法にかなり取って代わりつつあり、重要性を増している。

ＩＰＭには五つの基本原則がある。知識、監視、予測、要防除水準、タイミングだ。ＩＰＭの根本は、より大きな生態系とのかかわりのなかで害虫や雑草や病原体の生態を一〇〇％科学的な見地から理解することである。ＩＰＭを実践する際にはその知識を用いて、問題を起こしそうな生物の個体群を監視し、それが危害を加えるレベルに達するのはいつかを予測する。ここで考慮するのが要防除水準だ。害虫を全滅させるのではなく、どれくらいなら残しておいても経済的に許容できるかを考えるのである。最後に、タイミングはＩＰＭを効果的に実施するうえできわめて重要なポイントだ。ＩＰＭでも、農薬の投入はやはり必要となる。ただ、慎重にタイミングを見計らって投入すれば、その量は大幅に減らせる。ＩＰＭにはもうひとつメリットがある。化学物質が特効薬になるという時代遅れの考えだけに頼らずに多面的な方策を講じるので、害虫や雑草や病原体が抵抗力を高める可能性がはるかに低くなるのだ。ＩＰＭを実践する農家は広い視野に立ち、生態系の一部だけでなく全体を考慮した選択をする。

ＩＰＭで使われる武器一覧

ＩＰＭの長所は、農業の問題にいくつもの解決策を提供できる点だ。その解決策には、まだ実験的な色合いの濃いものもあれば、すでに効能が実証済みのものもある。代表的なものをいくつか紹介しよう。

生物学的防除

生物学的防除はIPMを支える柱のひとつだ。原理はきわめて単純である。害虫に悩まされているなら、その害虫の天敵（捕食者や病原体）をもち込んで、それらに問題の処理を任せるというものだ。とはいえ、実際にやろうとするとそう簡単にはいかない。天敵にライフサイクルを全《まっと》うさせてブドウ畑に定着させるには、餌となる害虫が多数存在している必要がある。処理をするたびに天敵を連れてくるなら話は別だが、そうでなければ、天敵を養える程度の害虫の個体数を継続的に（コントロール可能ではあるが）生息させておかねばならず、そのせいである程度の作物被害をこうむるのを我慢しなくてはならない。また、畑のなかや周囲に保護区を設け、そこに作物ではない植物を植えることにより、年間を通して多種多様な昆虫を維持する必要もある。その昆虫の一部も益虫として働いてくれる。

ただし、入念な計画に基づいて実施しないと、生物学的防除は大失敗につながりかねない。そのいい例がオオヒキガエルだろう。今から何十年も前、オーストラリアのクイーンズランド州でサトウキビ農家が害虫に悩まされていた。どこかの頭の良い学者が、その害虫の天敵がオオヒキガエルであることを突き止める。そこで、一九三五年に害虫駆除の目的でオオヒキガエルが導入され、オーストラリアの暮らしにもよく適応した。ところがすぐに問題がもちあがる。オオヒキガエルは、当初の目的だった害虫を追わないうえに、周辺に住む動物にとって有害だとわかったのである。頭の後ろの腺から分泌される乳状の液体に毒性があるため、イヌやネコやディンゴがオオヒキガエルを食べようとすれば命取りになる。天敵がいないため、オオヒキガエルはオーストラリア北東部で今も野放図に増え続けている。オーストラリア政府の研究者は現在、生物学的防除としてオオヒキガエルの天敵を導入する計画を立てている。なんとも皮肉な展開だ。これが少し極端な事例なのは重々承知している。だが、生態系を十分に理解しないままに生物学的防除を行なえば、こうした危険が生じうるということを見事に示している。

天敵（益虫）

ＩＰＭで用いる方策の多くは、害虫の天敵を見つけることが根本にある。天敵となる昆虫は益虫と呼ばれる。天敵になるのは、害虫を捕食する生物の場合もあれば、害虫に寄生して殺す生物の場合もある。後者の例が寄生バチだ。寄生バチは、害虫の幼虫に卵を産みつけ、卵がかえると幼虫を餌としてその体内で成長する。その過程で幼虫を殺してしまうのである。ブドウ畑の場合はソバを植えると、その花が寄生バチであるコマユバチの一種を引きつけ、それが深刻な害虫であるハマキガの幼虫に寄生する。

生物農薬

生物農薬とは、特定の微生物を使って害虫を駆除する方法である。本来ならもっと広い範囲で利用されてもおかしくないのだが、そうなっていないのは、まだ十分な知識が普及していないためだ。商品化の取り組みが不足していることも一因となっている。生物農薬として使われている微生物のひとつに、トリコデルマ菌がある。これは、ブドウの実を腐らせる灰色カビの天敵だ。また、ウドンコカビの天敵となるアンペロミセス菌もある。何種類かの生物農薬はすでにブドウ畑で使用されている。

「保護区」または「補償領域」

天敵を導入するのはいいが、それらもすみかを必要としており、かならずしもブドウを理想の家としてすみ着いてくれるとは限らない。しかも、手入れの行き届いたブドウ畑ではブドウの休眠期に葉がないために、益虫が冬を越そうにも隠れる場所がない。そこで役に立つのが「補償領域」である。これは、特定のパターンに植物を植えた土地(低木地、林、生垣など)のことで、益虫を保護する役目を果たす。このようにして生物の多様性を保っておくと、単一栽培の悪影響をある程度は相殺できる。補償領域の効果をさらに高めるには、カバークロップ(被覆《ひふく》植物)を用いるか、何らかの植物をブドウの列と列のあいだに植えるといい。ただし、入念に計画したうえで実行しないとリスクも生じる。近くに何かの植物を植えたために、そこに寄ってきた虫が結果としてブドウに害をなすおそれもあるからだ。

カバークロップ（被覆植物）

ブドウの列と列のあいだの土は、発芽前除草剤を使用するか徹底的に耕すかして雑草のない状態に保っておくのが普通だ。カバークロップとは、その土をむき出しにしておかずに植える植物のことをいう。これをするといくつかの利点が考えられる。たとえば土の寿命が延びる、浸食が防げる、益虫を増やせる、などだ。カバークロップに適した植物にはいろいろな種類がある。すでにいくつかのワイン産地では、冬にカバークロップを植えるのが一般的になった。冬は土が浸食される危険性が一番高いからである。カバークロップは翌春に耕されて土中に埋め込まれる。最近では、年間を通してカバークロップを生やしておくやり方も登場した。カバークロップに益虫の保護区の役目をさせるのである。夏のあいだもカバークロップを植えておくと、益虫の個体数がシーズンを通して多い状態が保たれるため、それが生物学的防除としてブドウにつく害虫を攻撃してくれるのだ。ただし、カバークロップを植えることがマイナスに働くケースもひとつ考えられる。乾燥地域にあって灌水を施していないブドウ畑では、カバークロップとブドウとが乏しい水分をめぐって競争する羽目になることだ。

情報化学物質の利用

ほとんどの昆虫にとって、化学物質のシグナルはなくてはならないものである。昆虫は嗅覚系とフェロモン系が非常に発達していて、食糧を探したり交尾の相手を見つけたりするのに役立てている。昆虫が化学物質のシグナル（情報化学物質）を用いてどういう行動をとるかがわかっている場合は、それを利用する手が考えられる。かりに特定の昆虫の交尾を妨げたいときは、その昆虫の性フェロモンを使って混乱させ、交尾行動を妨害すればいい。さらにはもっと複雑な介入についても実験が進められている。たとえば、ある種の昆虫は嗅覚を使って産卵行動を決めている。どういうことかというと、すでに卵が産みつけられている植物には卵を産まない習性があって、それを嗅覚で判断しているのだ。この行動に関与する情報化学物質が突き止められれば、その物質で作物にしるしをつけて、害虫がそこで産卵するのをやめさせることができる。「押して引く」作戦も使える。作物の区画内には、害虫にとっていやな匂いを発する植物を植える一方で、作物のない隣接区画にはその害虫を引き寄せる植物を植えるのだ。これで害虫を作物に寄せつけないようにできる。

天候の監視

天候を監視して、害虫や病気がいつ発生しそうかを予測すると、農薬の投入回数を減らすのに役立つ。本当に必要なときだけ散布するように、賢く計画を立てられるようになる。天候の監視は安価に実施できるうえ、経費削減につながる可能性が高い。農薬を散布するにはコストがかかるからだ。

ブドウ畑内に設けられた気象観測所。集めたデータは無線で送られ、作物を守るための判断を下すために活用される。これにより、暦どおりに農薬を散布しなくてもよくなる。

リュット・レゾネの実践

では、これらの手法を実際どのように使うのだろうか。具体的に理解するため、フランスで補償領域を導入する仕事をしている研究者に話を聞いた。ボルドーの国立農業技術学校に所属するマルタン・ヴァン・エルデンである。ヴァン・エルデンは、総合的有害生物管理（IPM）の一環としてブドウ畑に補償領域を導入するために、その背景にある科学的なメカニズムを研究している。現在彼は、ブドウ畑をいくつもの小区画に分けて実験的に生垣を設置し、ブドウや生垣にすむ昆虫の個体数の変化をモニターしている。

「私たちはもう五年間も実験を続けています。まだ確実といえる結論は出ていませんが、関心を寄せてくれている農家はたくさんあります」。ブドウ栽培にはイメージが大切であるし、魅力的な田園地方のイメージはワイン観光にとってプラスになるとの生産者側の思惑もあるようだ。また、IPMは「自然」で「健全」であり、それはほとんどのワイナリーが自分の製品に結びつけたいイメージでもある。ヴァン・エルデンはこうした造り手の関心を利用して、もっと大規模な畑でIPMをテストできないかと考えている。今は自分の小さな実験用の畑で実施しているだけだからだ。

彼はボルドーでの研究に加え、ロワール地方の「ソーミュール・シャンピニ」を生産する地区全体に補償領域を導入するプロジェクトにも携わっている。「生物の多様性を再現して、正常に機能させられるようになるかを確認したいと考えています。だからといって、景観をそっくり作り変えるつもりはありません。どこをどう改めればいいかを調べたいんです」。これはおもしろいプロジェクトになりそうである。益虫の個体群を適切に機能させるためには、どの景観要素が一番大事なのかを見極める助けになるからだ。それに、この実験がアペラシオン全体という大きな規模で実施されることに意味がある。生態系を考えるうえでは規模が非常に重要だ。小さな区画がいくつも点在しているよりは、数は少なくても比較的大きな区画が生垣などでつながっている状況で実験をしたほうが実際の参考になる。

この種のプロジェクトに生垣は欠くことができない。保護区になるだけでなく、空間と空間をつなぐ役目も果たす。だが、生垣だけでは足りない場合もある。ある種の益虫は、低木の木立や林のようなもっと広い生息地を好むからだ。生垣は、ブドウ畑に向かう「道路」として使うこともできる。ブドウ畑のなかでは、下草のような小さな景観要素が重要な保護区となる。ソーミュール・シャンピニの実験では、補償領域や下草としてどんな植物を植えたらいいかをヴァン・エルデンが助言することになっている。ヴァン・エルデンの見積もりでは、生垣を植えるのに一メートル当たり四～五ユーロ程度かかる。そのほか、土の準備やマルチング（植物の根元を藁《わら》や草などで覆うこと）に加え、一～二年のフォローアップが必要となる。将来的には、生垣を設置する農家に、地域の農業会議所や地方自治体から助成金が出るようになるかもしれない。熱意ある農家が何軒か始めてくれれば、ほかの農家もやってみようという気になるだろう。

持続可能なブドウ栽培の認証

農家がＩＰＭの技法を用い、科学的に見て妥当な方法で化学農薬の投入量を減らした場合、それを「持続

1　ブドウを病気から守るには化学農薬が必要になる。ブドウは作物のなかでも、農薬散布が非常に多い部類に入る。

3　散布後の葉と実に残った農薬。写真はアルゼンチンのメンドーサ地区。
4　ブドウ葉巻ウイルスに冒されたブドウ。南アフリカのステレンボッシュ地区。これは南アフリカに限らない深刻な問題である。感染を広げないためには、ウイルスを媒介するコナカイガラムシを駆除する必要がある。
5　ほぼ熟しているが、房の一部が灰色カビ病に感染している。

2　ニュージーランドのネルソン地区にある「ノイドルフ・ヴィンヤーズ」のカバークロップ。土壌の構造と生産力を改善する、土の寿命を延ばす、浸食を防ぐ、益虫を引きつけるといった効果が期待できる。

可能なブドウ栽培」として認証する制度がしだいに広がりを見せている。ニュージーランドではほぼ業界全体をあげて取り組んだ結果、農薬の投入量は大幅に減った。ある研究によると、ニュージーランドでは一九九九年から二〇〇七年のあいだに殺虫剤の投入量が七二％、殺真菌剤の投入量が六二％減少している。同じような認証制度を導入している国はたくさんある。なかには踏み込みの甘い制度もあるとの批判も聞かれるが、始めるうえで比較的ハードルが低いことから農家の参加率も高く、栽培者が持続可能性に目を向けるきっかけとなっている。それが悪いことであるはずがない。

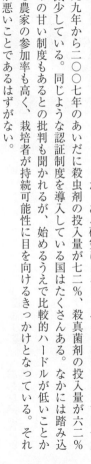

ニュージーランドの大部分のブドウ園は、サステイナブル・ワイングローイング・ニュージーランドという団体から認証を受けている。この認証制度のおかげで、ニュージーランドではブドウ園での農薬投入量が大幅に減少した。

ワイン農家の頭痛の種——おもな病原体と害虫

ウイルス

ウイルスは深刻な問題である。おそらく一番多いのはブドウ葉巻ウイルスだろう。ブドウ葉巻病は世界中のブドウ畑で見られ、成長期の終わりに葉が下向きに巻き込むのが特徴だ。この病気のせいでブドウが枯死することはないが、成熟が大幅に遅れてワインの品質が低下する。ブドウ葉巻病を防ぐには、ウイルスに感染していないブドウを植えるしか手がない。ほかにもブドウに感染するウイルスはあり、昆虫や線虫によって媒介されるものもあれば、栽培の仕方がまずいために広まるものもある。

ウイルス性の病気はブドウを枯死させることがめったにないため、なかなか気づかれにくい。同じ品種のブドウでもクローンによっていろいろな違いがあるが、その差異は遺伝的なものではなく、ウイルス感染の度合いの違いによるところが大きいと見られている。

真菌類（病原性のカビ）

カビの病気はワイン農家にとって大きな悩みの種だ。ヨーロッパブドウは、べと病やうどんこ病に対してもともと抵抗力がない。どちらも、一九世紀にアメリカからヨーロッパにもち込まれたカビの病気である。結局、農家には農薬をまくよりほかに手がない。灰色カビはブドウの実に灰色かび病を起こすが、ある種のすでに熟した実がこの菌に感染するとプラスに作用して「貴腐《きふ》」と呼ばれる状態になり、甘味の強い貴腐ワインの原料となる。カビに対抗する生物学的防除法は限られていて、生物農薬があるにはあるがまだ広く使用されてはいない。ただし、IPMを利用することで、以前より正確に的を絞って化学農薬を使用することができるようになってきている。

節足動物

節足動物は昆虫やクモなどを含む生物で、ブドウ畑に重大な害をなす場合がある。ヨーロッパでとくに問題になっているのが、まずガの仲間のブドウホソハマキとホソバヒメハマキ。さらには、ウイルスや細菌を運ぶヨコバイ。ハダニも重要な害虫だ。アメリカでは、ある種のヨコバイがピアス病を媒介しているため、急を要する事態となっている。

ブドウにつくハマキガは、幼虫がブドウの花を食害して実の収穫量を減らす。また、シーズンの終わり近くには実を攻撃するため、実は灰色カビの被害に遭いやすくなる。ハマキガが襲ってくる時期はコンピュータモデルで予測できるので、リスクが高まるまで殺虫剤の散布を控えることが可能だ。また、雌が放出するフェロモンに似た合成性ホルモンを使って、交尾行動を妨害する作戦も使える。

ヨコバイはヨーロッパのワイン産地で大きな問題となっている。なかでも一番厄介なのは、ヨコバイの一種がフラヴィサンス・ドレー病という病気を運んできて大きな被害をもたらすことである。フィロキセラと同様、この虫もアメリカからヨーロッパに入ってきた。今のところ殺虫剤をまく以外に有効な対策はなく、フランスの一部地域では殺虫剤の散布がすべての農家に義務づけられている。また、生物学的防除のために、天敵を探す研究がすでに始まっている。

カリフォルニアのいくつかの地域ではピアス病が深刻な問題となっており、重大な関心を集めている。ピアス病はブドウピアス病菌によって引き起こされる病気であり、オオヨコバイの一種によって運ばれる。病気の範囲は北へと広がりつつあり、高級ワインの産地に近づいている。ピアス病にかかると、ブドウの導管が詰まって枯死する。有効な化学薬品や生物学的防除法はない。じつに深刻な病気であるため、被害を受けた地域ではブドウ栽培を断念せざるをえなくなっている。

7章　ビオディナミを科学で検証

本書はワインの科学についての本である。こうしてビオディナミに一章が割かれているのを見て、驚いた読者も多いだろう。ビオディナミは惑星の配列や、漠然とした生命力について語り、奇妙な調合剤を用いる。理性に基づく科学的な世界観とはまったく相容れないように思える。そのため科学に明るい人は、たいていビオディナミを歯牙《しが》にもかけない。さもなければ、ビオディナミのやり方はうわべだけで中身がないとし、何かの利点があるにしてもそれはブドウ畑により多くの注意を向けた結果にすぎないと説明してきた。本章では、ビオディナミの洞察や手法を科学的なブドウ栽培と結びつけてみようと思う。そもそもどうしてビオディナミを気にするのかといえば、私の好きなワインの造り手の多くがビオディナミに基づいて仕事をしているからだ。この先ビオディナミ・ワインしか飲まないことになっても、少しも困らないほどなのである。

本章ではまずビオディナミのおもな特徴をまとめたあと、次のような重要な問いに答えていきたい。ビオディナミ農法は、従来の農法や有機農法とどう違うのか。本当に効果があるのか。あるとすればどういう仕組みによるものか。ビオディナミの特徴のなかで科学的に説明できるものがあれば、その問題も取り上げるつもりだ。

一九九七年、イギリスのワイン商、コーニー・アンド・バロー社の販売チームと重役がブルゴーニュ地方の名門ワイナリー「ドメーヌ・ルフレーヴ」を訪問した。アン＝クロード・ルフレーヴは、銘を伏せて彼らに二種類のワインをつぎ、どちらが好きかと尋ねた。すると、一三人中一二人が同じワインを気に入る。何が違ったのか。じつは、どちらのワインも分類でいえばまったく同じである。ルフレーヴ社の一九九六年物ピュリニー・モンラッシェ・プルミエ・クリュ・クラヴァイヨンだ。ただし、ふたつは隣り合った別々の畑のブドウから造られた。ひとつの畑は有機農法、もうひとつはビオディナミ農法を用いていた。ビオディナミとは代替農法の一種であり、本章のテーマである。コーニー・アンド・バローのチームがほぼ全員一致で選んだのは、このビオディナミによるワインだった。次の年からドメーヌ・ルフレーヴはすべての畑をビオディナミに切り替えた。

こうした逸話をいくら積み重ねても、確たる科学データになるわけではない。しかし、同じような話はよく耳にするうえ、それがごくまっとうなワインを造っている人たちから聞こえてくることを思えば、むげに無視するわけにはいかない。なにしろ、ビオディナミでワインを造っている人のリスト（後出の表参照）には、有名な造り手がきら星のごとく名を連ねる。しかも、そのリストは少しずつ長くなっている。

ビオディナミとは何か

ビオディナミはひとつの農法と見なすよりも、ひとつの哲学（あるいは世界観）を農業に応用したために主流の農法とはさまざまな点が異なるようになったもの、と捉えるとわかりやすい。いい換えれば、ビオディナミ的に農業をするには、ビオディナミ的に考えなくてはならないわけだ。

ビオディナミのルーツをたどると、オーストリアの哲学者で科学者のルドルフ・シュタイナーに行き着く。シュタイナーは、哲学的な方法を通して物質世界と精神世界の断絶を埋めることを生涯の使命としていた（こういう言葉を見て科学者が憤然とする様子が早くも目に浮かぶ）。この目的を達成するため、シュタイナーは精神科学ともいうべき「人智学」を提唱する。シュタイナーは晩年になってから農業に目を向けた。死のわずか一年前となる一九二四年には、「農業再生のための精神的基礎」と題した全八回の講義を行なった。それが今でもブドウ畑におけるビオディナミ農法の礎《いしずえ》となっている。

一個の生命体系としての農場

ビオディナミの根本にあるのは、農場全体を一個の生命体系と見なし、それを月の満ち欠けや宇宙のリズムといったもっと大きな枠組みのなかで位置づけることだ。こうした全体論的な視点に立てば、土は単に植物を植える土台ではなくなり、それ自体がひとつの生命になる。したがって、ビオディナミを実践する人たちは、化学合成肥料や化学農薬を用いることを忌み嫌う。そのかわりに彼らが使うのは、特別に調合した各種の調合剤だ（後出の表参照）。自然のリズムと合致した適切なタイミングでその調合剤を用いると、土の生命力が高まるのだという。病気は、正面から取り組むべき厄介事とは見なされていない。「生命」としての農場のなかにもっと根本的な問題があって、それが表に現れたものが病気だと考える。その根本的問題を解決すれば、病気はおのずと治るというわけだ。ビオディナミと有機農法が大きく違っているところは、特殊な調合剤を使用することと、その使用時期にある。それ以外の点では、用いられる技術は両方ともよく似ている。

以上のような概要を読むだけでも、ビオディナミの理論的根拠を科学的に語るのが難しいとわかるだろう。「生命力」が何かは具体的に示されておらず、それを測定する手段もない。月の満ち欠けの周期なら科学の枠組みに収まるかもしれないが、惑星の配列からくる宇宙のリズムが何を指しているかは不明である。惑星とその運行が、測定可能で物理的な影響を地球の生命に及ぼすなど、理解しがたい考え方だ。

ニコラ・ジョリーの話を聞く

ビオディナミの基本哲学がどういうものかを感じるには、ニコラ・ジョリーのセミナーに参加するのが一番だ。ジョリーはロワール地方にある「クーレ・ド・セラン」というワイナリーのオーナーである。ビオディナミ農法の伝道師としておそらく最も有名であり、その発言は広く引用されている。「私は銀行家になる訓練を受けたのに、結局ワイン農家になってしまいました」とジョリーは語る。一九七七年、アメリカやイギリスでの金融の仕事を終えて、家族が所有するロワールのワイナリーに戻ってきたとき、彼はクーレ・ド・セランという「場所」を表現するワインを造りたいと考えた。始めたばかりの頃、ジョリーは農業会議所の職員の訪問を受ける。「その人たちはこういったんです。あなたのお母さんはワイナリーをうまく運営していたけれど、やり方が古かった。そろそろ近代化したほうがいい、と。除草剤を使えば一万四〇〇〇フランの節約になるともいわれました」。ジョリーはこの助言に従う。ところが、「二年もしないうちに土の色が変わり始めたんです。テントウムシのような虫ももういません。ウズラはみんなどこかに行ってしまいました」。そのとき運命の導きにより、ジョリーはビオディナミの本を読む。「環境保護運動には興味がなかったけれど、この本にはすっかり夢中になりましたね。このコンセプトを実践してみたいという、途方もない考えにとりつかれてしまったんです」。

フランス・ロワール地方の「クーレ・ド・セラン」でワインを造るニコラ・ジョリー。ビオディナミの伝道師として有名。

ジョリーが重視するのは生命力と、人為的介入

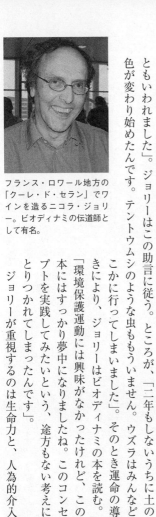

のタイミングだ。「土は生きていなくてはなりません。有機肥料にはいろいろな動物の糞が混じっています。動物の種類によって、糞の性質は大きく異なります。ウマのように熱に支配される動物もいます。ウシに無理やり何かをさせようとすれば、ウシはかがみ込みます。地の力に支配されているからです。イノシシとブタは植物の根を食べるので、その糞は根に作用します。このようにいろいろな種類の力が混じることがきわめて重要なのです」。

ジョリーは続ける。「春は私たちにとって良い季節です。ブドウにとって春とは、太陽の力が地の力に打ち勝つことを意味します。秋になると死の掟《おきて》が力を現します。重力の法則が働いて、葉が落ち始めるのです。私たちも夕刻には疲れますが、それと同じです。春が始まったばかりの頃は、夜より昼のほうが少し長く、太陽の引力が大地の重力にまさっています。

ブドウは、季節と固く結びついた数少ない果樹のひとつです。ブドウは地の力に支配され、下に向かっていこうとします。そのため、根がきわめて大きな力をもっていて、上には少ししか伸びません。ブドウはサクランボやリンゴと違って、春に花を咲かせません。植物は重力から自由になればなるほど、花をたくさん咲かせられるのです。ブドウは、太陽が地面に下りてくるまで花を咲かせないようにしています。それが起きるのが夏至です。夏至はブドウにとって非常に重要な日です。花が早く咲きすぎたブドウでワインを造ると、ひと口目の味はいいが、二口目は良くありません。夏至に近い時期に花を咲かせたブドウほど、上質なワインになります」。

では、有機農法とはどう違うのだろうか。「ビオディナミでは、ブドウと、ブドウが必要とする波動とを結びつけます」とジョリーは説明する。「ラジオの周波数を合わせるようなものです。その植物を生かしてくれる波動に植物を合わせるのです。有機農法では、自然が仕事をするに任せます。ビオディナミなら、自然にもっと多くの仕事をしてもらうことができます。きわめて単純なのです」。

ジョリーは無機肥料をどう思っているのだろうか。「肥料は塩と同じです。塩分を相殺するには、それ以上の量の水分が必要です。水を通して成長を強要することになります。植物は水を飲みすぎ、成長しますが、夏至を過ぎても成長が止まりません。植物が成長をやめて種と実を結ぼうとしているのに、それを邪魔してしまうのです。その結果が腐れ病です。それを食い止めるために、大量の化学薬剤を投入する羽目になります」。

では、病気とは？「病気とは、抑圧と収縮の力が働くプロセスのことです。病気そのものが存在するわけではありません。病気をもたらす病原体も、自分のなすべきことをしているだけです。何百もの新しい病気と戦っても無駄です」。

ジョリーのビオディナミ哲学はワイン醸造にも及ぶ。「生きた土を与えて、ブドウが自分の仕事をしやすいようにしてやる。適切なブドウを選ぶ。有害な処理を避ける。この三つを実践すればするほど、調和が生まれます。ワインがこの調和をうまく捉えれば、セラーですることは何もありません。ワインのもつ潜在性のすべてがそこにあるのですから」。ジョリーは培養酵母ではなく天然酵母を使う。「培養酵母を添加するなんてばかげていますよ。天然酵母には、その年の微妙な特徴がすべて現れているんです。その酵母を殺すような愚かな真似をしたら、その年のもつ何かを失ったのと同じです」。

農業に対するジョリーの取り組み方は、私が受けた科学的な教育とは相容れない。彼はまったく違う切り口から自然界のプロセスを説明する。西洋の合理的な世界観に慣れた人々には、耳障りに響く「絵画的な」言葉だ。科学的なブドウ栽培を語るより、宗教を語るのにふさわしい言葉といえる。それでも私は、彼が説くブドウ栽培観には大いに敬意を払っている。化学物質に頼る従来のブドウ栽培は知恵と環境を破壊してきた。ビオディナミがもつ生命と活力は、その事実の一端を暴いている。それに何より、おもしろくて奥深いワインをジョリーが造っているのは間違いないのだ。

ビオディナミは簡単?

ビオディナミと従来型のブドウ栽培との違いを明らかにする一番簡単な方法は、たぶん次の問いを投げかけてみることだろう。もし私がワイン農家なら、どこをどう変えればビオディナミ・ワインの生産者として認められるだろうか。最低限満たすべき基準はあるのだろうか。

私はニコラ・ジョリーに、ビオディナミに移行するには何が必要かを尋ねてみた。「まず、有機農法を始めます」とジョリーは説明する。「それで自信がついたら、ビオデイナミを導入するには一五ヘクタールの畑で年にたった六日だけ余分な作業をすればいいのです。難しいのは、新しい自然観を身につけることですね。標準的なビオディナミの畑を作るには少し時間がかかります」。ブルゴーニュの醸造家、ドミニク・ラフォンも似たような数字をあげ、一四ヘクタールのブドウ畑で年に一〇〇時間余分な作業をすればいいと語る。

デメテールUSA（ビオディナミ農法の国際的認証団体として最も権威あるデメテールのアメリカ支部）のアン・メンデン

(上) ニュージーランドのギズボーン地区でワインを造るジェームズ・ミルトンが、ブドウに散布するために調合剤501番(砕いて粉にした石英) の準備をしているところ。　(中) 堆肥は、有機農法とビオディナミ農法の両方にとってきわめて重要な役割を果たす。　(下) 調合剤500番。牛糞を牛の角に詰めて地中に埋めてあったものを、ちょうど掘り出したところ。

ホールは、ビオディナミ認証を得るのに必要なものをもっと具体的にあげてくれた。「ビオディナミの手法を二年間にわたって漏れなく使用することが求められます。つまり、ビオディナミ調合剤の五〇〇番と五〇一番（後出の表参照）を散布し、そのほか六種類の調合剤で作った堆肥を使用することです」。調合剤は、すぐに使える状態のものが販売されているうえ、必要量も少ないので経費もさほどかからないとメンデンホールは補足する。では、ブドウ園では家畜を飼ったほうがいいのだろうか。「絶対に必要というわけではありませんが、何らかの家畜を計画に組み込むことを強くお勧めします。成長期の畑にニワトリを走り回らせたり、冬のあいだヒツジに草を食《は》ませたりするのは、効果があると確認されています。家畜はブドウ園のアストラル的な要素を提供する意味合いのほうが強いのです」。ビオディナミ実践者のほとんどは、さまざまな処置を施す時期を非常に重視しているが、それはデメテールの認証を受けるうえでは必要条件ではない。それを裏づけるように、メンデンホールはこう指摘した。「アメリカでは、タイミングを間違ったからといって認証を取り消されたケースはありません」。

ジャック・メルに会う

ワイン農家がビオディナミに移行する際、一番一般的なのはコンサルタントを雇うことだ。ジャック・メルはたぶんヨーロッパで最初の空飛ぶビオディナミ・コンサルタントだろう。つねに二五軒前後のクライアントのコンサルタントを務め、母国フランスだけでなくイタリアにも三軒のクライアントを抱える。メルはもともと弁護士を目指していた。一九六七年、養蜂に携わったときに有機農業の存在を知り、その一〇年後にビオディナミと出会った。一九八九年には自分のコンサルティング会社を設立する。当時、フランスでビオディナミを実践しているワイン農家は六軒しかなかったのに、今やメルの推定によれば一〇〇軒を超える（デメテールだけでも五六軒のワイン農家にビオディナミ認定をしている）。メルは農業全般を扱っているが、今のところワイン農家への導入率が一番高い。

メルのクライアントのひとりに、シャンパーニュのワイナリー「レイモン・ブラール」の当主、フランシス・ブラールがいる。ブラールはまだ畑のすべてをビオディナミに変えてはいないものの、ビオディナミがどう違うかに興味をもち、一部の畑（二〇〇三年には約一ヘクタールの面積）で実験している。始めてから二年たった時点で、ブラールはビオディナミ区画の状態が着実に良くなっているのに気づいた。これからも続けていこうと考えている。ビオディナミに転向した人はこういう経緯をたどることが多いようだ。少し試してみてどうなるかを確認し、その結果を気に入り、しだいにもっと大規模に導入するようになる。

ブラールは五年間の実験プロジェクトに参加しているという。これは、二〇〇二年にシャンパーニュ地方ワイン生産同業委員会（ＣＩＶＣ）が始めたものだ。ＣＩＶＣは、有機、リュット・レゾネ（6章参照）、ビオディナミという三種類の栽培法を体系的に比較している。ブラールによれば、CIVCは土と実のサンプルをとり、それから最終形のワインを比べている。きっと興味深い実験結果が得られるに違いない。ただしCIVCは、すべてのデータがそろうまではコメントをしないとしている。

認証団体

ビオディナミの実践者リストを作るのは、じつは簡単ではない。その理由のひとつは、ひと口にビオディナミといっても、宗教と同じでさまざまなタイプや流派があるからだ。そのうえ、「適当に選んで組み合わせればいい」という考え方の人も多い。つまり、主流の手法をいくつかは実施するが、いくつかは省く、というやり方である。ヨーロッパには、「デメテール」と「ビオディヴァン」というふたつの認証団体がある。デメテールのほうが規模が大きく、いろいろな農業すべてを対象にしていて、厳密な基準を定めている。ビオディヴァンはあとから誕生した団体で、ブドウ栽培のみを対象に独自の規則を設けている。

ビオディナミを科学で語るとどうなるか

ここまで読めば、読者もビオディナミがどういうものかがある程度はわかってきたと思う。私がこれを科学で語ろうとしていることに、驚いているのではないだろうか。たしかに、ビオディナミで使われる言葉は科学者とはまったく異なる世界観に基づいている。科学者とビオディナミの実践者が語り合うなど不可能に思える。だが、対話の道はあると私は思うのだ。そのためには、ビオディナミを個々の要素に分解して、それぞれの効能を考えたり検証したりすればいい。

フランスのローヌ地方でワインを造るミシェル・シャプティエは、一九九一年にビオディナミを始めた。二五〇ヘクタールの畑すべてでビオディナミ農法を採用し、今やフランスで最大のビオディナミ・ワイン農家として他の追随を許さない。普通のビオディナミ実践者とは違って、彼はビオディナミを科学的に理解することが大事だと考えている。「その根底にある科学を進んで理解しようとすれば、ビオディナミにはおもしろい未来が開けると思いますよ」とシャプティエはいう。ビオディナミの結果としてどれだけの効果が観察されようとも、科学理論の裏づけがなければ宗教と同じになってしまうと彼は指摘する。そのため、ビオディナミで行なうさまざまな処置が、科学でどう説明できるかに大きな興味をもっている。

たしかに、ビオディナミが科学で裏づけされれば、ビオディナミを邪教か秘教のように敬遠している人にも受け入れてもらいやすくなるだろう。ところが、それを快く思わないビオディナミ実践者が大勢いそうなのだ。従来の科学は偏った自然観しか与えてくれないと考えているからである。しかし、科学のお墨付きを得ることで、ビオディナミへの支持は格段に高まる可能性がある。

とはいえ、ビオディナミを厳密な研究の対象にしようとすると、いくつもの障害にぶつかる。まず、ビオディナミでは農園全体を一個の「生物」として捉えるため、隣接する区画を異なる手法で栽培するという実験的手法になじまない。もうひとつの問題は、研究助成機関を説得してこの種の研究に資金を出してもらうことが難しい点だ。ワシントン州立大学プルマン校のジョン・レガノルド教授は、有機農業の研究における権威のひとりだが、研究申請書に「ビオディナミ」という言葉を書いたために申請が却下されたケースがあると話してくれた。「ビオディナミには目も向けない科学者が大勢いるのです」と彼は嘆く。

こうした問題に直面しながらも、レガノルドは厳密な研究を行なってきた。その結果を総合すると、どうやらビオディナミ（少なくともその一部）には本当に効果があるようだ。一九九三年にレガノルドのチームは、ニュージーランドで普通のブドウ園とビオディナミのブドウ園を比較し、その結果を一流の科学雑誌『サイエンス』に発表した。それによると、ビオディナミのブドウ園のほうがはるかに土壌の質がいい。有機物の含有量が多く、微生物の活動も活発である。一九九五年には、科学的に信頼性の高いビオディナミ関連の論文をいくつか取り上げ、それらを論評する総説論文を発表した。彼の結論は、一般的な栽培法よりビオディナミ農法のほうが土壌の質がよく、収量が少なく、一ヘクタール当たりの純収益が同等ないし高い、というものである。だが、どういうメカニズムによるものだろうか。じつに興味深い手がかりが、レガノルドの教え子で大学院生のリン・カーペンター＝ボッグズの実験から得られている。彼女は、ビオディナミで使う調合剤が堆肥の生成にどう影響するかを調べた。ビオディナミの手法で処理した堆肥と、何の作用もないプラセボ（有効成分を含まない偽薬）を混ぜた堆肥を比較したのである。その結果、実験環境ではビオディナミ式のほうが温度が高く、熟成が速く、窒素の含有量が多かった。この結果にレガノルドが感銘を受けたのは明らかだ。「これまで見てきたさまざまな農法のなかで、ビオディナミが一番全体論的なアプローチだといえるでしょう」とレガノルドは認める。

レガノルドはもっと最近になって長期研究の成果を発表し、追試もされている。研究対象となったのは、カリフォルニア州ユカイア近郊の四・九ヘクタールのメルロー種ブドウ畑だ。一九九六年からこのブドウ畑を八つの管理区画に分け、それぞれ無作為にビオディナミか有機栽培かのどちらかを実施した。研究の目的は、一般的な有機農法以上の効果がビオディナミにあるかどうかを確かめることにある。ビオディナミの区画では、ビオディナミの調合剤を加える以外はほかの区画とまったく同じ方法で管理した。最初の六年間、土壌の質に差は見られず、そのほかの尺度についても違いはなかった。尺度とは、葉組織の栄養素分析、房の重量、実の大きさ、一株当たりの収量などである。ただし、いくつか違う点もあった。二〇〇一年から二〇〇三年にかけての収量対剪定枝量《せんていし》の比率を比べると、ビオディナミは理想的なバランスであるのに対し、有機農法のほうは適正な比率をわずかに超えていた。ビオディナミのブドウのほうが、二〇〇二年にはタンニン含有量が著しく多く、二〇〇三年にはタンニン、フェノール化合物、アントシアニンの含有量が多かった（ただし著しい差異ではない）。結局、どれをとっても有機と比べて格段に優れているとはいえなかった。とはいえ、これはひとつのブドウ畑で行なわれたひとつの研究にすぎない。地域や環境条件が異なれば、結果は違っていた可能性もある。

主流の科学雑誌に発表された研究以外にも、ビオディナミの実践者自身が科学的手法でその効果を検証しようとした例もある。あいにくそうした実験は厳密さが足りず、説得力に欠けるものが多い。結局は次のような疑問が残る。実験が注意深く行なわれたというなら、なぜ適切な学術誌に投稿して審査を受けなかったのか。そうしていたら、信頼性がはるかに増しただろうに、と。

一方、まだ科学的な考察の対象になったことはないが、ビオディナミの効果を裏づけているといえそうな現象もひとつある。畑の「救済」だ。もちろんこれも科学的なデータではなく逸話のレベルにすぎず、しかもそれを証言するのはビオディナミの支持者だ。だからといって、彼らが嘘をついていると決めつける理由もない。本章の冒頭でも紹介した「ドメーヌ・ルフレーヴ」のアン＝クロード・ルフレーヴによれば、彼らの畑のひとつがまさにビオディナミによって救われたのだという。一九九〇年、樹齢三〇年だった複数のブドウの木の健康状態が悪く、植え替えたほうがいいと助言された。葉は白化し、木質の量が少なく、それまでの収量も芳《かんば》しくなかった。そこで彼らは、この「死んだ」ブドウに実験を試みることにする。除草剤の散布をやめ、土を掘り返して、ビオデイナミの調合剤を使ってみたのである。「新しい処置をしたあとのブドウの反応には驚きました」とアン＝クロードは振り返る。「今ではドメーヌ一の長寿の畑となって、樹齢五〇年を越えています」。

カリフォルニアのナパヴァレーでは、ブドウ葉巻ウイルスのせいで樹齢二〇年を待たずに植え替えを余儀なくされるブドウ園が多い。ワイナリー「ガーギッチ・ヒルズ」のイヴォ・イェラマズによると、今でこそ最上質のカベルネ・ソーヴィニヨンを生む樹齢五〇年のブドウ畑も、一時は木を引き抜く寸前までいっていた。「収量が非常に少ないうえに、実が十分に熟しませんでした」とイェラマズは振り返る。「実がピンクに色づいて糖度が二二％になれば運がいいほうでした」。だがイェラマズは植え替える代わりに、ビオディナミの理念に基づいて畑を耕してみた。するとブドウ畑は、あれほどウイルスの感染に苦しんでいたのに、たちまち生き返ったのだという。「三年後には劇的に回復しました。今では、うちのワイナリーで一番高価なカベルネができます。赤い葉は減り、糖度は平気で三〇％までいきます」。この種の回復例を科学的に検証するのはけっして難しくないはずだ。

ともあれ、現時点でとりあえずいえるのは、科学的な研究からもビオディナミには効果があると見られる（よくいわれるほど劇的ではないにせよ）ということである。しかし、具体的にどの要素が効果を生んでいるのか、はっきりしたことはいまだにわからない。

ビオディナミでワインを造る生産者抜粋	
国	生産者
フランス	
ボルドー地方	ポンテ・カネ
ブルゴーニュ地方	コント・ラフォン、ドメーヌ・ド・ラ・ロマネコンティ、ドメーヌ・ルフレーヴ、ルロワ、ドメーヌ・トラペ
アルザス地方	ジョスメイヤー、マルセル・ダイス、ズィント・ウンブレヒト、マルク・クライデンヴァイス、ピエール・フリック、ボット・ゲイル、ディルレ・カデ
ロワール地方	クザン・ルデュック、ロッシュ・ヌーヴ、ユエ、フランソワ・シデーヌ、クーレ・ド・セラン
ローヌ地方	シャプティエ、マルクー、モンティリュス
シャンパーニュ地方	レクラパール、フルーリー、ラルマンディエ・ベルニエ
オーストリア	マインクラング、ニコライホーフ、ゼップ・モーザー
イタリア	ラ・ライア、フォラドーリ、ヌオヴァ・カッペラータ
ポルトガル	アフロス
チリ	アンティアル、エミリアーナ、セーニャ、マテティック
アメリカ	ベルグストロム、ブリックハウス、リトライ、ガーギッチ・ヒルズ、ボー・フレール、フレイ、シエゴ
オーストラリア	ロビンヴェール、カレン、ジェムツリー、ケープ・ジャッファ、ネリンガ、パクストン、パータリンガ、ウォルター・クラピス、カスターニャ、ジャスパー・ヒル
ニュージーランド	バーン・コテージ、セレシン、フェルトン・ロード、ミルトン、クオーツ・リーフ、リッポン
南アフリカ	ウォータークルーフ、ライネケ

ビオディナミで用いる各種調合剤		
種類	内容	使用法
500番	牛糞を雌ウシの角に詰めて発酵させ、冬のあいだに土中に埋めたもの	通常、1ヘクタール当たり60gを40ℓの水に混ぜ、土にまく
501番	砕いて粉末状にした石英（シリカ）を雨水と混ぜ、雌ウシの角に詰めて春に土中に埋め、秋に掘り出したもの	作物に噴霧する
502番	ノコギリソウの花を雄ジカの膀胱に入れて発酵させたもの	調合剤503～507番と一緒に堆肥に加える。これらが合わさって糞と堆肥の分解を調節するため、微量元素が植物に吸収されやすくなる
503番	カモミールの花を土中で発酵させたもの	堆肥に加える
504番	イラクサの煮出し液	堆肥に加える。樹勢が弱いブドウに噴霧する場合もある
505番	カシの樹皮を家畜の頭蓋骨に詰めて発酵させたもの	堆肥に加える
506番	セイヨウタンポポの花をウシの腸間膜に入れて発酵させたもの	堆肥に加える
507番	カノコソウの花の絞り汁	堆肥に加える
508番	スギナの煮出し液	真菌性の病気対策として噴霧する

どの調合剤も、「ディナミゼーション」と呼ばれる特殊な攪拌プロセスを経ることでエネルギーが与えられ、活性化する。

科学的に見ると、ビオディナミに関連するいくつかの要素、たとえば特殊な調合をした堆肥を用いる点などは、とくに効果が高い可能性がある。土に堆肥を与えると微生物の種類が増えるからだ。いくつかの葉面散布液の効果も科学的に説明できそうである。おそらく微生物の活動がかかわっているのだろう。ある程度の雑草を生やしておくことにはメリットがありそうだ。水や養分をめぐってブドウと競わせることでブドウの樹勢を抑えたり、害虫の天敵を引き寄せたりすると考えられるからである。

さらには、心理的な効果も大きいだろう。ワイン農家がビオディナミを導入するとき、彼らはひとつの哲学体系に足を踏み入れる。それが考え方の枠組みとなって、ブドウ畑で注意深く作業をするようになるのだ。

ビオディナミの手法のなかには、一見すると非科学的で奇妙に思えるものもある。それでも、もっと科学的に研究する価値があるのは間違いない。全体として見れば、この一風変わった哲学を実践している生産者が、個性あふれるおもしろいワインを造っているのは事実なのだ。世界がのどから手が出るほど求めているのはまさしくそれである。

8章　水を減らしておいしいワインを

部分灌水《かんすい》（ＰＲＤ）は着想が素晴らしい。研究室で生まれた概念が現実世界の農業に応用された好例である。ＰＲＤを開発するために大変な苦労を重ねたのはオーストラリアのブドウ栽培家たちだ。だが、その土台となる理論はほとんどがイギリスで生まれた。ブドウの栽培法に関して、イギリスはこれまでさしたる貢献をしてこなかったといっていい。だが、現在ワイン研究者のあいだで話題沸騰中であるＰＲＤの概念は、一九八〇年代後半にランカスター大学で行なわれた実験のなかで考案されたものである。当初、この実験はブドウとは何の関係もないものだった。ランカスター大学のマーク・ベーコン博士によると、研究は「純粋に学問上の興味によるもので、土壌や水分の状態に関する情報を植物がどうやって根から新梢へと伝えているかを調べるのが目的」だった。研究のおもな焦点は、植物ホルモンのアブシジン酸（ＡＢＡ）である。ＰＲＤの仕組みを理解するには、ＡＢＡについて少し知っておく必要がある。

アブシジン酸（ABA）

ABAは植物ホルモンの一種である。植物ホルモンの中心的なメンバーは、オーキシン（一九二〇年代に発見された）、サイトカイニン、ジベレリン、エチレン、そしてABAだ。植物ホルモンは、シグナルとして働くことで植物の成長を調整している。植物の体の一ヵ所から別の場所に送られ、個々の細胞に何をすべきかや、成長の仕方を指示するのである。バラや果樹やブドウの木の枝を剪定《せんてい》したときを考えるとわかりやすいだろう。成長点を切り取ってしまうと、そこからくるはずのホルモンのシグナルがこなくなるため、休眠していた副梢が活性化して伸びてくる。かなり最近になるまで、研究者はそれぞれのホルモンにひとつないし複数の機能を割り当てていた。ところが、ホルモンのシグナル伝達はけっして直線的なものではなく、ホルモンどうしの相互作用による複雑なネットワークであることがわかってきている。このため、個々のホルモンの正確な役割を突き止めるのは一筋縄ではいかない。それでも、最近では分子遺伝学が進歩したおかげで、この分野にも一気に弾《はず》みがついている。

ABAは「負のホルモン」とでもいうべき働きをしている。つまり、何か問題が起きたときに登場するようなのだ。具体的にいうと、植物がストレスを受けたときに最初にすることがABAを作ることである。植物に影響するストレスのうち、とりわけ生死にかかわるのが水不足だ。水不足のストレスを受けると、根でABAが合成される。根は、植物の体のなかで最初に水不足を経験する器官だ。ABAはそこから新梢や葉に送られる。すると植物の地上部は、厳しい時期が待ち受けているのを知り、成長を止めて葉の気孔を閉じる。気孔は重要だ。光合成に必要な気体を取り込まなくてはならないが、そうすると貴重な水蒸気も多少は逃げることになる。だから植物は計算をして、気温が高くなりすぎたり乾燥がひどくなりすぎたりしたら、とにかく気孔を閉じて成長を止める。成長を続けることによるどんなメリットよりも、水分を失うリスクがまさってしまうからだ。

研究者たちは考えた。この水不足のシグナルを発信しているのは根であって、新梢自体が水不足のストレスに反応しているわけではない。しかも、関係する主要なホルモンはABAに違いない。これをどうにかして証明するため、彼らは次のふたつの方法を用いた。まずは、植物地上部の水分保持力が低下する前に新梢が成長を止めるのを示した。つまり、新梢の水不足ではなく、長距離のシグナルが反応を生じさせていることになる。

次に、「スプリットポット・システム」と呼ばれる手法を用いた。これは、一本の植物の根をふたつに分け、別々の鉢《ポット》に入れるというものだ。単純ながらじつに気の利いた方法である。片方の鉢にだけ水を与え、もう片方は乾燥するに任せる。すると、植物（この実験で使われたのはリンゴの若木）本体は十分な水を得ているにもかかわらず、やはり新梢の成長が止まった。これだけの単純な操作で植物をだまし、ストレスを受けていると思い込ませたのである。乾燥した土に触れている根を取り除いたところ、成長停

左　アルゼンチンのメンドーサ州ではまだ湛水灌漑をしているブドウ畑が多く、用水路が張り巡らされている。アンデス山脈からの雪解け水が豊富にあるため、畑はかなり平らである。　　右　ポルトガルのドウロ渓谷で、若いブドウに点滴灌漑で水を与えているところ。成長してしっかりと根を張ったら、もう灌水は不要になる。

止は解除された。つまり、成長を止めるシグナルが、ストレスを受けた根からきていることを裏づけたわけである。その後の研究によって、根から新梢へのシグナル伝達はおもにＡＢＡが担当していることも明らかになった。ただし、単独で働いているわけではない。「サイトカイニン、エチレン、ＡＢＡ。これらすべてが一枚嚙《か》んでいることがわかっています」とベーコンは語る。

ふたつの鉢に分けるやり方は、当初は仮説を証明するための実験手段にすぎなかった。しかし、そこに商業利用の可能性が秘められていると誰かが気づくまでにそう時間はかからなかった。とはいえ、気の利いた発明と実際に使えるもののあいだにはギャップがつきもの。部分灌水（ＰＲＤ）の場合も、研究室の理論を現場の実践に置き換えるプロセスにこそ本当に大変な作業があった。

PRDの土台となる理論はイギリスで生まれたが、それをブドウに応用したのはひとりのオーストラリア人である。そのオーストラリア人とはブライアン・ラヴィーズ。PRDという言葉を作り、このアイデアを実際に使えるものにするために膨大な労力をつぎ込んだ。これをブドウ畑に応用できれば、どれだけのメリットがあるかは明らかである。ブドウはほかの多くの植物と同様に、環境条件が良好であればエネルギーを栄養成長（新梢や葉を作る）に振り向ける。ブドウに十分な水と養分を与えていたら、ブドウは葉を豊かに茂らせるだろう。その代わり実の質はあまり良くならない。逆に、ストレスを与えれば、ブドウは未来に投資することを選び、実をつけることにエネルギーを注ぐ。難しいのは、ストレスを与えすぎると実の品質が低下するばかりか、ブドウが枯死するおそれもあることだ。ブドウ畑を適切に管理して最高品質の実をつけさせたいなら、成長期の適切な時期にちょうど必要なだけの水を与えればいい。ブドウに樹勢がありすぎると、ワインの品質が損なわれる。

こうした考え方に基づいて、一九八〇年代にフランスのジェラール・セガンという科学者が重要な研究を行なった。彼はボルドー地方の土壌の特徴を調べ、ワインの品質を左右するのは土の水はけの良さだと結論づけたのである（2章・3章参照）。水の供給を調節する土の物理的な特性こそが何より重要だというわけだ。セガンが考える最高のテロワールとは、水はけが良く、地下水面の高さが十分でブドウの根につねに水が供給される一方で、ヴェレーゾン（実の色づき期）になったら地下水面がかなり下がって栄養成長を止め、ブドウが実の成熟にエネルギーを振り向けられるような土地である。もちろん、そういう素晴らしい土に恵まれていなければ、打つ手はあまり多くない。だが、自分の畑をできるだけ良好な状態にするために人為的な介入をすることはできる。ブドウ畑で灌水を行なっているなら、水の供給量をある程度調節できるはずだ。セガンの結論に従うなら、おそらくはそれこそがワインの品質を左右する鍵を握っている。

制限灌水（RDI）

水の供給量を意図的に変える仕組みのひとつに制限灌水（RDI）がある。原理はきわめて単純だ。適切なタイミングで灌水を減らすか止めるかするだけで、実の質が良くなるというものである。セガンは高品質のブドウ生産に必要な条件をあげたが、その条件を人工的に再現する試みといえる。

とはいえ、これを実践するとなるとそう簡単にはいかない。ブドウの水分がどれだけ不足しているかを正確に把握していないと失敗するおそれがある。RDIの長所は比較的利用しやすいことだ。灌水を施しているブドウ畑であればどこでも使えるし、高い費用をかけて設備を変える必要もない。

RDIがとくに成果をあげているのがオーストラリアだ。マイケル・マッカーシー博士はRDI法の先駆者のひとりで、次のように語っている。「これほど短期間で新しい管理技術が普及するというのは、久しくなかったことです。一九九〇年代のはじめには業界の誰もこの技術を知りませんでした。それが今では、灌水を施したオーストラリアのブドウ畑の約五割がRDIを利用しています」。

部分灌水（PRD）

PRDは制限灌水よりも複雑だ。だが、科学的に見るとPRDのほうがアイデアとして気が利いているうえ、効果をさらに高められる可能性を秘めている。ブドウ畑では根を物理的にふたつに分けるのが無理なので、二列点滴灌水システムを使ってブドウの左右どちらかの側だけに水を与える。左右どちらにするかは、七日から一四日の間隔を置いて切り替える。こうすれば根はかなり乾燥するので、葉や新梢に水不足のシグナルを発しはするものの、植物本体がダメージを受けるほどではない。また、根から繰り返しシグナルが送られることになるので、樹冠が成長しすぎずに済む。灌水されている側からは程よく水分が供給されるため、ブドウの機能にも問題は生じない。それでいて、根からのシグナルのおかげで成長が抑えられ、水の使用量も減り、実の質が向上する見込みがある。

PRDの大きな効能のひとつは、水の使用量が削減できることだ。「PRDを導入する人のほとんどは、水利用の効率化が実証されているからそうするのです」と、オーストラリア連邦科学産業研究機構のブライアン・ラヴィーズは語る。これはきわめて重要な問題だ。ブドウ畑で灌水を行なうような地域では、もともと水が不足しているからである。暑い地域でなかなかブドウ栽培ができないのは、この点がネックのひとつとなっていると考えられる。こうした状況はこの先ますますひどくなっていくかもしれない。水資源をめぐる競争が激化しているうえ、地球全体で平均気温の上昇が予想されているからだ。

ＰＲＤで本当にワインの品質が向上するかどうかはまだ議論の決着を見ていない。「ワインの品質ははるかに難しい問題です」とラヴィーズも認める。「実の品質にはいろいろな要素がかかわっていますから。ただ、そのうちのいくつかについては、灌水を制限することで間違いなく変えることができます」。ラヴィーズの研究によれば、ＰＲＤを実施すると赤ブドウに含まれるアントシアニンの種類が変化するとともに、いくつかの風味成分にも好ましい影響が現れることが確認された。彼のグループがＰＲＤのブドウで実験的にワインを造ったところ、やはり風味の特徴が向上していた。

メカニズム

では、ＰＲＤはどのようなメカニズムで作用するのだろうか。生理学的なレベルではまだ明らかになっていない。先ほども触れたように、ＡＢＡが鍵を握っているようではある。根から新梢へと送られて、成長を止めるように伝えるのだ。だが、ＡＢＡが新梢の成長を抑えながら、実の成長を抑えないのはなぜだろうか。「ＰＲＤは実の成長にもある程度の影響を及ぼしているかもしれません。ですがワイン用のブドウの場合、実自体が小さいせいもあるのでしょうが、収量に及ぼす全体的な影響はきわめて小さいか、少なくとも目立つものではありません」とマーク・ベーコンは説明する。「実の部分は、植物本体とはかなり切り離されているのではないかという気がしています。つまり、木《もく》部《ぶ》の接続と機能の面においてです」。木部とは植物の配管系の一部で、根から吸い上げた水分やさまざまな溶質を新梢に運んでいる。もうひとつの配管系が師部で、光合成で作られた糖質などの養分を運んでいる。「ヴェレーゾンを過ぎると、実が必要とする水分はすべて師部によって供給されます。木部ではないんです」とベーコンは続ける。「ＡＢＡのようなシグナルは木部を通るために、実にはほとんど運ばれなくなるのではないかと考えています」。詳しく解明するにはもっと多くの研究が必要だ、とベーコンは指摘する。それでも、化学物質の流れの面で実が切り離されていて、根からのシグナルが届かないと考えれば、新梢の成長がおおむね止まっても実だけは普通に成長を続ける理由が納得できる。

実の質が良くなるもうひとつのメカニズムは、ＰＲＤによって養分の分配の仕方が変わるという可能性だ。葉で光合成をして作った炭水化物をさまざまな器官に分配することは、植物にとってきわめて重要な生理的プロセスである。一定した水の供給がある場合には、盛んに成長する新梢が実よりも多くの炭水化物を必要とする。いくつかのデータによれば、新梢の成長が抑えられると、新梢が養分を求める強さも減少するため、実のほうに分配される炭水化物の量が増えると見られている。トマトの場合、炭水化物をめぐる最大の競争相手は側枝《そくし》なので、側枝を短く切ってやれば、栄養資源が実に振り向けられる可能性が高くなる。トマトを栽培するときに側枝を切り詰めるのはそのためだ。同じことはたぶんブドウにも当てはまる。つまり、新梢が成長を止めれば、実のほうに養分が回されるのだ。RDIがうまくいく理由もこのためではないかといわれている。

いうまでもないが、PRDを実施できるのは灌水が施されている場所に限られる。成長期の雨量が多い地域や、灌水が規則違反とされている地域ではできない。そのため、ヨーロッパの昔ながらのワイン産地にはほとんど無関係な話だ。しかし、その背景となる理論を、ニュージーランドのマールボロ地区にある無灌水のブドウ畑に応用した人物がいる。「セレシン・エステート」の栽培責任者、バート・アーンストだ。彼は、ブドウの列と列のあいだに生えた草（カバークロップ）を、一列おきに刈るという方法を導入している。そうすれば、根の片側だけが水をめぐってカバークロップと争うことになる。PRDの理論をおもしろいかたちで実践した例といえるだろう。

PRDの導入を阻《はば》む障壁はもうひとつある。二列点滴灌水システムが面倒なことだ。「大規模なブドウ畑でPRDを導入するのは煩雑で、難しいというのがわかってきました。灌水システムがひとつ余分に必要になるわけですからね」と説明するのは、オーストラリアの研究者、マイケル・マッカーシーだ。彼は、RDIの手段として、地中点滴灌水を使用することを提唱している。PRDと同じだけの節水効果が得られて、なおかつ二列灌水という複雑なシステムを導入しなくて済むからだ。「最近では、PRDとR

DIの両方を含めて『戦略的灌水管理』と呼ぶのが気に入っています」とマッカーシーは語る。

PRD法が誕生してまだ間もないとはいえ、今のところどれくらい普及しているのだろうか。オーストラリアでは「大手ワイン会社のほとんどが、PRDとRDIの両方もしくはどちらかを試したり、実施したりしているはずです」とブライアン・ラヴィーズはいう。「カリフォルニア、スペイン、南米でもかなりPRDが利用されていると聞きます」。これまでの成果を見る限り、灌水を制限する作戦はブドウ栽培の重要な新ツールといえそうだ。だが反対意見もある。「知っておいてほしいのは、別の方法で灌水量を減らす程度の効果しかPRDにはないとの声もあることです。おもにアメリカ人ですが」とラヴィーズは語る。「そういう意見があっても不思議ではありません。結局、こうした手法はすべて、植物がもともともっているストレス反応メカニズムを刺激することが基本になっているわけですから。私たちの考えでは、PRDのほうが安全で、水利用の効率化という目標をより確実に達成してくれます」。

もちろん水利用の効率が高まるだけでなく、ブドウの実の品質が向上する可能性も十分にある。ラヴィーズの結論はこうだ。「いずれにしても、以前には考えられなかったほど少ない水の量で、売り物になるブドウを栽培できるということです」。胸躍るような結論とはいいがたいかもしれない。しかし、効率的な水利用が差し迫った課題となりつつある今、それこそが何より重要なものといえそうだ。

9章　剪定、仕立て方、樹冠管理

ブドウは他者の善意につけ込んでいるところがある。ブドウが採用している成長戦略は、わざわざ自立せずに他者に頼るというものだ。自然界の植物は二種類の資源を求めて競い合っている。地からくる資源と、天からくる資源だ。ほとんどどんな環境でも、後者が鍵を握る。なんとかして十分な日光をとらえ、光合成をして養分を作り出そうとするのだ。多くの樹木は、葉を地面から一〇メートル以上も高いところにつけているので、この争いの勝者となるケースが多い。だが、そのためには長い年月をかけて徐々に木質の幹を作り上げ、十分な強度をもたせる必要がある。そうしないと、高く伸びようとする習性を支えることができない。ブドウは蔓《つる》植物の例に漏れず、こうした第三者の努力を最大限に利用してきた。他者に絡みついてよじ登っていけば、自立のための茎を作る手間が省けると気づいたのだ。胴回りの太い幹を発達させなくていいので、短期間で成長することができる。ほかの植物の体をよじ登っていき、その樹冠の外に出て光を得る。そこならほかに競争相手がいない。ブドウはこの達人だ。

ブドウの成長の仕方はこうしたライフサイクルに見事に合っている。新梢の構造は単純で、葉の反対側についた個々の節《ふし》は、巻きひげにも花にもどちらにもなれる。ほかの樹木に巻きひげで絡みつきながら、新梢は光に向かってすばやく伸び、樹冠の隙間を探す。樹冠を抜けて日光のもとに出ると、巻きひげをやめて花をつけ、最終的に実を作る。反対端にある根は深く伸びることができ、巻きついている樹木の根と競いながらなんとか水と無機物を得ている。

ブドウ栽培におけるさまざまな介入は、高品質の実を大量につけさせるために行なわれるものだ。ブドウ本来の習性を理解したうえで、それをブドウ畑という環境に合うように微調整する。ブドウは蔓植物なので、通常は何らかの手段で支えてやる必要がある。どういう支え方がいいかに関しては、科学実験による十分な比較検討が行なわれることはめったにない。ひとつには実験が非常に難しいからだ。ブドウ畑が現在のような姿になったのはひとえに伝統のなせるわざであり、試行錯誤と推測と、環境条件の制約と、利便性が絡み合った結果である。そのため、世界のワイン産地を見渡してみると、ブドウ畑の外観は著しく異なる。本章では、ブドウの剪定や仕立て方、樹冠管理の方法についていくつか代表的なものを取り上げ、そこにどのような科学的根拠があるかを考える。

ブドウ栽培の目的

ブドウ栽培の究極の目標は、高品質の実を大量に収穫し、肥料や農薬の投入量と労働コストを最低限に抑えることにある。当然ながら妥協がつきものだ。品質のために収量を犠牲にする場合もあれば、その逆の場合もある。また、ブドウからワインを造って利益をあげるという経済的な目標も念頭に置かなくてはならない。つまり、ブドウ畑を管理する目的は、適正な品質をもつブドウを適正な量だけ収穫し、適正なコストで済むようにすることといえる。

ブドウ畑を一から作るには、いくつかの重要な選択が必要になる。たとえば、適切な品種と台木、ブドウを植える間隔、仕立て方を選び、灌水、剪定、樹冠管理をどうするかを決める。ブドウは二〇年以上も実をつける植物なので、はじめに正しい選択をすることが肝心だ。これだけ長い時間がかかわってくるために、実験に基づいて新しいことを始めるのが難しくなっている。結局、定評あるワイン産地では、近隣の畑のやり方を真似ることが多い。たいていブドウ栽培家は、すでに木が植えられた状態から仕事を始めざるをえないので、改造の余地も限られている。では、ブドウの仕立て、剪定、樹冠管理のさまざまな方法には、科学的にいってどのような意味があるのだろうか。また、それらがワインの品質にどう影響するのだろうか。以下でそれを簡単に見ていきたい。

ブドウ畑をうまく管理できるかどうかは、木の樹勢と実に当たる光量をいかにコントロールするかにかかっている。それが現在の主流の考え方だ。樹勢は重要な要素である。成長期を通してブドウが盛んに成長し続け、非常に大きく密集した樹冠を作ってしまうと、盛んに伸びる新梢が栄養資源を強く要求するため、実の成熟段階で起きるはずの糖分の蓄積が妨げられてしまう。すぐに現れる結果は、実の形成の遅れと品質の低下だ。だが、もうひとつ注意すべき点は、樹冠が茂りすぎると内側で伸びている新梢に日が当たらなくなることである。これがなぜ大事かといえば、芽がいずれ実となるためには光が欠かせないからだ。新梢のなかで結実にかかわる部分（二年目の枝になる部分）には、巻きひげにも花にもなれる芽の原型がある。芽の成長には二シーズンかかるので、実のつく枝が前の年に十分な光を浴びていることが翌年の結実能力を左右する。また、十分な光を浴びられないと、実のなかにメトキシピラジンという物質が増える。これは青草のような味がするのでたいていのワインにとっては好ましくなく、光を当てれば消える。樹勢と光の大切さを裏づけるデータは、精密ブドウ栽培の研究からも得られている。世界のワイン産地を調べると、ブドウ畑のなかで最も高品質の実を生産している区画は樹勢が一番弱い区画であるケースが多いのだ。ブドウの樹冠が茂りすぎると、病気のリスクを高めるおそれもある。これは、空気が十分に循環しないために、いったん樹冠が濡れると乾くまでに時間がかかるからである。

ブドウ栽培を成功させるもうひとつの秘訣は、ブドウの実の風味が形成される時期と糖分が成熟する時期を一致させることだ。温暖な地方の場合、風味が成熟する前に糖度が非常に高くなってしまい、アルコール度数の高すぎるワインができるおそれがある。逆に冷涼な地域では、糖度が新世界のワイン産地ではこれが大きな問題になっている。逆に冷涼な地域では、糖度がはるかに低い段階で風味が成熟する。そのため、秋雨が始まって実が光合成能力を失う前に、いかに糖度を上げるかが課題となる。ブドウの仕立て方と樹冠管理については、あらゆる状況に当てはまる万能の解決策はない。その土地の条件に合わせて変えていく必要がある。基本原理は同じでも、土壌の肥沃度、気候、水供給、ブドウ品種、作業者の技術と人手の有無、といった条件を考慮に入れて、最適な管理手法を選ぶことが大切だ。

剪定

剪定の目的は、ブドウの結実能力を高め、最適な樹冠形成を促し、栽培者が求める品質に合わせて着果量を調節することにある。なじみのない者からすると剪定は少し複雑に思えるので、できるだけわかりやすく紹介したい。まず、剪定にはふたつの種類がある。短梢《たんしょう》剪定と長梢《ちょうしょう》剪定だ。

長梢剪定は、前年に伸びた新梢（結果母枝《けっかぼし》）を一、二本（それ以上のことはまずない）選び、根元から六～一五芽程度残して切ることをいう。水平方向に張られたワイヤーにこの結果母枝を巻きつけ、そこから翌年の枝を成長させる。一般に、長梢剪定したブドウの木では、毎年変化しないのは垂直の幹のみである。実際にやってみると、短梢剪定より長梢剪定のほうが難しい。品種によっては、枝の基部についた芽の結実能力が低いものがあり、そういう品種には長梢剪定が向いている。剪定作業はブドウ畑の作業者が担当する。適切に行なえば、非常に良い結果が期待できる。気候が冷涼な地域や、基部

よく使われるブドウ栽培用語	
用語	意味
基部葉の除去	房に日光を当てるとともに、空気の循環をよくして病気を防ぐために行なう。
結果母枝	木質化した2年目の新梢。短梢剪定（最大4芽まで残す）または長梢剪定（一般に6〜15芽残す）をし、そこから翌年の枝が生える。
コルドン	幹の最上部から水平に伸びた木質の主枝。コルドン仕立ての場合、幹から1本ないし複数本のコルドンを伸ばし、それを短梢剪定する。
ヘッド・トレーニング	幹の先端を短梢剪定（ゴブレ式）または長梢剪定（ギュイヨ式など）すること。
ヘッジング	新梢摘心とも呼ばれる。成長期の中間地点で、樹冠の頂部や側面で伸びすぎた枝を短く切ること。これを行なう目的は、実を成熟させるのに必要な葉は残しながらも、実を陰にしたり、実と養分を争ったりするような余分な葉を成長させないことにある。1本の新梢につき、房が2個と葉節が15個程度にするとバランスがいい。
新梢	芽から伸びた緑色の枝。
短梢	枝を短く切って、芽を1〜4個残したもの。ここから翌年の新梢が伸びる。
幹	垂直方向に伸びた変化しない部分。ブドウの本体となる。結果母枝やコルドンを支える。幹周のみ大きくなる。

の芽の結実能力が低い品種には理想的な剪定法だ。

短梢剪定は、前年に伸びた枝を数芽だけ（多くても四芽、通常は二〜三芽）残して大幅に切り詰めるやり方である。短梢剪定の場合、ブドウはもっと恒久的な樹形になり、普通は一本の幹と水平方向の主枝（コルドンと呼ばれる）で構成される。短梢剪定は長梢剪定に比べるとはるかに簡単で、作業者にもさほど高い技術が要求されない。予備剪定を機械で行なってそのあとを手作業で整えるという、部分的な機械化も可能だ。

仕立て方と樹冠管理

ブドウの木の仕立て方にはじつにいろいろな種類があってわかりにくい。どれも特定の状況に合うように開発されたものである。どのようにして仕立てるかは、樹冠管理における重要なポイントだ。

樹冠管理の目的は、葉と実に最適な量の日光を当てるとともに、病気のリスクを減らし、収量に対して品質をできるだけ高めることにある。樹冠の密度を減らすと、ふたつの面で病気を防ぐのに役立つ。ひとつは、薬剤がまんべんなくかかること。もうひとつは、空気の循環が良くなり、乾燥に要する時間が短くて済むことだ。樹冠管理のためのさまざまな方策は、ブドウをバランスのとれた状態にするために行なわれるものである。土が肥沃なうえに灌水をしていると、樹勢が強くなりやすい。その場合には樹冠管理がことのほか効果を発揮する。ただし、旧世界の主要ワイン産地のようにブドウの樹勢が弱い畑では、スマート・ダイソン方式などのように、新梢を上下二方向に分ける最近の樹冠管理手法はあまり役に立たない。

ブドウ栽培コンサルタントのデイヴィッド・ブース（残念ながら二〇一二年に四七歳という若さで世を去った）に、樹冠管理についての考えを聞いてみた。「樹冠管理は、私たちがもっているツールのなかでもとりわけ重要といっていいでしょう」とブースは答える。「ただ、私はこの言葉を広い意味で使っています。単に技術的に高度な仕立て方をすることだけにとどまりません。冬季剪定、新梢の間引き、新梢の位置決め、葉の間引き、ヘッジングといったさまざまな管理手法を含むものと位置づけています。腕のいい栽培家は、植えつけ前の土壌の特徴を見て、将来的なブドウの樹勢を予想できなくてはなりません。そのうえで、仕立て方や、植樹の間隔や、台木をどうするかを決めます。丈の高い平垣根式が一番管理しやすいので、それを第一の候補に考えるのが普通でしょう。もっと高度な仕立て方を選んだほうがいいのは、樹勢が非常に強いことが予想されるために平垣根式では対応しきれない気がする場合か、植えて数年してから樹勢を低く見積もりすぎていたことに気づき、現行の仕立て方を変える必要に迫られた場合です。樹冠を分割するなら、まずスマート・ダイソン方式がいいと思いますね。管理しやすく、畝幅も広くせずに済みますし、機械収穫も簡単にできます」。

ブースは続ける。「樹冠内の光環境を考えるときは、房に当たる日光のことだけでなく、葉が日光を遮っていないかどうかにも目を向けることが大切です。房が葉の陰にな

1　標準的な平垣根式（VSP）。
2　シングルワイヤー式。１本のワイヤーで、短梢のついたコルドンを支える。
3　シングルワイヤー式。成長期の後半に入り、新梢が傘のような形に伸び広がっている。この方式は、実が部分的に陰になるので温暖な気候に向いている。
4　樹冠を上下に２分割する仕立て方。樹勢の強い畑によく見られる。

ると、ワインの品質に悪影響が出ます。理由は明らかになっていませんが、カリウムのバランスが崩れることが大きいと思われます」。

ここで、ブドウ栽培におけるふたつの定説を紹介しておきたい。ひとつは、収量が少ないほうがブドウの品質は高くなること（逆もいえる）だ。理由は科学的に解明されていないものの、収量を増やしすぎるとブドウの品質が低下するのはたしかなようだ。古くから

5　収穫直前の株仕立て（ブッシュ・ヴァインともいう）のブドウ。南アフリカのステレンボッシュ。実が部分的に（完全にではない）葉の陰になっているのがわかる。この方式は、気温が高くて日光がよく降り注ぐ地域にうってつけである。赤ブドウが、まだらになった光を浴びている。

6　ドイツ・モーゼル地方の「ヴェーレナー・ゾンネンウーア」のブドウ畑。ペンデルボーゲン式で仕立てられ、２本の結果母枝をハート形になるように曲げて支柱に固定している。

7　北部ローヌ地方のブドウは株仕立てだが、１株ごとに１本の支柱で支えられている。写真はエルミタージュ。

8　ニュージーランドのマーティンボロ地区にある「ドライ・リヴァー」のブドウ畑。かなり人の手が入っている。樹冠分割型で、実の周辺では葉が完全に取り除かれ、白い布が列の下に敷かれて房に日光が反射するようになっている。ここは気候が冷涼なので、ピノ・ノワール種やシラー種が適切に熟すのをこういう方式で助けている。
9　シングルギュイヨ式。フランス・ロワール地方のサンセール。

ある旧世界のワイン産地では樹勢の弱い畑が多く、そうした場所では枝を剪定して収量を減らせばある程度は品質の向上につながる。ただし、気候の温暖なワイン産地で、ブドウの樹勢が強く、灌漑を施しているような畑では、枝を切り詰めてもブドウがバランスのとれた状態にはならず、品質の向上も見込めない。樹勢が強い場合は、樹冠を分割する仕立て方にするとブドウのバランスがとれ、収量も品質も向上するケースが多い。

ふたつ目の定説は、樹齢の高いブドウほど良いワインになるというものである。そのとおりのことが実際に何度も起きているので、この定説にはある程度の真実が含まれていそうだ。もしそうなら、科学的に見てどう説明できるだろうか。ひとつ考えられるのは、冬を越して木質化した枝の量だ。木質化した枝を多く残して整枝すると、休眠期に炭水化物を貯蔵する領域が大きくなるので、それがより良いワインにつながると指摘する研究者もいる。たしかに、樹齢の高いブドウほど木質化した部分が多いだろうから、それが原因と考えられなくはない。だが、デイヴィッド・ブースはもっと信憑性の高そうな説明をしてくれた。「若いブドウの木は、環境ストレスへの防護がまだ十分にできていないために扱いにくいのです。ですが、ご存じのとおり若い木からは素晴らしいブドウができます。おそらくは、人の手を加えなくても樹勢が弱いことと（根が小さいため）、葉や房が十分に日光を浴びられることが原因でしょう。樹齢の高いブドウの木も、病気や養分の欠乏などのせいで何もしなくても樹勢が弱くなっています」。

では、樹冠管理のような介入をすれば、収量を増やしてなおかつ品質を維持できるか、場合によっては品質を向上させることも可能なのだろうか。ブースに尋ねてみた。「もちろんです」と彼は答える。「ただし、樹齢が中くらいで樹勢が強く、土の生産力が高い畑のブドウに限ります。そういう場所は思った以上に多いんですよ。樹冠のなかに小さな黄ばんだ葉があれば、葉が茂りすぎて陰ができているしるしです。仕立て方をそっくり変えてしまうのもひとつの手です。でも私はたいてい、競争相手になるカバークロップを植えたり、養分や灌水管理を改善したり、葉や新梢を間引いたりすることから始めます。もうおわかりのことと思いますが、あらゆる問題に効くたったひとつの特効薬などありません。いろいろなツールを、しかも組み合わせて用いなければならないことが多いのです」。

さまざまな仕立て方

ゴブレ式　古くからある仕立て方で、おそらく最も単純。幹の先端を短梢剪定する。この仕立て方ができるのは、温暖で乾燥した地域の樹勢の弱い畑に限られる。垣根などで支える必要はないが、房が陰になる問題が生じやすい（ただし樹勢の弱い樹冠から日光がまだらに供給されるのは理想的だともいえる）。地中海沿岸地方に多く見られる。新世界では「ブッシュ・ヴァイン（株仕立て）」、イタリアでは「アルベレッロ仕立て」と呼ばれる。

ギュイヨ式　非常に一般的な長梢剪定の仕立て方のひとつ。一〜二本の結果母枝を幹の先端から左右に誘引する。単純で効果が高く、樹勢の弱い旧世界の畑にとくに適している。

コルドン・ロワイヤル式　単純な短梢剪定の仕立て方。通常は、低い幹から一方向だけにコルドンが水平に伸びた形にする。この変形にダブルコルドン式がある。単純で効果が高い。

平垣根式（VSP）　広く用いられている仕立て方。夏のあいだに新梢を垂直方向に誘引してワイヤーで固定する。樹冠が比較的高い位置にくるので、作業を機械化しやすい。ほとんどの畑に適している。

スコット・ヘンリー式　樹冠を分割する仕立て方。新梢をふたつに分け、それぞれ上向きか下向きに誘引してワイヤーで固定する。樹勢の強い畑に適し、短梢剪定にしても長梢剪定にしてもよい。この仕立て方の長所は、病気のリスクを減らし、実の質をよくし、収量を高めることにある。地面から約二メートルの高さにまで成長するので、ブドウの木でできた壁のように見える。

スマート・ダイソン式　リチャード・スマートとジョン・ダイソンが開発した仕立て方で、スコット・ヘンリー式の変形。一本のコルドンから、新梢を上下に伸ばす。スマートは世界を股にかけて活躍する有名な栽培家で、その仕事は影響力が大きく、そのおかげでこの方式が普及した。

1　4本の結果母枝を残す剪定法。ニュージーランドのマールボロ地区にある「ブランコット」のブドウ畑。このブドウはソーヴィニヨン・ブラン種であり、ここでは高品質のソーヴィニヨンが多量に産出する。だから2本ではなく4本の結果母枝を残す。　2　アルゼンチンのメンドーサに見られる半棚仕立て。高い収量を生む。　3　スペインのリアス・バイシャス地区に見られる半棚仕立て。剪定直後の様子。大理石の柱で蔓を吊っている。結果母枝に多数の芽が残されていることから、収量の高いことが予想される。

リラ式　樹冠を分割する仕立て方。一本のコルドンからふたつに分かれた樹冠が、「V字」型で斜め上に伸びている。複雑な方式だが、良い成果が期待できる。

ドッペルボーゲン式　ドイツのモーゼル・ザール・ルーヴァー地区でよく見られる仕立て方。リースリング種に適する。株ごとに一本の支柱を立て、二本の結果母枝を弓なりに曲げて固定する。

エヴァンタイユ式　株ごとに一本の支柱を立てる方式はフランスの北部ローヌ地方でも見られる。ほかの仕立て方が不可能な急斜面での栽培に向いている。エヴァンタイユとはフランス語で「扇」のこと。コルドン仕立てで、短い幹から何本もの枝が出ており、それぞれから短い結果母枝が一本ずつ出ている。シャブリ地方ではこの方法が主流。シャンパーニュ地方でも見られる。

ジェノヴァ・ダブルカーテン式　かなり複雑な樹冠分割型の仕立て方。二本の平行なワイヤーを水平に高く張ってコルドンを支え、そこから新梢を下向きに曲げる。この変形がリラ式で、オーストリアではかなり一般的である。これもやはり樹冠をふたつに分けるが、リラ式のほうは新梢が上向きであるところが違っていて、外側に向かって斜め上に伸ばす。どちらも、普通より畝幅を広くとる必要があるうえ、仕立て方が複雑になるところが普及の妨げになっている。

シルヴォス式　スパークリングワイン用のブドウ栽培に用いられることがある高収量の仕立て方。多数の結果母枝が下向きに垂れ下がっている。

テンドーネ式　イタリア語で「棚仕立て」のこと。イタリアの一部（ヴェネト）、ポルトガル（ヴィーニョ・ヴェルデ）、アルゼンチン、およびチリでは一般的な仕立て方で、地上高くに作った木の棚に枝を誘引する。見た目が美しく、大きな収量をあげるが、房が陰になりやすいので結果的に品質が落ちる。作業しにくいという難点もある。さまざまな仕立て方のなかでも、野生ブドウの成長の仕方を一番忠実に再現した方式といえる。

シングルワイヤー式　オーストラリアに広くみられる仕立て方。一本のワイヤーから、新梢が傘のような形に広がり伸びるのが特徴。乱雑に見えるが、実が部分的に陰になってまだらな日光を浴びるため、日焼けを起こすリスクを防ぐ。

4　コルドン式に仕立てて短梢剪定したブドウ。ポルトガルのリスボン地方。　5　シルヴォス式の剪定法。高収量を目指して設計されたもので、短い結果母枝が何本も垂れ下がっている。写真はニュージーランドのマールボロ地区。適切に熟した実のみが多量に必要となるスパークリングワイン用に用いられることがある。　6　リラ仕立て。オーストリアで見られる。複雑だが効果は高く、十分に日光が当たって樹冠周辺の空気の循環も良い。

第2部　ワイン醸造の科学

10章　酸素管理とワインの品質

酸素とワインは重要なテーマであり、酸化だけにとどまらない広い範囲に及んでいる。その昔、かのルイ・パストゥールは酸素を「ワインの敵」と呼んだ。だが最近ではワインの化学的性質に関する研究が進み、それが真実とは程遠いことが明らかになっている。たしかに酸素にさらされることがマイナスに働く場面もあるにはあるが、酸素に触れないせいでかえって品質が落ちてしまうケースもある。むしろ、「酸素はワインのスタイルを形作るうえで重要なツール」と見るほうがいいだろう。しかもワインを造る過程では、ワインをどれくらいの酸素にどのタイミングで触れさせればいいかを十分に理解することが必要不可欠でもある。

とはいえ、まずは酸素の悪影響のほうから見ていきたい。ワインの欠陥は数々あるが、ワインを学ぶ者にとって一番実感しやすいのが酸化だ。ただボトルを開けてグラスにワインをつぎ、またボトルに栓をして一週間待てばいい。酸化ワインのできあがりだ。ところが、ほかの欠陥と違って酸化には白黒つけがたい側面がいくつかある。ひとつは、ワインのスタイルによってはわざとワインを酸素にさらして一定の酸化を起こさせるものがあるということ。ある種のシェリー、トーニーポート、マデイラワインがいい例だ。どれも樽のなかで長期熟成させるわけだが、樽の上部ぎりぎりまでワインを満たすわけではないので、一種の酸化が起こり、それがワインスタイルの一部になっている。もうひとつは、往々にして年代物のワインが珍重されるということ。瓶のなかで長い年月を経れば、ある程度の酸化はつきものだ。だが、この酸化の捉え方が単純明快にはいかず、味わう人が違えば「完璧に熟成されたクラレット」にもなれば、「飲み頃を過ぎて酸化したワイン」にもなる。どうやら、酸化を単なるワインの欠陥としか見ないのはあまりに短絡的なのかもしれない。たとえ酸化の形跡がいっさいなくても、酸素への触れさせ方が不適切だったせいでワインの品質が大幅に損なわれる可能性もある。

ワインは何種類もの化学物質でできた複雑な液体であり、その物質は発酵の過程で酵母によって作られるものが多い。複数の化学物質が混じり合っているときはいつもそうだが、物質は自分自身の構造を変えて最も好ましいエネルギー状態に落ち着こうとする。これがエントロピーの原理だ。平たくいえば、さまざまな分子どうしが、電子と呼ばれる小さな荷電粒子を交換する。どのように交換するかは、それぞれの分子の反応性の高さや、ワインの「酸化還元状態」で決まる。ふたつの分子のあいだで化学反応が起きるとき、一方は電子を受け取り（つまり還元され）、もう一方は電子を失う（酸化される）。還元と酸化はかならず同時に起こる。つまり、酸素が存在しなくても酸化は起きるわけだ。ワイン中の分子がどういう状態になればエネルギー的に見て最も好ましいかは、ワインのもつ「酸化還元電位」で決まる。酸化還元電位は、ワインがどれくらい酸素にさらされるかに応じて変わってくる。瓶に入ったワインは電位が最も低く、樽のなかで補酒と攪拌《かくはん》を行なったあとのワインは最も電位が高い。また、同じ瓶詰め後のワインであっても、酸素を通しにくい栓（ライナーに錫を用いたスクリューキャップなど）で封をするほうが、気体を通しやすい栓（一般的な合成コルクなど）に比べて電位が低い。空気に触れると酸化還元電位は上がる。酸素がワインに溶けて、酸化反応をより一層促すからだ。

では、ワインが酸素にさらされると具体的にどんな反応が起きるのだろうか。ここから話が少し複雑になってくる。酸素は反応性が高いとよくいわれるが、ワインとじかに反応するわけではない。「ワインのなかの香り成分を取り出して、水中の酸素に触れさせても、そのほとんどは何の変化も起こしません」と語るのは、ワイン科学者のマウリツィオ・ウグリアーノ。かつてはオーストラリアワイン研究所（ＡＷＲＩ）に所属し、現在は合成コルクメーカーのノマコルク社で働いている。では酸素はワインにどんな作用を及ぼしているのだろう。「酸素は、香り成分とは無関係のさまざまな物質と反応します。とくにフェノール類ですね。この最初の反応から生まれる物質が、ワインのなかで次々と化学反応を起こしていくんです」とウグリアーノは説明する。「まとめると、最初に反応するのは酸素とフェノール類です。その結果として生まれる化学種（元素、分子、イオンなどの総称）の反応性が高いために、香りの前駆物質や香りの化合物に作用し、ワインを酸化へと押しやります」。

南アフリカのステレンボッシュにあるワイナリー「セレマ」の赤ワイン樽貯蔵庫。手間とコストがかかっても、樽はいまだに世界中で使用されている。ワインにオークの風味を加えるだけでなく、醸造の過程でワインがごく少量の酸素にさらされる環境を作ってくれるからだ。

カリフォルニア大学デイヴィス校のロジャー・ボールトン教授はこう補足する。「ワインが酸素にさらされたとき、最初に起きる重要な反応はモノマーフェノールの酸化です。その際、過酸化水素が生成されます」。過酸化水素は反応性がきわめて高く、ワイン中のさまざまな成分と反応を始める。「過酸化水素はほかのいろいろな物質と反応して消費されます。タンニンなどのフェノールと反応して失われるか、エタノールと反応してアセトアルデヒドを作るかのどちらかです」。

アセトアルデヒドはワインの酸化にかかわる重要な分子だ。エタナールとも呼ばれ、アルコールが酸化すると生成される。「切りたてのリンゴ」と表現される香りをもち、ナッツやリンゴに似た味がする。シェリーやマデイラはわざと酸化させて造るので高濃度のアセトアルデヒドが含まれており、さっぱりとした飲み口はそこからきている。

遷移金属のイオンも、酸化が起きるうえで欠くことができない。「フェノールと酸素の反応が始まるには金属のイオンが必要です。おもに鉄や銅などです」とウグリアーノは話す。こうした金属イオンが含まれていなければ酸化は起きない。かといって、酸化を止められる濃度までワイン中の金属を取り除くのは不可能だ。

赤でも白でもワインにダメージを与えるのは活性酸素種であり、活性酸素種が生成されるにはフェノール化合物が必要である。「この問題については最近ではフランスでさまざまな研究が行なわれていて、私たちもチリでカテキンとエピカテキンを調べました。どちらもいわゆるフラボノイド類です」とウグリアーノは続ける。「鉄と銅が存在すると、フラボノイドは酸素と反応し、キノンを形成します。キノンは非常に反応性の高い物質です。たとえばアミノ酸と反応してアルデヒドを生成します。とはいえ、私たちが『酸化』として問題視する現象はアルデヒドのせいというより、フルーティさが失われることのほうが大きいですね。白ワインではとくにそうです。ソーヴィニヨン・ブランの場合、パッションフルーツの香りが失われていくのには酸素が大きくかかわっています」。

微生物による腐敗と酸化からワインを守るために、普通は醸造の過程で亜硫酸（SO_2）が添加される。しかし亜硫酸は抗酸化剤ではなく、ワインの酸化を直接防ぐわけではない。亜硫酸は酸素自体とは反応しないのだ。その代わり、酸化の第一段階で生成される物質と反応する。「亜硫酸はキノンの構造を変えて、反応性をもたない元のフェノールに戻してくれるんです」とウグリアーノはいう。「ただし、この反応に使われて亜硫酸はなくなります。キノンとだけでなく、亜硫酸は反応性の高いさまざまな化学種ともじかに結びついて、それ以上は反応できない状態にしてくれるんです」。

では、酸化の第一段階で生まれた物質と亜硫酸が結合するとき、亜硫酸はそれを全部つかまえることができるのだろうか。それとも一部は逃げおおせて多少の酸化を起こしてしまうのだろうか。「難しい質問ですね。その点についてはあまり研究が行なわれていません」とウグリアーノは答える。「どれくらいの量が存在するかが大きな鍵を握っています。十分な量の亜硫酸があれば、理屈の上では反応性の高い化学種をすべてとらえられるはずですが、長続きはしないでしょう。というのも、この反応で亜硫酸は使い尽くされてしまうからです。かなり短時間のうちに量が足りなくなってきます。そうなれば亜硫酸のブロック力をかいくぐっていろいろなことを始めるものもいくらか出てくるでしょうね。でもおもしろいことに、その『いろいろなこと』のひとつが、ほかのフェノール類と結合することなんです。つまり、フェノール化合物自体にもバッファーとしての働きがあって、香り成分の酸化のような悪しき酸化メカニズムを防ぐことができるのです。反応性の高いフェノールを、そのほかのフェノールがブロックするわけですね。ただし、この仕組みはまだ十分に解明されていません。ですので、どのグループのフェノール類が高濃度で含まれていれば酸化作用のあるフェノールをブロックすることができるのかは、現状ではまだわかっていないんです」。

赤ワインは白と比べて、酸化の形跡を見せずに酸素を吸収する力が高い。これは、赤ワインを造るときに果汁と果皮を長時間接触させたまま発酵させるのが普通であるため、フェノール類が多く存在し、それらが「バッファー」として働いてくれるからだ。白ワインにはこの種のバッファー能力がない場合が多いので、赤よりも入念に空気から守る必要がある。

酸素の管理

次に、酸素のプラス面を見ていきたい。ワインを造っているとき、途中のいくつかの段階でワインに酸素を触れさせることがきわめて重要になってくる。これを適切に実施できるかどうかが、良いワインを造るためのひとつの鍵を握っているといっていい。問題は、当て推量に頼る部分が大きいことだ。伝統的なワイン造りでは、オーク樽を使ったり澱《おり》引きをしたりといった方法で偶然にもうまく酸素との接触をコントロールしてきた。たいていはこれで良い効果が現れるが、そうはいかない場合もある。一方、現代的な醸造法の優れた点のひとつが、ステンレス製タンクを使用し、プロセス全体を通してマスト（発酵前のブドウ果汁）とワインを酸素から守ることだ。これは「還元的」なワイン造りと呼ばれる。フルーティさを押し出すワインスタイルが発展するうえで、この手法が中心的な役割を果たしてきた。それでも一部の造り手は、あえて白のワインマストを酸素にさらして、フェノール化合物の多くを酸化させている。ただし以後の段階は還元的に取り扱う。するとマストの色は濃くなるものの、できあがったワインは普通のものより長持ちし、酸化への抵抗力も高い。

さまざまな規模での酸素供給

このように、酸素はつねに敵というわけではない。伝統的な赤ワイン造りでは、発酵の過程でできる限りワインに酸素を通すのが普通だ。やり方はふたつある。ひとつはピジャージュ（またはパンチングダウン）と呼ばれる手法。タンクに入った果汁の表面には、ブドウの果皮が浮いて蓋のようになって（これを果帽という）空気に触れているので、これを上から押し込んで下の果汁と接触させてやる。もうひとつはルモンタージュ（またはポンピングオーバー）と呼ばれる手法で、タンクの下部から果汁を抜いて果帽の上からかけてやるというものだ。最近では、発酵タンクに装置を取りつけて果汁にじかに酸素を噴射している醸造所もある。この段階では酵母が酸素を消費して二酸化炭素を作るので、ワインの成分が酸化するリスクはほとんどない。発酵の速度が落ちて止まったら、こうしたマクロな（大量の）酸素供給ができる時期は終わり、以後はワインを酸素から守ってやる必要がある。どの程度守るかは、醸造家が目指すスタイルによって異なる。

ここから先は、酸素の累積量だけではなく酸素を与える頻度が問題になってくる。伝統的なワイン造りではオーク樽を用いるので、ワインは長期にわたって少しずつ酸素に触れる。樽熟成のあいだにワインがどれくらいの酸素にさらされるかは、いくつもの要因で決まる。たとえば樽の大きさ（小ぶりのほうがオークに触れる表面積が大きくなるので酸素の量も多い）、樽板の厚み、補酒をしているかどうか（樽いっぱいに満たして上部の隙間をできるだけ小さくすると酸素から守られる）、樽に入れてからの時間。それからもちろん、澱引きをしているかどうかだ。澱引きとは、ワインを樽から樽へ、あるいは樽からタンクへと移して、底に溜まった澱を除く作業のことで、これに伴ってかなり多量の酸素を取り込む場合がある。それどころか、不活性ガスで守りながら行なう方法が

（上）果帽の乾燥を防ぎ、ワインに酸素を供給し、色の抽出を助けるために、赤ワインのタンクにルモンタージュをして上から果汁をかけているところ。　（中）ワインに酸素を通すためにピジャージュをしているところ。　（下）リオハ（スペイン北東部）の大規模ワイナリーで樽の澱引きをしているところ。ワインを樽内から別の清潔な樽へと、空気に触れさせるようにして移動させている。

あるにもかかわらず、わざと澱引きの過程で酸素に触れさせるやり方もあるほどだ。ポンプを使ってワインをタンクからタンクに移すといった通常のワイン移動の際にも、酸素の取り込みが発生する。ただし、これが最小限で済むように移動させるやり方はある。また、ワインを意図的に酸素にさらす方法には「ミクロ・オキシジェナシオン」と呼ばれるものもあり、これについては本章のうしろのほうで詳しく見ていきたい。少量の酸素はエレバージュ（ワインがセラーで「育成」される過程）のあいだにもプラスに働く場合がある。とくに赤ワインではそうで、少量の酸素が複雑なかたちでワインのストラクチャー（味わいの構成）を変える役に立つ。

さらに、ワインが瓶詰めされるときには酸素の管理がきわめて重要になる。この段階で大量の酸素に触れると、まず間違いなく悪い結果を招く。ワインを移動させる際と、瓶詰め作業自体を行なっている最中には細心の注意が必要だ。とはいえ瓶詰めが終わってからであれば、ワイン栓を通して少量の酸素が透過することがプラスに働く場合があり、このことは十分なデータによって示されている。問題は、どのタイプのワインにどれくらいの量を透過させるのが適切なのか、である。瓶詰め後の酸素供給は「マクロ」や「ミクロ」に対比させて「ナノ・オキシジェナシオン」とも呼ばれる。

酸素とワインの研究

ここで、注目すべき研究プロジェクトを紹介したい。合成コルクメーカーのノマコルク社が二〇〇七年に始めたもので、醸造の過程と瓶詰め後における酸素の役割を調べることを目的としている。ノマコルク社が酸素の研究に資金を提供するのには明白な理由がある。現在この会社は、酸素透過度の異なる数種のワイン栓を販売している。そのため、醸造家がワインスタイルに合わせて特定の酸素透過度の栓を選ぶようになれば、自分たちが有利な位置につけると考えているのだ。

ノマコルク社は、四つの大陸の信望あるワイン科学研究所と手を結んでおり、それぞれの研究所が別々のブドウ品種について調べている。この研究で重要な鍵を握るのが、ワインにじかに触れずに酸素濃度を簡単に測れるテクノロジーだ。ノマコルク社はドイツのプレセンス社と提携し、蛍光技術をベースにした酸素測定法を開発した。これを用いれば、醸造過程のどの段階でも、またたとえ瓶詰め後であっても、酸素濃度を測定することができる。現在、ノマコルク社はこの技術を「ノマセンス」の名前で販売している。ノマセンスは、微量の酸素を分析する装置と、繰り返し使えるセンサースポットで構成されている。仕組みは、一個のセンサースポットを瓶の内側に貼りつけ、そこにプローブを向けて光を当てると数値が測定されるというものだ。あるいは、タンクや樽のなかのワインにプローブをじかに浸して測ることもできる。このセンサースポット技術の素晴らしいところは、たとえば瓶内のワインに溶けた酸素の濃度を、栓を開けずに時間を追って継続測定できることだ。センサースポットは調整済みの状態で販売され、ワイナリーで行なわれる通常の洗浄であれば耐えることができる。ノマセンスのセットには感度の異なる二種類のセンサースポットが入っており、ワイナリーで想定される酸素濃度にはすべて対応できる。

この種の技術を利用すれば、ワイナリーは徹底した酸素の検査を行なうことができる。これは非常に重要なことである。というのも、自分たちがどれくらいの酸素をワインに取り込ませているのかをほとんどのワイナリーは把握していないからだ。

ワインの種類に応じて栓を選ぶという発想がいつか現実となるなら、ワイナリーで酸素濃度をコントロールすることが重要になってくる。だが現状では、瓶詰めの際に取り込む酸素の量には往々にしてばらつきが大きいので、酸素透過度の異なる栓があっても役に立たない。ワインスタイルに合わせて栓を選べば微妙な違いを表現できるのだろうが、今はまだ酸素管理が不十分であるために、そうしたわずかな差異があっても掻き消されてしまう。ノマコルク社のステファーヌ・ヴィダル博士によれば、ワインにおける酸素管理には三つの局面がある。第一は「マクロ」な酸素供給で、一次発酵のあいだに比較的多量の酸素をワインに与えることをいう。次が「ミクロ」な酸素供給（「ミクロ・オキシジェナシオン」と呼ばれる）で、樽やタンクで熟成させているときに行なわれ、マクロより少量の酸素にワインを意図的にさらす。最後が「ナノ」な酸素供給。これは、ワイン栓の酸素透過性を利用して、瓶詰め後のワインをごく微量の酸素に触れさせることを指す。ヴィダルはこの順序が重要なのだと指摘する。瓶詰めの際にもワインを大量の酸素にさらして、二度目のマクロな酸素供給を行なってしまったのでは意味がない。ところが、瓶詰め時の環境をうまく管理できないために、たいていはそうなっているのが実情だ。

ノマコルクが後援する研究はふたつの段階に分かれている。第一段階の目的は、品質管理の観点から、醸造の過程でどうすれば酸素をコントロールできるかについて理解を深めることだ。ノマコルク社のマルコム・トンプソンはこれを比較的易しいと考えている。「とくに瓶詰めの段階で、どうすれば酸素管理が大幅に改善するかを私たちは突き止めました」とトンプソンはいう。一例をあげると、ガイゼンハイム研究所のライナー・ユングとそのチームは、瓶詰め時の諸条件をさまざまに変えてどんな影響があるかを調べた。使用したワインはリースリングである。諸条件とはたとえば、ヘッドスペース（ワインの液面と栓のあいだの隙間）を満たす気体の成分組成、充塡高さ、瓶詰め時に取り込む酸素の量などである。ユングはノマセンスを用いて、ワインの成長を助ける酸素はおもにヘッドスペースからきていることを示した。まず三七五mℓの瓶の内側にセンサースポットを貼りつけ、二通りに高さを変えてワインを充塡する。これでヘッドスペース容量の異なる瓶が二通りできるわけだが、それぞれをさらに三種類に分け、種類ごとにヘッドスペースに溜まる気体の酸素濃度を変える。三種類とも、現実の瓶詰め作業でよく確認される濃度だ。タンク内ではワインに溶けていた酸素が〇・三ppmだったが、瓶詰め後にはそれが〇・九〜一・三ppm（一瓶当たり〇・三〜〇・五mg）の範囲になった。ヘッドスペース容量は五〜六mℓまたは一七〜一九mℓのいずれかで、それぞれについてへッドスペース内の酸素濃度を三通りに変えてある。ワイン栓には、合成コルク（プラスチック製）のノマコルクとスクリューキャップの二種類を使用した。前者は、酸素二一％（普通の空気）または無酸素の環境で保管されていたものである。瓶詰め時に測定した容器内総酸素量は、一瓶当たり〇・二〜六・〇mgとかなりの開きがあった。

このように当初の数値には大きな違いがあるものの、その後の測定で、三〇〇日目までにはヘッドスペースにあったすべての酸素がワインに吸収されることがわかった。瓶詰め時に存在した酸素に加え、通常のノマコルクでは三〇〇日のあいだに一瓶当たり二・五mgの酸素を通した。一方、無酸素状態で保管されていたノマコルクでは一瓶当たり一mg強の透過にとどまり、これは栓本体にもともと含まれていた酸素と見られる。スクリューキャップの酸素透過は一瓶当たり〇・三mgだった。「これまでヘッドスペース中の酸素については、業界であまり注目されていませんでした。でも、それがワインの成長にとってはもちろん、商品としての貯蔵寿命にもきわめて大きな影響を与えることが私たちの研究からわかりました」とユングは話す。

だとすれば、瓶詰め時の酸素取り込み量を醸造所がコントロールできるようになることが先決で、それが達成されない限りノマコルク社のふたつ目の研究目標を考えるのは時期尚早といえるかもしれない。ふたつ目の目標とは「醸造家の意図」と表現されており、ワインのスタイルに合った酸素透過率の栓を醸造家に選んでもらう、というものだ。

醸造家の意図

オーストラリアワイン研究所（AWRI）が一九九九年に始めたワイン栓の性能試験は、ワイン界に大きな影響を与えた。これは、同一のワインに一四種類の栓をして、数年間の追跡調査を行なうというものである。この研究がきっかけとなって、瓶詰め後の酸素管理をワイン造りの一部として積極的に利用する可能性が浮上した。「この研究の重要な結論のひとつは、瓶詰め時に用いられる栓の種類が異なると、以後は違ったワインができあがるということだ」と研究に携わった研究者たちは論文のなかで述べている。「一部の生産者はこの発想をさらに広げて、充塡高さや瓶詰め時の亜硫酸濃度、瓶詰め後のヘッドスペース内の気体組成といったさまざまな条件にも当てはめている。瓶詰め後のワインの成長とこうした条件を結びつけることができれば、瓶内でのワインの成長を確実に予測し、ひいては最適化できるようになる」。つまり、スタイルに応じて瓶詰め後のワインが酸素とどう反応するかを突き止め、それを栓の酸素透過率と組み合わせれば、ワインスタイルに合った栓の選択肢を醸造家に提供できる、ということだ。

ノマコルク社では研究プロジェクトから得られたデータを利用して、「ノマコルク栓セレクター」というソフトウェアまで開発している。醸造家がこのソフトウェアを使ってさまざまな設問に答えていくと、ノマコルク・セレクトシリーズ（酸素透過率の異なる栓を取りそろえてある）のなかからふさわしい商品が推薦されるという仕組みだ。しかし、栓の酸素透過を利用してワインスタイルを決めるという考えに誰もが納得しているわけではない。オーストラリアのワイン科学者でコンサルタントでもあるリチャード・ギブソンはこう異議を唱える。「瓶内で意図的に酸素を与えて成熟させるというのはリスクの高い作戦です。限られた種類のワインにしか使えず、メリットを得られるのも短期間でしかないかもしれません。ほかの大多数のワインにとっては、商品のムラや、品質の低下や、顧客の不満につながるだけでしょう。栓の酸素透過に頼って酸化的熟成を実施するのは、重大なリスクを伴います。瓶詰め後どれくらいたってからワインが消費されるかがわからないからです」。

ギブソンの見解では、酸化的熟成（それが望ましいのなら、の話だが）に適した時期はセラーのなかにあるときだ。還元臭のリスクを回避するのに、少量の酸素は必要かもしれないとギブソンも認める。しかし、瓶内熟成は基本的に酸素がない状況で起きるべきプロセスだと説く。「今問題にしている発想〔瓶内で酸化的熟成をさせること〕でいくと、ワインをあまり早いうちに飲まないほうがいいことになります」とギブソンは言葉を継ぐ。「販売された時点ではまだ渋く、熟成が十分ではないかもしれません。飲み頃は、最適な熟成が達成されてから、ワインが酸化されてしまうまでの短い期間となりそうですね」。

ノマコルク社後援の研究で得られた成果からは、酸素がワイン中の成分にどう影響するかも明らかになってきている。なかでも興味深いデータを発表しているのが、モンペリエにあるフランス国立農学研究所（ＩＮＲＡ）のヴェロニク・シェイニエ博士の研究室である。シェイニエの研究室ではグルナッシュ種の赤ワインを用いて、ワイン中のポリフェノール類の変化と色の変化に対する酸素の影響を調べた。ポリフェノール化合物は赤ワイン中の重要な成分であり、アントシアニン（これが赤い色になる）やタンニンなどがこれに含まれる。この研究ではまず、いくつかの条件をさまざまに組み合わせて合計一六種類のワインを造った。条件とは、抽出技法の違い（ポリフェノールの抽出量が多い技法と少ない技法）、醸造方法の違い（ミクロ・オキシジェナシオンを行なうか行なわないか）、および栓の酸素透過率の違いである。そして一〇ヵ月後に、色とフェノール類の状態を表す二〇個の項目を一六種類それぞれについて測定した。すると、栓の酸素透過率が大きな影響を及ぼしていたのがそのうち一八項目、抽出技法が影響していたのが一四項目、ミクロ・オキシジェナシオンの影響が一一項目との結果になる。

これをどう理解すればいいのだろうか。瓶内である程度の時間が経過したあとでは、赤ワインのフェノール類（これが色やストラクチャー、口当たりにつながる）への影響は栓の酸素透過率のほうが醸造技法より大きいように思える。だがこれはひとつの化学的な分析の結果にすぎず、本当に大事なのは化学的分析で確認された違いを消費者がどう感じるかだ。そこでシェイニエの研究室では、この研究をさらに拡大して官能評価を実施した。

この第二段階の研究では同じ一六種類のワインを用い、訓練を受けた一八人の審査員に官能評価をしてもらった。審査員たちはサンプルのワインを表現するものとして一二項目の官能特性を選び、瓶詰め時（醸造技法の違いを評価するため）と一〇ヵ月後の二度にわたって一六種類のワインそれぞれのブラインド・テイスティングをした。その結果、評価対象とした一二項目の官能特性のうち、八項目が栓の酸素透過率によって大きく影響を受けているのがわかる（一方、醸造技法による大きな影響は瓶詰め時で一二項目中五項目の特性、そのうち一〇ヵ月後にも影響が顕著だったのは一項目のみだった）。酸素透過率の高い栓で貯蔵されたワインのほうが色が鮮やかで、よりオレンジ色がかって見え、香りにも違いがあった（「赤い果実香」と「キャラメル香」が高く、「野菜香」と「動物香」が低い）。これほど際立った差異が現れるというのはおもしろい。栓の酸素透過率が異なるワインを一般の消費者にも味わってもらい、どれが好みかを判断してもらったらさらにおもしろいに違いない。

もうひとつ興味深い結果が明らかになったのが、ソーヴィニヨン・ブランを対象にしたAWRIの研究である。この品種では酸素の管理がとりわけ重要になってくる。というのも、なかに含まれるよく似たいくつかの揮発性硫黄化合物が、扱い方によって望ましい芳香にもなれば香りの欠陥にもなるという特有の難しさがあるからだ。ソーヴィニヨン・ブランの香りを作るうえで、重要な硫黄含有化合物が三つある。3MH（3-メルカプトヘキサン-1-オール）、3MHA（3-メルカプトヘキシルアセテート）、4MMP（4-メルカプト-4-メチルペンタン-2-オン）だ。それぞれグレープフルーツ香、パッションフルーツ香、ツゲ香を生むみなもととなっている。これらの物質は総称して多官能チオールと呼ばれ、酸化されやすい。したがって、ソーヴィニヨン・ブランにはできるだけ酸素透過率の低い栓をするのが理想であるように思える。現状であれば、内側のライナーが錫とサラネックス（酸素透過を阻むフィルム）のスクリューキャップだ。ところがAWRIの研究結果からは、酸素透過率の低い栓をすると還元臭が生じるリスクが増すこともわかった。これは、酸素を通しにくい栓を用いたために酸化還元電位が低くなり、その結果として硫黄化合物の化学反応に変化が起きたことが原因である。

さらには思わぬ落とし穴も明らかになる。醸造家が錫／サラネックスのスクリューキャップを使う場合、悪玉の硫黄化合物を除去して還元臭の問題を避けるためにワインに銅（硫酸銅）を加えるのが普通だ。ところがこのAWRIの研究により、スクリューキャップと銅の組み合わせは、香り成分である善玉の硫黄化合物（3MH、3MHA、4MMP）の濃度まで減少させることがわかったのである。その減り方は、酸素透過率の高い栓を使った場合よりも大きかった。銅は酸化を強力に促進する物質（触媒）であるために、添加しすぎると酸化反応を加速させるのではないかと、AWRIの研究者は述べている。

アモリム社（世界最大手のコルクメーカー）のパウロ・ロペスが行なった研究も注目に値する。ロペスはボルドー産のソーヴィニヨン・ブランに着目し、瓶詰め時に溶けた酸素と、栓を通して透過する酸素がワインの組成と特性にどう影響を与えるかを調べた。

この研究では化学的な分析と官能評価を両方とも行ない、瓶詰め後二年にわたってワインを追跡調査している。ロペスと共同研究者は、まず酸素透過率の異なるさまざまな栓についてワインの色を比較した。透過率が最も低いのは錫／サラネックスのスクリューキャップで、最も高いのは合成コルク（ノマコルク・クラシック）である。その中間にあたるのが、微細なコルク粒を接着して作った圧搾コルク（ニュートロコルク）、通常の圧搾コルク、サラネックス・ライナーのスクリューキャップ、天然コルク、コルメートコルク（等級の低いコルクの穴をコルク粉や接着剤で埋めたもの）である（透過率の低い順）。このほかに、ワインをガラスのアンプルに密封したものも用意した。これは酸素透過率ゼロである。

化学的分析により「善玉」チオール（この研究では3MHと4MMP）について調べたところ、酸素透過率の低い栓ほどその濃度が高く、透過率の高い栓ほど濃度は低かった。例外はサラネックス・ライナーのスクリューキャップである。酸素透過率から予想される以上に善玉チオールの濃度が低かったため、サラネックスがチオールを吸収したのではないかと研究者たちは考えている。また、硫化水素（H_2S）を調べると、ガラスアンプルと錫／サラネックスのスクリューキャップのワインで濃度がかなり高かった。これは、栓の酸素透過率が非常に低いと還元臭のリスクが高まるという、AWRIの研究結果とも一致する。

瓶詰め後二四ヵ月の時点で行なった官能評価では、酸素透過率が最大と最小のふたつの栓はこのワインに向かないことが明らかになった。透過率の最も高いノマコルクで栓をしたワインには酸化の形跡が見られ、フルーティさが消えていた。最も低いガラスアンプルと、錫／サラネックスのスクリューキャップでは、ワインに還元臭の問題が現れ、これもやはり本来のフルーティさを覆い隠していた。中間の酸素透過率をもつ栓の場合、フルーティさが現れているという意味では最も良い結果となった。ただし圧搾コルクで栓をしたワインにはコルク臭の問題（18章参照）が見られ、そのせいでやはりフルーティさが消されていた。研究者は次のように結論づけている。「ソーヴィニヨン・ブランのように酸素に敏感な品種の場合、瓶詰め後はコルク栓程度の透過率による少量の酸素にさらされることがプラスに働く。そういう栓をしたワインは、この品種に特有のチオール類を十分に残していたため、ソーヴィニヨン・ブランならではのツゲ香とトロピカルフルーツ香を保ちつつ、有害な硫化物の濃度は非常に低く抑えていた」。

輸送時と保管時の温度

重要なわりにあまり注目されていないのが、ワインが流通する過程における環境からの負荷だ。ワインが瓶詰めされてから消費者の手元に届くまで、普通はある程度の時間があく。長い距離を輸送され、倉庫に保管され、さらに倉庫から小売店やレストランまで多少の距離を旅することもあるだろう。小売店の棚でもしばらくの時を過ごす。この間《かん》、ワインは気温の変動を受けたり、高温にさらされたり、光を浴びたりする。このすべてが品質の低下につながりうる。

近年、カリフォルニア大学デイヴィス校が研究を実施し、保管時の温度と容器の種類がカベルネ・ソーヴィニヨンにどう影響するかを半年にわたって調べた。使用されたのは、ガラス瓶に入れたうえで合成コルク、天然コルク、またはスクリューキャップで栓をしたワインと、二種類のバッグ・イン・ボックスに入れたワイン。それぞれを一〇℃、二〇℃、四〇℃の三通りの温度で保管する。最も高い温度で保管したワインはどれも酸化の特徴を示した。また全体で見ると、容器の違いよりも温度の違いのほうがワインに与える影響は大きかった。保管温度の違いで大幅に変化した官能特性は三〇項目、容器の違いが大きく影響した特性は一七項目である。ほかの類似の研究と考え合わせても、流通の過程で気温の変動（とくに高温）にさらされることがワインの品質に著しい悪影響を及ぼすといえそうだ。酸化反応が加速されることがおもな原因である。あいにくワインがこうした誤った扱いをされることは頻繁にあり、とくに船で長距離を輸送されるときに起こりやすい。

ミクロ・オキシジェナシオン

近年、あるハイテク技術が大きな注目を集めている。「ミクロ・オキシジェナシオン」だ（「ミクロビュラージュ」と呼ばれることもある）。原理はじつに単純で、発酵中のワインにごく微量の酸素を長期間継続的に供給するというものである。発酵タンクの底に特殊なセラミック製の装置を沈め、そこから酸素の「超微粒気泡」を送り込む。効果をあげるにはタンクに十分な高さが必要で、流速を注意深く管理すれば、酸素は最上部に届くまでに完全にワインに溶ける。こうすれば、ステンレススチールのタンクを使っていながら、樽熟成のように少しずつゆっくりと酸化を進行させることができるのだ。この装置は一九九〇年代のはじめに、フランス南西部のマディランの醸造家、パトリック・デュクルノーによって開発された。この地域の生産者たちは、タナ種ベースのワインをステンレススチールタンクで造り始めたときに問題にぶつかった。タナ種は赤ブドウで、タンニンに富んだ強烈な味わいがある。オーク樽で熟成すればそれを和らげることができるが、そうでなければ好ましい味にするのは非常に難しい。デュクルノーは一九九一年にはじめて、売り物のワインにミクロ・オキシジェナシオンを使用した。その後、エノデヴ社を立ち上げ、今ではこの技術を世界中に提供している。

支持者たちの主張どおりなら、これは奇跡といっていいほどの技術だ。何より素晴らしいのは、ミクロ・オキシジェナシオンが最適なストラクチャーを作り上げ、青臭さを減らし、色を安定させ、還元的な性質を抑え、ワインを柔らかくまろやかにするといわれている点だ。ロバート・ポールは、オーストラリアのワイン・ネットワーク・コンサルティング社で約三〇のワイナリーにミクロ・オキシジェナシオンの設備を提供している。ポールによれば、「これで処理すると、より風味の豊かな、ストラクチャーのしっかりした味わいになる」という。カリフォルニアのワイナリー「ボニー・ドゥーン」のランダル・グラムは、ミクロ・オキシジェナシオンの熱烈な支持者だ。彼は、「ミクロ・オキシジェナシオンを適切に行なえば、樽内熟成がじつにうまくいくようになる」と断言する。

しかし、ミクロ・オキシジェナシオンが実際に何をしているのかについては意見の一致を見ていない。よくいわれるのは、赤ワインが早くおいしく飲めるようになる、というものだ。だが、ロバート・ポールはこう指摘する。「この技術は大きな成果をあげていますが、ワインを早く飲めるようにするために味を柔らかくするのがこの技術の目的ではありません。その点を納得してもらうのが一番難しいですね」。どうやら通説とはいささか違っているようだ。ポールはこう説明する。「処理をしたワインは、たしかにまろやかになります。でも、そうなるのはもともとのワインが優れているからだと思います」。

数年前にポルトガルに行ったとき、私は醸造家のデイヴィッド・ベイヴァーストックに会って、ミクロ・オキシジェナシオンについて調べていると話したことがある。彼はとたんに身を乗り出し、見るからに興奮した様子だった。「私たちは南部のアレンテージョ地方でかなりミクロ・オキシジェナシオンを使っているんですよ」。ベイヴァーストックによれば、この技術のおかげで「グリーンタンニン」がずいぶん除去され、ワインがまろやかになるという。彼は、どちらかというと大衆向けのワインにこの技術を使用している。「最高とはいいがたいブドウはかならず採れますからね。たとえば、比較的若い畑か、あまり管理の行き届いていない畑のブドウです」。彼はミクロ・オキシジェナシオンだけでなく、ワインの種類に合わせてオークチップの添加もしている。

ミクロ・オキシジェナシオンを利用する理由は、大きく分けてふたつあるようだ。ひとつは、好ましくない青臭さや硫化物を赤ワインから取り除く効果があるから。もうひとつは、コストが削減できるからである。中価格帯のワインなら、高価な樽を使わなくても、ミクロ・オキシジェナシオンを施したうえでさらに樽板やオークチップをタンクに沈めることで同じ効果を生むことができる。ミクロ・オキシジェナシオンがワインにストラクチャーを与え、オークチップや樽板が木の香りを加えてくれるのだ。

ミクロ・オキシジェナシオンの支持者は、さまざまな科学的根拠をあげて効果を説明しようとする。だが、この技術はいまだに黒魔術めいたところがあって、基本的なメカニズムを誰も正確には理解していない。むしろ、試行錯誤をしながら使っている。カリフォルニア大学デイヴィス校でワイン醸造学と化学工学を専門とするロジャー・ボールトン教授は、この技術をいささか疑問視している。「化学的な効果はいくつか考えられます。ですが、その効果を科学的に測定した客観的なデータがありません。あるのは、技術提供者のうたい文句と、一部の満足した顧客の証言ばかり。支持している人たちにしても、実際にどんな変化が起きているかをきちんと理解しているとは思えませんね。それに、短期的にも長期的にも、予期せぬ結果が生じる可能性はあります。これでは、科学的な観点から見て受け入れるわけにはいきませんよ。第三者が結果を再現して、そ

栓の種類と酸素透過率の例		
栓	酸素透過率（cc/日）	特記事項
スクリューキャップ（錫／サランライナー）	0.0003-0.0007	パウロ・ロペスがインジゴカルミン法を用いて得たデータ
スクリューキャップ（錫／サランライナー）	0.00002-検出限界未満	全米ブドウ園財団（AVF）による36ヵ月間の研究で、ジム・ペック（瓶詰め会社の研究者）がMOCON酸素透過率測定装置を用いて得たデータ
スクリューキャップ（錫／サランライナー）	0.0002-0.0008	AWRIのGodden et al 2004による測定値
スクリューキャップ（サラネックス・ライナー）	36ヵ月で0.001-0.0006	AVFの研究でジム・ペックがMOCONを用いて得たデータ
圧搾コルク（具体名は不明、おそらくツイントップか微細圧搾コルク）	0.0001-0.0006（染料法）	パウロ・ロペスがインジゴカルミン法を用いて得たデータ
微細圧搾コルク	0.0001-0.0006（湿式法）	ジム・ペックのMOCONによる測定、2010年
ディアム10（きわめて低い酸素透過率）	0.0007	ディアム社によるデータ
ディアム（低い酸素透過率）	0.0015	ディアム2、3、および5は低透過率または中透過率。ディアム社によるデータ
ディアム（中程度の酸素透過率）	0.0035	ディアム2、3、および5は低透過率または中透過率。ディアム社によるデータ
天然コルク45mm スーパーセレクト47mm フロール54mm	0.001-0.0002 検出限界未満-0.001 検出限界未満-0.0009	ジム・ペックがMOCONを用いて得たデータ。瓶を逆さにしてコルクを湿らせる手法を使用
天然コルク	開始時は0.0017-0.0061、12ヵ月後に0.0001-0.0023	パウロ・ロペスがインジゴカルミン法を用いて得たデータ
ノマコルク・セレクト100（合成コルク）	最初の3ヵ月：0.0029 最初の1年：0.0023 1年以降：0.0021	ノマコルク社がノマセンスを用いて得たデータ
ノマコルク・セレクト700（合成コルク）	最初の3ヵ月：0.0134 最初の1年：0.0065 1年以降：0.0040	ノマコルク社がノマセンスを用いて得たデータ
押し出し成形合成コルク38mm	0.0025-0.0030	ジム・ペックのMOCONによる測定、2012年
押し出し成形合成コルク44mm	0.0019-0.0026	ジム・ペックのMOCONによる測定、2012年
ヴィノロック（ガラス栓）	0.0001-0.0002	プレセンス（ノマセンスと同じ技術）を用いた測定

合成コルクとスクリューキャップはばらつきが小さいのが普通だが、天然コルクはばらつきが大きい。同一種類の栓でも酸素透過率に変動が見られることには、いくつもの要因が考えられる。どんな試験方法や測定技法を用いるのかもそのひとつだ。ほとんどの栓で最初の数ヵ月は酸素透過率が高く（栓内の酸素が放出されるため）、その後は一貫して低透過率が続く。「MOCON」は酸素透過率測定技術のひとつ。プレセンス／ノマセンスも同様（蛍光技術）。

の正当性が立証されるまでは、ミクロ・オキシジェナシオンはとうてい科学的手法とはいえません。もっとも、そういうふうにしておきたがっている人がいるようですが。それに、消費される酸素と生成されるアセトアルデヒドに関していえば、一般的な樽熟成ワインの数倍の量にのぼります。『ミクロ』という言葉は誤解を招きますね」。カリフォルニア州立大学フレズノ校のケン・フューゲルサングも同じ意見だ。「ミクロ・オキシジェナシオンの利用者は増えていますが、ワインにどんな影響があるかが完全に解明されているわけではありません。たしかにこの処理をすれば、若いワインにも熟成したようなストラクチャーが生まれます。でも、ワインが瓶に入ったあとでそれがどう影響するかはわからないんです」。この技術は、どんな赤ワインにも合うわけではない。「うまくいくかどうかは、ワインがもともともっていたストラクチャーに大きく左右されます」とフューゲルサングは補足する。「軽いワインの場合は、かえって良からぬ結果になるかもしれません。ストラクチャーを作るどころか、ワインを酸化させるおそれがあります」。

では、ミクロ・オキシジェナシオンはどれくらい利用されているのだろうか。ヴィノヴェーション社（エノデヴ社のアメリカ代理店）代表のクラーク・スミスによれば、この技術はワイン界にかなり広まっており、その先頭に立っているのがチリだという。

「チリにはワイナリーが一二〇軒くらいしかないのに、そのうちの八〇軒ほどがミクロ・オキシジェナシオンを利用するか、少なくとも装置を所有しています」とスミスはいう。彼の話によると、カリフォルニアでは広大なセントラル・ヴァレーの生産者のすべてが現在ミクロ・オキシジェナシオンを利用しており、ノースコーストでは超一流ワイナリーのおそらく三分の一が、少なくとも試用を始めている。スミスの見積もりでは、フランスとオーストラリアでも生産者の約五％もがこの技術を利用している。

ミクロ・オキシジェナシオンの未来

ミクロ・オキシジェナシオンはまったく新しい技術であるにもかかわらず、醸造家たちは熱狂的に支持している。その様子を見ていると、たとえ現段階では科学的なメカニズムが詳しく解明されていなくても、きっと何かあるはずだと思わざるをえない。前進する技術に科学が追いつけば、ミクロ・オキシジェナシオンがワイン醸造の主流技術として定着する日も近いだろう。最後に、ランダル・グラムの力強い推薦の言葉を紹介したい。「この技術があまりにも誤解されているので驚くことがよくあります。でも、ミクロ・オキシジェナシオンは非常に便利なツールです。これを利用すれば、長期間のキュヴェゾン〔発酵中にブドウ果汁が果皮や種子と接触している期間のこと〕もうまくコントロールできます。余計な苦味を引き出さず、タンニンを和らげ、色を保つ効果があるのです。ミクロ・オキシジェナシオンの登場は、かつて発酵の際に温度調節装置が使われるようになったときと似ていますね。最初は『不自然』と受け止められましたが、今ではおおむね不可欠と見なされているのではないでしょうか」。

11章　全房発酵とマセラシオン・カルボニック

ここで少し寄り道をして、赤ワインだけに用いられる独特の醸造法がどのような科学に基づいているかを簡単に見ておこう。具体的にいうと、マセラシオン・カルボニックと全房発酵（実だけでなく茎も発酵させる）だ。両者は関連しており、前者は後者の一形態だが、通常はまったく異なる目的のために使用されている。

上質なワインの世界は広く多様であり、一般論でくるのは危険だ。とはいえ、全体を眺めてみると、ワイン造りの傾向が周期的に変化しているのがわかる。現在は生産者が繊細で複雑なワインを追求する段階にあるらしく、その分、力強さは犠牲にされる。世界中のワイン産地を訪ねてみればわかるように、濃厚な味わいのワインを目指す若い生産者はほとんどいない。少なくとも高級ワインに関しては間違いなくそうだ。彼らが重んじるのは何よりも繊細さとフレッシュさ、そして風味を作る個々の要素が明確に際立つこと。一九九〇年代から二〇〇〇年代にかけてもてはやされた超濃厚ワインは、今や急速に過去のものとなりつつある。

おそらくはそうした背景があるために、最近では繊細さと複雑さを育むような醸造技法への注目が高まっている。たとえば、ワインの熟成に小型の新樽を使う生産者は目に見えて減り、コンクリート製のタンクや、風味の移りにくい大型のオーク樽に改めて関心が集まっている。野生酵母を用いるのはかつては珍しかったが、今やそれが正常といいたくなるほどだ。「自然なワイン」を求める傾向については首を傾げる者も多い一方で、そういう人たちであってもセラーのなかでは以前より「自然な」作業をするようになってきている。そのほうが、自分たちの土地ならではの味わいをより的確に表現できると思うからだ。そして本章のテーマ、つまり茎も入れて赤ワインを発酵させる方法についても、話題にのぼったり実験が行なわれたりすることが増えている。

もちろん、茎も一緒に発酵させることはけっして新しいわけではない。これは通常「全房発酵」と呼ばれる。過去を振り返れば、ブドウの房をそのまま使ってワインを造ることは実際に行なわれてきた。房をすぐに圧搾し、果汁を絞って白ワインの発酵に用いるか、発酵時に一緒に漬け込んで赤ワインを造るかのどちらかである。赤ワインを発酵させる前に房から茎を取り除きたければ、ブドウの実一粒一粒から手作業で引き抜くしかない（これを除梗《じょこう》という）。時間がかかるので当然コストも高くつくが、そういうやり方をする有名ワイナリーはいくつもある。しかし、除梗破砕機が開発されて、短時間で経済的に実と茎を分けられるようになった。今や大多数の赤ワインで、原料となるブドウはそういう機械でまず除梗されるか、または収穫機で収穫される際に除梗される

左　手作業で収穫されたばかりのブドウ。発酵前に除梗されることが多いが、全房発酵の場合は茎を取り除かず、そのままの状態で発酵が行なわれる。　右　除梗機の内部。ゴム製の刃が回転し、できるだけ実を傷つけないように茎と分離する。

ケースも増えてきている。

ここで少しブドウを解剖してみよう。ブドウの房は、いくつもの実と、房全体をひとつにまとめるための構造でできている。房の中央に走るのは穂軸《ほじく》で、そこから果柄《かへい》が伸びて実とつながっている。ブドウの房全体を枝とつなぎ、収穫の際に切り離される部分は果梗《かこう》だ。こうした構造を全部合わせて、本書では「茎」という大ぐくりの言葉で呼んでいる。この茎は、重さにして房全体のおよそ二〜五％を占める。地域やその年の気候条件によって、茎の外観は大きく異なる場合がある。なぜかといえば、茎ははじめは緑色で光合成を行なうものの、その後は木化《もっか》の過程を経て、緑色で多肉質の植物から木質の植物へと変化するためだ。これは、細胞壁のなかでセルロース繊維の隙間にリグニンが蓄積することで起きる。したがって、ひと口に「茎を入れて発酵させる」といっても、茎がどの程度木化しているかによってワインの仕上がりはずいぶん違ってくる。

全房発酵を実施している生産者

全房発酵と聞いて一番に思い浮かぶ地域がブルゴーニュであり、その関連からこの技法と最も結びつきが強いのはピノ・ノワール種である。理由のひとつとして、ピノ・ノワールには色素の一種であるアシル化アントシアニンが少ないことが考えられる。概してほかの赤ワインより色が薄いのはこのためだ。だが、アントシアニンの働きはそれだけではない。ワイン中のタンニンと重要な反応をして色素ポリマーを形成し、それがワインのストラクチャーを決めるうえでも大きな役割を果たす。全房発酵をすると、茎からしみ出る樹木タンニンがピノ・ノワールのアントシアニン不足を補えるのかもしれない。ブルゴーニュだけでなく、北部ローヌ地方の生産者もシラー種で全房発酵を行なっている。新世界でもピノ・ノワール種の生産者に全房発酵を模索する者が増えているうえ、繊細さを求めるシラー種の生産者のあいだでも人気が出始めている。

ブルゴーニュのドメーヌのうちとくに全房発酵で有名なのが、「ドメーヌ・ド・ラ・ロマネ・コンティ」「デュジャック」「ルロワ」の三つだ。「今のブルゴーニュは間違いなく茎へと動いていますね」と語るのは、イギリスのワイン・ライターでブルゴーニュ・ワインに詳しいジャスパー・モリス。「大きくふたつの理由があると思います。ひとつは、茎を忌み嫌っていたアンリ・ジャイエが亡くなったこと。もうひとつは、地球温暖化の影響で、熟した茎が昔より多いことです」。ジャイエはきわめて有名なワイン生産者であり、その影響を受けて茎から離れた者は大勢いた。最近まで、それがこの地域全体の方向性だったのである。それに、除梗をすればブルゴーニュの赤に多く見られる青臭さと田舎臭さを減らせるので、実施するだけの理由もあった。かつては怠慢の結果として発酵に茎が使われ、それがいいほうに転ぶとは限らなかったが、今や茎を使うかどうかは能動的な選択になったといっていい。その分、それを実践する方法も以前より進歩している。

「ドメーヌ・デュジャック」のジェレミー・セイスは、キュヴェに応じて六五～一〇〇％の全房発酵を実践している。「全房発酵のほうが、複雑さとタンニンのシルク感が増すような気がします」と彼はいう。「ブドウの酸味が強い場合はまろやかにしてくれますし、果熟味の強い場合はフレッシュさを加味してくれます」。セイスが除梗をするかしないかを決める際には、いくつもの要因を考慮する。「テロワールによっては、全房発酵があまりうまくいかないところもあるようです。全房発酵の特徴がたちまち前面に出て、『見かけ倒しの味』になってしまいます。ワインとうまくなじまないんですね。複雑さがあるように見せかけて、実際には深みのない味になってしまうわけです」とセイスは説明する。「うちの場合なら、ジュヴレの畑はどちらかというと除梗したほうがいいですね」。セイスはほかにも、若い畑の房の大きいブドウや、シーズン終わりの急速に熟したブドウの場合は、成熟にややばらつきがあるために除梗することが多い。

オーストラリアのヴィクトリア州モーニングトン半島のワイナリー「ストニアー」の

マイク・シモンズも、発酵に茎を入れるかどうかを決めるうえで最も重要なのはテロワールだと考えている。「いくつかの畑については、好んで茎を入れています。北向きの畑で、よく熟したいい茎ができるんです」と彼は説明する。「どの畑のブドウに茎を使うかはかなり把握していますよ。茎を使わない場合もあります。気温が低い畑などですね。そういう場所のブドウの発酵に茎を入れたら、大変なことになりますから」。

ブルゴーニュとコルナスでミクロ・ネゴシアン（小規模生産ワインに特化した生産者）として働くオーストラリア人のマーク・ハイズマは、次のように語る。「一般に、土地の良し悪しと、全房発酵で使える茎の量のあいだには、強い相関関係があるように思います。一番いい区画から採れる茎のほうが清潔で、個性豊かなものが多いんです」。

茎を使うかどうかを決めるとき、マイク・シモンズは実際に食べてみるという。「ブロッコリーみたいな味がしたら使いません」。ヴィクトリア州でピノ・ノワールを造る生産者のあいだでは、茎を使うことが話題にのぼることが増えているとシモンズは語る。しかし、それに適した畑を選ぶことが重要だと彼は考えている。「時流に乗って、実際にはやるべきでないのに茎を使っている人がいます。これは十分な注意が必要な行為なんです。うちでブレンドワインに茎を入れる場合は、問題が起きないかどうかを三日以上かけて確認していますよ」。

やはりヴィクトリア州の著名な醸造家である「ヤビーレイク」のトム・カーソンは、ピノ・ノワールの発酵で全房発酵を試してみるのが好きだと認める。「今は実験段階で、本格的に始める踏ん切りはまだついていません。全房発酵がうまくいくと、香りが高まってタンニンに力強さと硬さが少し増します。ですが、うまくいかないとフルーティさを弱めてしまい、堆肥のような特徴が現れてしまいます」とカーソンはいう。「私たちがやりたいのはピノの香りを際立たせることです。風味をややこしくするような、畑由来ではない成分は欲しくありません」。カーソンは二〇〇九年に全体の八％、二〇一〇年には一〇％に全房発酵を実施したが、二〇一一年には大きく後退した。雨の多い年だったため、茎が非常に青い状態だったからである。「どれくらいが適量なのか、今も試行錯誤しているところです」。

ニュージーランドのセントラル・オタゴにあるワイナリー「リッポン」のニック・ミルズは、ピノ・ノワールの一部に全房発酵を行なっている。ただし、それをするかどうかは実の出来栄えを見て決めている。「全房発酵も少しやっていますが、それはすべて選果テーブルで判断しています」とミルズは説明する。「選果テーブルはただ単に悪いものを取り除くためのものではありません。私にとっては、種や果皮を味わってみて、自分たちがどんな原材料を手にしているのかを確かめる場です。茎が噛み切れるようなら発酵に加えます。できれば全房発酵を一〇〇％行ないたいですよ。そのほうが発酵がうまくいきますからね」。今のところ、リッポンではピノ・ノワール全体の二五〜四〇％に全房発酵を実施している。「私たちのブドウ畑は非常に細かい区画に分かれていて、発酵を行なう微生物もたくさんいます」とニックはいう。「ブドウの出来がとてもよければ、ロット全体で一〇〇％全房発酵をします。でも、気に入らない味のブドウであれば、茎は使いません」。

南アフリカのスワートランドでワインを造るイーベン・セイディーは、有名な「コルメラ」ワインの醸造に最近までは茎をいっさい使用していなかった。しかし、二〇〇九年物ではこれを変更し、茎全体の三五％を発酵に用いた。「今後一〇年は、二〇から四〇％に全房発酵を行なうつもりです」とセイディーは話す。その目的は、ワインにフレッシュさを加えることだ。ただし、全房発酵をするかしないかは畑単位で決めている。八つある畑のうち、五つでは除梗し、残り三つでは一〇〇％全房発酵を実施している。

茎で実験をしているもうひとつの温暖な地域が、フランス最南部のルーション地方だ。ここではワインの繊細さを増す手段として全房発酵を捉えている。「私たちのワイン『ル・スーラ』の場合、最初の何年かは抽出しすぎの問題があって、ピジャージュ〔発酵タンクの表面に浮いたブドウを下に押し込む作業〕をしていないにもかかわらず赤ワインに田舎臭さが出てしまっていました」とイギリスのワイン商、ロイ・リチャーズは振り返る。「ル・スーラ」は彼が共同所有するドメーヌだ。「発酵に茎を組み込むことで抽出のしすぎを抑えることができ、ボタンの花の香りも加わりました。かなり劇的な変化ですよ！」

マセラシオン・カルボニックと全房発酵の比較

ここで少し脇道にそれてボジョレーを訪ね、ガメイ種のブドウについて考える必要がある。ボジョレーの生産者は、最も極端で最も純粋な全房発酵を実践している。「マセラシオン・カルボニック」と呼ばれる技法だ。通常、全房発酵と聞いてマセラシオン・カルボニックを思い浮かべることはまずない（両者はかなり違った結果を生む）。しかし、全房を使った発酵を考えるうえでマセラシオン・カルボニックは欠かせない要素であり、この技法を詳しく知ることで全房発酵がもつ香りへの影響の一端が明らかになるはずだ。

マセラシオン・カルボニックとは、破砕しない房のままのブドウを密閉タンクに入れ、そこに二酸化炭素を注入して発酵させることをいう。無酸素状態になると、無傷のブドウの実の内側で細胞内発酵が起こり、少量のアルコールが生成される。それと同時に、ワインの香りに影響するさまざまな化合物が生じる。アルコール度数が二度前後に達すると（一般的な発酵温度のもとでは約一週間後）、ブドウの実は死滅し始める。すると、果汁が自然に放出されるか、そうなる前に実が圧搾され、以後は通常の（酵母による）発酵が起きる。こうして生まれる赤ワインは比較的色が薄く、低タンニンで、果実の香りが強く感じられるものとなる。

マセラシオン・カルボニックを可能にしているのは嫌気発酵と呼ばれるプロセスだ。酸素のない状態で糖が分解し、エネルギーが放出される。二酸化炭素のなかに房のままのブドウを入れると、ブドウは糖を分解するだけでなく、ブドウの主要な酸のひとつであるリンゴ酸も分解する。このリンゴ酸の分解こそが、嫌気発酵の過程で生じる現象のなかでもとりわけ注目すべきものといえるだろう。分解されたリンゴ酸は、まずピルビン酸塩に、次いでアセトアルデヒドに、それからエタノールにと変化していく。通常、リンゴ酸の半分はこのようにして分解される。

したがって、マセラシオン・カルボニックを行なうと酸度が低下する。かなり大幅に下がってもおかしくはなく、滴定酸度が最大で一ℓ当たり三・五グラム減、pH値が〇・六単位上昇となる場合もある。もっとも、マセラシオン・カルボニックを行なわなくても、赤ワイン醸造の過程ではアルコール発酵に続いてマロラクティック発酵がほぼかならず起き、多少は酸度が低下する。マセラシオン・カルボニックの過程では、ポリフェノール類（タンニンやアントシアニンなど）が果皮から出て内側の果肉へと移動し、果肉をピンク色に変える。このプロセスからさまざまな化合物が生じ、それが風味に重要な影響を及ぼす（またはそれが風味の前駆物質となる）。たとえば、生成されたエタノールがブドウの成分をいくつかエステル化する場合がある。桂皮酸エチルはこうして生まれたエステルの一種で、イチゴやラズベリーのような香りを生む。量が増えるもうひとつの物質がベンズアルデヒドで、これはサクランボやキルシュのような香りをもつ。やがてアルコール度数が一・五〜二・五度に達するとブドウの実は死滅する。発酵にボジョレーの伝統的な醸造法は厳密なマセラシオン・カルボニックではない。

酵母もかかわっているからだ。まずブドウを房ごと一三ガロンの容器に入れて運び、木製の大桶か、セメント製またはステンレス製タンクのなかに落とす。下になった実の一部が重みで潰れて酵母による発酵が始まり、タンク内に二酸化炭素が充満する。無傷だった実の内部でも発酵が起こり、実が死滅すると果汁が放出される。果汁にはまだかなりの糖分が含まれているので、発酵プロセスを継続させることができる。リンゴ酸が細胞内で分解されてpHが高くなると、アルコール発酵が終わったあとでマロラクティック発酵が起きやすくなる。実際には、マセラシオン・カルボニックのほとんどは厳密な意味でのマセラシオン・カルボニックではない。「果皮が少しでも破れてしまえば、酵母が入り込んでその実を発酵させてしまいますからね」とオーストラリアの醸造家、トニー・ジョーダンは説明する。ジョーダンはコンサルタントの仕事を通じて、全房発酵に取り組んだ経験をもつ。「実を圧搾すると、糖の値が跳ね上がる場合もあれば、そうならない場合もあります。なぜかというと、一〇日間かけて発酵させているとき、最初の数日は本物のマセラシオン・カルボニックが起きていると考えられますが、その頃までには実の攪拌を始めて少し果皮を破っています。茎がついて本当に無傷の実はそれほど残っていません」。

茎ごと発酵させるメリット

茎は発酵にいくつもの影響を及ぼす。だが、具体的にどう影響するかは一概にはいいがたい。発酵槽で茎をどう使うかにはさまざまなやり方があるうえ、茎自体にも青さの程度や木化の度合いにかなりばらつきがあるからだ。「ブルゴーニュの場合、茎からどんな風味が得られるかには、それを使う人によって大きな違いがあります」とワイン・ライターのジャスパー・モリスはいう。「発酵槽内の茎はおそらく化学的な影響を及ぼすでしょうし、物理的な影響も間違いなくありますね」。

「ブルゴーニュで見られるような小型の発酵槽の場合、茎を使うのは有効です。果汁がより均一に抜けるようになりますし、発酵温度も一、二度下げてくれます」とフランスのワイン評論家、ミシェル・ベタンヌは説明する。ドメーヌ・デュジャックのジェレミー・セイスも同じ意見だ。「穂軸〔房の中央を通る太い茎〕を入れないときと比べてはるかに果帽に空気が通るので、果帽が過熱することがありません。ある程度の熱を逃がしてくれるんですね。ピジャージュやルモンタージュをするときにも、塊がないので果汁の出がずっといいんです」。セントラル・オタゴにある「リッポン」のニック・ミルズは、茎があると酵母が動き回りやすくなり、圧搾もうまくいくとつけ加える。ローヌでワインを造るエリック・テキシエは、全房発酵をすると糖からアルコールへの変換係数が若干変わり、結果的に通常よりアルコール度数の低いワインができると語る。

こうしたメリットに加え、発酵に茎を入れるとブドウの実についたカビの悪影響も軽減できるとベタンヌはいう。「たとえば一九八三年にはブルゴーニュで不思議なことがありました。除梗したワインよりも全房発酵のほうが、腐った実による悪影響が少なかったんです」。ただし、大型の発酵槽の場合に茎を使うのは無理だと彼は指摘する。茎のせいで、果帽に物理的な力への抵抗力がつきすぎてしまうからだ。全房発酵の果帽のほうが、ピジャージュをして上から押し込むのが難しい、とセイスもいう。「足かピストンを使わないとだめですね。腕では無理です。こういったさまざまなことによって、どういう風味が抽出されるかが変わってきます」。

茎が及ぼすもうひとつの物理的な影響は、ワインの色を薄くすることだ。「茎は色を吸収するので、ワインの色が褪《あ》せてしまいます」と南アフリカの醸造家、イーベン・セイディーは指摘する。「最近は誰もが印象の強いワインを造りたいと考えているので、ワインを弱々しく見せる全房発酵は流行に逆らった動きともいえます。ワインのもつ特徴として、色を重視する人は大勢いますからね」。しかしセイディーはこれをたいした問題とは見ていない。「多少の色を失う代わりに、フレッシュさと純粋さを手に入れることができます。ワインにもっと生き生きとした生命力が宿るんです。南アフリカでは、熟れすぎた味わいのワインができやすいことが最大の問題です。ですから、もっとフレッシュで生き生きとしたワインになるのはいいことなのです」。

また、茎にはワインのpH値を若干上げる働きもある（つまり酸度が下がるので通常は好ましいことではない）。茎から放出されるカリウムの影響だ。カリウムが酒石酸と結合するため、ワインの酸度が下がるのである。ところが、最近では茎のなかのカリウム量が減っているので、それほど大きな問題にはならないとセイスは指摘する（そもそも茎にカリウムが含まれているのは、もともとブルゴーニュの生産者が一九五〇年代から六〇年代にかけて高カリウムの肥料を使いすぎたせいだ)。このpHの上昇には、全房発酵に伴って起きる細胞内発酵もひと役買っているかもしれない。

具体的にどのようにして茎を発酵槽に入れるかにはいろいろなやり方がある。「茎全部を使わないとしたら、いつ茎を入れるかがひとつのポイントになります」とジャスパー・モリスはいう。「発酵槽の底に敷くようにしてまず最初に茎を入れ、その上に除梗したブドウを入れるのか。それとも茎は最後に入れて、果汁のなかをゆっくり漂わせるようにするのか。あるいは、茎つきのものとそうでないものをラザニアのように重ねるのか。実際にそうやっている人もいると聞いたことがあります」。

ジェレミー・セイスのやり方はこうだ。「収穫のときの事情によってはかならずしもできるとは限りませんが、基本的に私は除梗した実を底に入れて、全房のブドウをその上に置きます。房が崩れないようにするためです。せっかく健康な房を丸ごと使うのですから、酵母が仕事を始めるまでの数日のあいだは、それを果汁まみれにするような真似をしたくないんです」。

オーストラリアのキャンベラ地区にあるワイナリー「クロナキラ」のティム・カークは、自分のシラーズ・ヴィオニエを造るうえで部分的に全房発酵を用いている。だがセイスとは違って、丸ごとの房を先に入れる。二トンの発酵槽に丸ごとの房を入れ、破砕して除梗したヴィオニエをその上に載せ、最後に除梗したシラーズを入れる。カークによれば、房ごとのブドウのなかには実が穂軸から離れないまま、破裂もしないものがいくらかある。全体の二〇％前後だという。そうした実は破裂しない代わりに、マセラシオン・カルボニックのように実の内側から発酵を始める。発酵の途中でその実を取り出してみると、果肉が赤く変わっているのがわかる。つまり内側から果皮の色を抽出したのだ。また、甘さも少し残っているので、圧搾すると実から糖が放出され、それが発酵を長引かせる役目を果たす。

ニュージーランドのセントラル・オタゴにあるワイナリー「フェルトン・ロード」のブレア・ウォルターは、全房を少量用いて自分のワインに複雑さを加えている。彼もまた、無傷の実から糖が遅れて放出されることに気づいた。「普通は、収穫したブドウ全体の四分の一を房ごと使い、残りは除梗します。ピジャージュをして果帽を下に押し込む際には、タンクの底まで行かないようにしています。そうすると、二八日たってもまだ房を丸ごと取り出すことができますよ。そういう実の内側では発酵が進んでいて、甘さも残っています」。この甘さが残っていることが重要なのだとウォルターは考えている。その後もしばらくは発酵が持続するからだ。「ブルゴーニュ地方では、六回から八回に分けて少量ずつ補糖をします」とウォルター。「そうすると発酵に少しストレスがかかって、通常より多くグリセロールが生成されます。そのために舌ざわりが変わり、果実の甘みがつけ足されてしまいます。なぜもっと大勢の人が全房を使わないのか、不思議で仕方ありません」。

全房発酵で造ったワインは舌ざわりがよく、香りの高いものが多い。それにはこのマセラシオン・カルボニック的な特徴に負うところがかなり大きいと思われる。しかし、ワイン評論家のミシェル・ベタンヌは、細心の注意を払って除梗した場合にもある程度は同じメリットが得られると指摘する。「忘れないでほしいのですが、最新の除梗機は非常に正確かつ繊細なので、除梗が終わって発酵槽に入る実はまるで『キャビア』のように美しく、無傷です。全房発酵とほぼ同じ効果が得られます。発酵は実の内側で始まり、果実の最良の特徴や、舌ざわりの繊細さや、熟成する能力が失われません。果実の若々しさを保って、納屋の前庭のような香りが出るのを避けてくれます」。

醸造家のマーク・ハイズマは、南北の半球を股にかけて幅広い経験を積んできた。ひとつ前の仕事では、オーストラリアのヤラ・ヴァレーにあるワイナリー「ヤラ・イエリング」で働いていたが、今はブルゴーニュのミクロ・ネゴシアンであり、北ローヌのコルナスでもワインを造っている。「ヤラ・イエリング」にいたとき、ハイズマは茎の独創的な使用法を編み出し、それを「マセラシオン・バスケット」と名づけた。「ブドウは完全に除梗します。除梗した茎は、ステンレスで作った網目状の筒のなかに詰めます」とハイズマは説明する。「十分な効果が得られたと思ったら、バスケットを取り出します」。そういうふうに茎を使うとどうなるのかと彼に尋ねてみた。「ワインにスパイシーな複雑さがかなり増しますし、タンニンの特徴も変わります。それに、こういうやり方なら自分で一〇〇%コントロールできますからね」。ハイズマはブルゴーニュでもこの方法を続けていて、注目すべき成果をあげている。ただし、ほかに同じやり方をしている人はいないようだ。

「私にとって、全房を使うメリットは発酵を制御できることです。発酵をゆっくりと進行させて、糖が少しずつ放出されるようにするのです」とハイズマはいう。「複雑さとうま味を大幅に高めながら、みずみずしくクリーミーな口当たりを保つには素晴らしい方法です。たとえるならビロードのような。うちのコルナスではとくにそれが顕著ですね。ブルゴーニュ・ワインの場合、複雑さと繊細さがすべてです。大きなアペラシオンでは、全房発酵によって果実のストラクチャーが強まり、それでいてピノ・ノワールのようないやな粗さや苦味が増すことがありません」。

造り手が自由に変えられるもうひとつの条件が、茎を浸しておく時間だ。発酵前のコールドソーク（ブドウ果実を一定時間タンクに低温で浸しておくこと）として、あるいは発酵後マセラシオンとして用いれば、茎から風味化合物が抽出される。ポルトガルのドウロ地方の醸造家、ディルク・ニーポートは、繊細さと上品さがトレードマークの「シャルム」ワインを造る際に茎を使っている。彼の考えでは、茎をラガール（人が足で踏んで圧搾と発酵を行なうためのポルトガルの石桶）にどれくらい入れておくかが何より大事だ。ある年にはラガールにかけるべき時間を五時間間違えてしまい、結局その桶のワインは「シャルム」にブレンドできなくなってしまったという。

全房発酵のデメリット

では全房発酵のマイナス面についてはどうだろうか。「フェルトン・ロード」のブレア・ウォルターは、毎年ひとつの発酵槽で全房発酵のみを行なうということを以前は続けていた。だが今はもうやめたと語る。「おもしろいとは思うのですが、ワインが青臭くなりすぎてしまうんです。黄麻布《ジュート》の袋のような匂いが出てしまって」。とはいえ今《かど》でも量を減らして、茎をいくつもの発酵槽に用いている。「茎を入れると、ワインが角のある味になるのではとみんなは心配します。でも逆だと思いますよ。除梗したワインのほうが味に角があります。茎を使う勇気のない人は大勢いますね。自分のワインに土臭さや青臭さが混じるのを進んで受け入れようとはしません」。「ヤビーレイク」のトム・カーソンも茎を多く使いすぎるとワインに堆肥のような青臭い特徴が出ると指摘する。「私の場合は発酵に全房を使うことが欠かせません」とミクロ・ネゴシアンのマーク・ハイズマは語る。「ただし、茎はきれいな状態でないといけません。少しでもカビがついていたら、それがワインの味にはっきりと現れてしまいます。実にカビがついていた場合よりひどいです」。

茎を使うことの問題点として、一番多くあげられるのが青臭さだ。赤ワインの発酵に茎を用いることに世界的な関心が高まるなか、その流れにくみしない地域がボルドーである。これはおそらく、ボルドーの主要品種であるカベルネ・ソーヴィニヨン、カベルネ・フラン、メルローのいずれもが、もともとある程度の青臭い風味をもっているからだろう。醸造家はこの特徴をできるだけ減らそうとすることはあっても、茎を加えてわざわざ強調しようとはまず思わない。だが、ボルドーの著名な「シャトー・マルゴー」のポール・ポンタリエは、自社で実施した大規模な研究の一環として茎の影響を調べてみた。調査の対象となったのは二〇〇九年のカベルネ・ソーヴィニヨン。当たり年ならファーストワインになる畑からのものだ。「除梗にどれくらい意味があるのかを確かめたかったんです」とポンタリエは振り返る。「うちでは伝統的に、ほぼ完全に除梗をしています。二〇世紀初頭から、マルゴーでは除梗するのが標準的なやり方でした」。ポンタリエによれば、少量の茎ならプラスに働くのではないかという声がボルドーでも聞かれるようになっている。かと思えば、これまで以上に入念に除梗し、茎の微細な断片すら残さないようにしている生産者もいる。マルゴーのやり方で除梗すると茎のごく小さなかけらは残り、それが全体の〇・〇三〜〇・〇五％を占める。この研究では、マルゴー流で除梗したものと、一％の茎を加えたもの、さらには一％の茎を細かく切って加えたものとを比較した。歴然とした結果が出たとポンタリエはいう。現行のやり方が最も良いワインを造り、一％の茎を切って加える方法からは一番質の悪いワインができた、というのが彼の見解だ。ただし、この結論をほかのワインにも当てはめることには慎重である。「これをすべてに当てはめるべきではないと思います。このワインに関しては除梗が有効だというだけで、別の畑の、たとえばタンニンの柔らかい濃厚なワインなら違う結果になるかもしれません」。

カリフォルニアのワイナリー「リッジ」のポール・ドレイパーは、やはりカベルネ・ソーヴィニヨンに茎を使わないようにしている。「ボルドー品種の発酵に茎を使ったことは一度もありません。ただでさえ毎年十分すぎるくらいのタンニンがありますから」とドレイパーは説明する。「それにここは気候が冷涼です。成長期はボルドー並みに涼しいんです。ですから私たちは青臭い特徴に敏感です。茎を使うと、まさにそのリスクがありますからね」。ドレイパーは自分のジンファンデルにも茎を使わないようにしている。「これはボルドー品種ほどタンニンが強くはありませんが、ほかのストラクチャーを加えなくてもバランスがとれていますから」。しかし、リットン・スプリングスの畑で栽培している数トンのプティ・シラーには茎を使用している。全房発酵が一番広く使われているのがピノ・ノワール種であることには、それなりの理由があるとドレイパーは指摘する。「ピノ・ノワールの場合、ほかの有名品種と比べてタンニンの量や種類が少ないという特徴があります。それを考えれば、必要に応じて茎を用いるというのも頷けます」。

結論

ひと口に全房発酵といってもさまざまなやり方がある。しかも茎の熟し方にもばらつきがあるので、いろいろな条件を組み合わせると複雑なマトリクスができ、最終的なワインの風味は多様なものとなる。

茎がどの程度熟しているかは非常に重要な要素であるようだ。これはおもに畑の立地によって決まると見られ、ブドウの出来の年ごとの変動もそれにひと役買っている。比較的温暖な地域で実の熟す期間が短い場合、収穫時の茎はまだ青々としていて、発酵にはまったく使えないこともある。

全房発酵では、マセラシオン・カルボニックの過程で起きる細胞内発酵が重要な役割を果たしている。無傷の実の内部で発酵が起きると、おもしろい香り成分が生まれるだけでなく、糖が少しずつ時間をかけて放出されるので発酵の力学に変化が起きる。このふたつが合わさるために全房発酵では発酵温度が低くなり、それが最終的なワインに対して通常はプラスの影響を及ぼすことが多い。また、茎という材料がワインにじかに風味を加える場合もあり、それが吉と出るか凶と出るかは茎の熟し具合による。さらには全房発酵によってpH値が若干上昇するため、ブレタノミセス（17章参照）に汚染されるリスクが増す半面、口当たりが改善する効果もありうる。

全房発酵のメリットは何だろうか。ひとつは質感の改善だ。全房発酵を行なうと舌ざわりがシルクのようになめらかになるようであり、これはとくにピノ・ノワールでは大きな魅力となる。それとともに、タンニンのストラクチャーが高まる。私自身の経験をいうと、全房発酵で造った若い赤ワインにはスパイシーで粘りつくようなタンニンのエッジが感じられ、それは新樽発酵のストラクチャーに似ている。全房発酵のメリットとしてよくいわれるのは、ワインの香りが高まることである。際立つフルーティなアロマに、爽やかでみずみずしい花の香りが加わることが多く、これがじつに魅力的である。フレッシュさが増すこともメリットのひとつだ。全房発酵を適切に実施すれば、完全に除梗するよりも繊細なワインができる。私がもうひとつつけ加えたいのは、全房発酵のワインははじめこそ少し意外な独特の香りを放つものの（テイスティングでは、ブロッコリー、醤油、堆肥、腐葉土、林床、草、青野菜、紅茶、ヒマラヤスギ、メントール、シナモンなど）、時間とともに瓶内でそれがうまく落ち着くことが多いという点だ。

「一九九〇年代のワインは『パーカー化』されていました」（アメリカのワイン評論家、ロバート・パーカーが好んだとされる超濃厚ワインのことを指している）。オーストラリアの醸造家、トニー・ジョーダンはそう振り返る。当時はオーストラリアでも超濃厚ワインを目指す動きがあったという。「濃厚であればあるほどいいと、誰もが考えているみたいでしたし、ワインはあらゆる面でどんどん強烈になっていくようでした。今ではそこから大きく離れています。とはいえ、温暖な地域ではどうしても力強いワインができてしまいます。テロワールのなせるわざですね。それでも、強い果実味やフレッシュさを求めたり、より繊細な舌ざわりを目指すことはできます」。それこそが、全房発酵にこれほど関心が集まっている理由のひとつだろう。表現力に富んだ繊細な赤ワインを造るのが難しい地域であっても、全房発酵というツールがあればそこに近づけるのである。

かつては全房発酵に反対していた評論家でさえ、最近では態度を軟化させてきている。イギリスのワイン商でブルゴーニュを専門に扱うロイ・リチャーズもそのひとりだ。「もうこの件に頭から反対したりはしません。思っていた以上に複雑だということがわかってきました」とリチャーズは認める。「茎を使えば青臭いタンニンになり、新樽を使えばクリーミーで柔らかいタンニンになる。それが亡くなったアンリ・ジャイエの教えでした。私はジャイエの弟子として、それに従っていたんです。当時の彼のワインが飛び抜けていたのも事実です。生き生きとして、魅力的な味と香りがあって。それにひきかえ、もっと有名なドメーヌのワインは少し弱々しくて生気に乏しいように感じられました」。リチャーズはさらに続ける。「ジャイエはきっと草葉の陰で嘆いているでしょうね。愛弟子のジャン・ニコラ・メオやエマニュエル・ルジェが、彼の愛したクロ・パラントゥの畑で全房発酵を試しているんですから」。天候のパターンが変わってきていることも、この変化を後押しする要因のひとつだとリチャーズは考えている。「ブルゴーニュはもはや生産力の低い気候とはいえません。自分自身の経験からいって、コルトン、クロ・ヴージョ、ポマール、モレ・プルミエ・クリュといったやや男性的なワインには、発酵に茎を使うと繊細さと花の香りが加わります」。

どうやらワイン造りの潮流はまた変わってきたようだ。赤ワインの発酵に茎を入れることはかつては時代遅れの手法と見なされていたが、今や流行のツールとなりつつあり、力強さより繊細さを求める生産者の支持を集めている。

12章　風味を決めるオーク樽の秘密

樽《たる》はおそらく最古のワイン技術だ。今あるワインスタイルも、樽を抜きには造れないものが多い。これほど重要な役割を果たしているにもかかわらず、樽の効能は幸運な偶然によって発見されたといっていい。液体を貯蔵したり運搬したりするのに、たまたま最適だったというだけのことだ。エポキシ樹脂で内張りをしたセメント製やステンレス製のタンクが登場するまで、樽に代わる選択肢はなかった。しかし、オークとワインの思いがけぬ相性の良さは深い意味をもっている。高級赤ワインのほとんどが、風味に不可欠な成分をオーク樽から得ている。白ワインもかなりの数がそうだ。オークなしでは、ワインはまったく違ったものになるだろう。古い大きな樽であれば風味に直接的な影響はないものの、中身を少量の酸素に触れさせることができるので、ワインを熟成させるうえで大切な働きをしている。本章では樽の科学と、ワインの味の成熟に樽がどんな役割を果たすかを見ていく。

オーク

まずは少し樽から離れて、生物学的な話から始めよう。大まかにいって、ワイン造りには四種類の生物が欠かせない。二種類の微生物と、二種類の樹木だ。微生物は出芽酵母と乳酸菌。樹木はヨーロッパブドウ（ヴィティス・ヴィニフェラ）とオークのコナラ属である。そのうちふたつ（ブドウの果実と酵母）はどんなワインを造る場合も絶対に欠くことができない。赤ワインと一部の白ワインは乳酸菌を必要とし、赤ワインと白ワインの多くはオークなしでは造れない。

コナラ属は数百の種に分類できる。ワインに関係するものは四種あり、そのうちの三種が樽材として使われる。ホワイトオーク、ツクバネガシ、ヨーロッパナラだ。残りの一種、コルクガシがコルクの原料となる。ヨーロッパナラはイングリッシュオークと呼ばれることも多く、セシルオークはツクバネガシの異名である。分類学はややこしい学問なのだ。

では、なぜオークは樽の材料に適しているのだろうか。まず、頑丈でありながら比較的加工がしやすい点があげられる。また、オーク製の容器は水を漏らさない。それは、「チロース」と呼ばれる構造が発達しているからだ。樹木の木質部は、大部分が木部導管と呼ばれる水の通り道でできていて、木の幹を上に向かって伸びている。チロースは、隣接した細胞で生成される繊維組織で、それが導管に入り込んで管をふさぐ性質をもっ

樽の製造に使われるオークの種類

オークの種類	産 地【a】	おもな特徴
ヨーロッパナラ（別名イングリッシュオーク）	フランスの森林地帯。おもにリムーザン、ブルゴーニュ、フランス南部	抽出可能なポリフェノールの含有量が多い。ワインにしっかりしたストラクチャーを与えるが、香りは控えめ
ツクバネガシ（別名セシルオーク）	フランスの森林地帯。おもにフランス中央部とヴォージュ地方	香りは強めだが、ストラクチャーは控えめ
ホワイトオーク	アメリカ	フェノール含有量は少なく、香気成分の濃度が非常に高い【b】

a　通常、フランス産の樽に用いられるのはヌヴェール、アリエ、トロンセと呼ばれる３種類の樽材である。これらは地名であると同時に、それぞれの地域から産出する木材の種類を区別するための名称でもある。

b　アメリカ産のオークはオークラクトンの含有量が非常に多い。たとえばパスカル・シャトネの研究によると、フランスのセシルオークはメチルオクタラクトンの濃度が１ℓ当たり77マイクログラム、フランスのイングリッシュオークは16マイクログラムであるのに対し、アメリカのオークはじつに158マイクログラムにもなる（１マイクログラムは１グラムの100万分の１）

ている。アメリカ産のオークはとくにこの繊維組織が豊富なので、どの面で切っても液体を漏らさない。一方、フランス産のオークはそれよりチロースが少ないため、決まった面で割らないと水漏れのする樽材ができる。だが、こうした構造よりもたぶん一番重要なのは、オークがワインとの化学的相互作用に直接関与し、それを促進するという点だろう。この化学作用によって、ワインの風味とストラクチャーに好ましい影響が現れる。だからこそ、科学技術の発達した現代にあってもセラーではやはり樽なのだ。

樽はワインにどう作用するのか

ワイナリーのセラーに行って、はじめて樽から味見したときのことは忘れられない。同じロットのワインでも、違う樽で熟成させるとこんなに変わるものかと驚いたものだ。樽の何が違ったかといえば、トースト（焼き）の加減と、製造者と、オークの産地である。ワインを造るうえで、どういう樽を選ぶかは重要なポイントだ。熟練したワイン生産者は、原料となるブドウの出来と同じくらい樽に神経を使う。樽がワインの風味にどう影響を与えるかは、いくつかの要因によって決まってくる。

木

一般に、樽の製造に使われるオークは産地で分類される。まず、一番重要なのはフランス産のオークかアメリカ産のオークか、という点だ。アメリカ産オークは、樹木の種類としてはホワイトオークであり、フランス産の二種（ヨーロッパナラとツクバネガシ）とはまったく違う性質をもつ。同じフランス産オークでも、どこの森で伐採されたかによってさらに細かく分けられる。伐採地とオークの種類には密接な関係がある（ただし完全には一致しない）。これだけでもわかりにくいのに、樽職人によって独自のスタイルがあるのでさらにややこしい。樽板の性質にしても、樹齢、幹のどの部分からとったか、乾燥の過程、トーストの程度といった要因によって異なってくる。オークの種類、環境、そして人間の介入が相互に作用して、樽の科学はブドウ栽培やワイン醸造の科学と同じくらい複雑なものになっている。

樽板作り

樽職人が狙うのは木の幹の中心部だ。そこは成長の止まった頑丈な心材で、「樽材」とも呼ばれる。幹のこの部分を「放射組織」に沿って柾目《まさめ》になるように割る。放射組織は、木の中心から外側に向けて放射状に走る線だ。フランス産オークの場合、この割る作業はきわめて重要である。のこぎりで切ったら、樽材は穴だらけになってしまうだろう。先ほども説明したように、アメリカ産のオークにはチロースが豊富に含まれている。このチロースが、垂直に走る木の繊維を一定の間隔でふさいでくれているので、アメリカのオークはのこぎりで切っても大丈夫なのだ。木を割る作業は、一枚分の樽板の厚みになるまで繰り返される。フランス産のオーク樽がアメリカの樽よりも高価なのは、こ

樽の製造工程

1　オークの樽板を乾燥させてから適切なサイズにカットする。　2　樽の形になるように樽板を並べる。　3　樽を火であぶる(トーストする)。どの程度トーストするかで、樽からワインにどれくらい風味が移るかが左右されるため、顧客は自分のスタイルに合ったトーストの度合いを決めて指示する。　4　仕上げ。樽に金属製の「たが」をはめ、樽の形を保つとともに水が漏れないようにする。　5　オーク樽。写真はニュージーランドの西オークランド地区にある「クメウ・リヴァー」のセラー。クメウ・リヴァーは、新世界のシャルドネ生産者として最も有名なワイナリーのひとつ。　6　ステンレス製のワイン樽。通常の樽のように澱との接触をもたせたいが、酸素やオークの影響は排除したい場合に用いられることがある。

うした手間がかかるせいもある。樽板を作る方法には樽職人によって独自のスタイルがあって、これがワインへの作用に最も大きな影響を及ぼしていると見られる。

乾燥

組み立てに入る前に樽板を乾燥させる。樽が使われる環境の湿度に樽板の湿度を合わせるためだ。また、この間《かん》にいくつか重要な化学変化も起きる。乾燥に要する期間は、樽板の厚みにもよるが通常二年から三年である。長いあいだ木を放置しておく必要があるが、長すぎてもいけない。適切なバランスをとることが重要だ。乾燥は戸外で行なわれるのが普通で、木にいくつもの変化がもたらされる。エラジタンニンが減り、苦味のあるクマリンという化合物（後出の表参照）の濃度も低下する。その一方で、オイゲノールのような香気成分が増える。乾燥炉を使って人工的に乾燥させることもできるが（コストと時間がかなり節約できる）、この方法だと大切な化学変化が起きないのが難点だ。変化が起きないと、香気成分が少なく苦味成分の多い樽板になる。この苦味はワインへとしみ出してしまう。

トースト

樽作りの過程では、樽板の内面を火であぶって樽の形に曲げる作業も行なわれる。これをトースト（トースティング）と呼ぶ。トーストされてわずかに焦げることが、木の化学的性質とあいまった結果、新樽の内側とワインの相互作用によってワインに強い風味が与えられるようになった。幸運な偶然の産物といえなくもない。適切に用いれば、新樽は熟成中のワインに大きなプラス効果を与えることができる。それについては後出の表にまとめた。

昔ながらのミクロ・オキシジェナシオン

樽はワインに風味を与えるだけではない。あまり注目されないが、それと同じくらい重要な仕事もしている。熟成中のワインをごく微量の酸素に少しずつさらしているのだ。普通、醸造家はあらゆる手を尽くしてワインが酸素に触れないようにする。だが、熟成中は樽を通して低レベルの酸化を起こすほうが、多くのワインのストラクチャーと性質にプラスの効果が現れる。

標準的な大きさの樽（約二二五ℓ）にワインを貯蔵しておくと、一ℓ当たりで年間約二〇〜四〇mgの酸素がワインに溶け込む。低濃度の酸素との接触はワインにいくつもの重要な変化を及ぼす。まず、タンニンとアントシアニンの反応により、色が鮮やかになる。また、たいていは重合によってタンニンが和らげられ、最終的には沈殿する。もっと短期的に見れば、樽はミクロ・オキシジェナシオンと同じように、ワインがストラクチャーを作り上げるのを助ける（10章参照）。

最近では、樽の性能を分析する技術をワイナリーに提供する企業もある。カリフォル

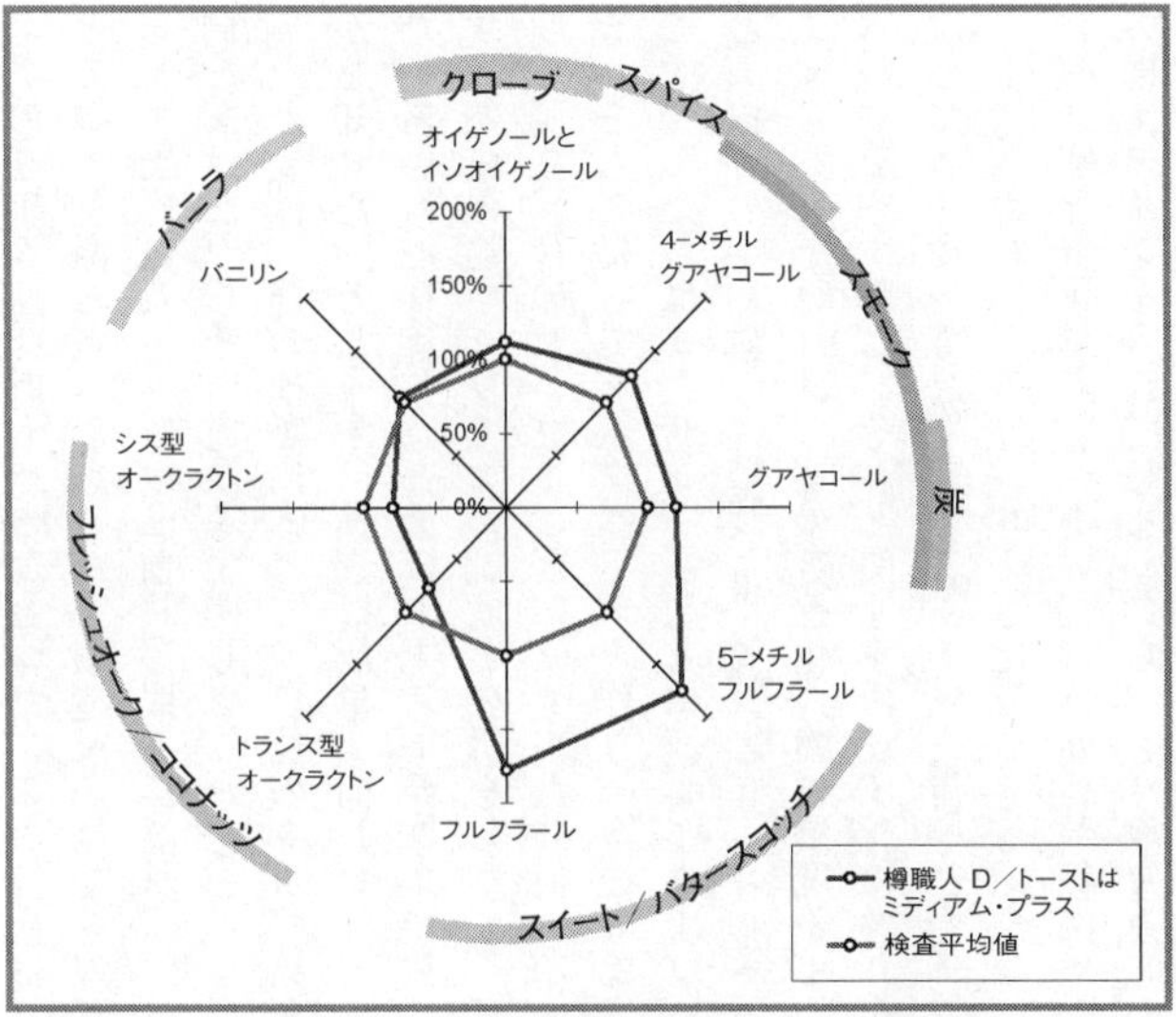

2003年物シャルドネ・リザーヴで用いた樽の検査結果
ETS研究所の「レーダープロット」。ワインの風味に与えるオークの影響を分析する。

ニアのＥＴＳ研究所もそのひとつだ。この技術は、オーク由来の化学物質を分析することで樽の特徴を調べるものだ。醸造家が見ても理解しやすいように、結果はレーダープロットと呼ばれるグラフ（前頁参照）にされる。ＥＴＳのエリック・エルヴェ博士は、例をあげながらその方法を説明してくれた。

「たとえば、樽の種類に応じて、自社のトップ銘柄のワインの香りにどんな影響が出るかを知りたいとします。検査は簡単。同じロットのワインを、いろいろな樽職人の作ったいろいろな仕様（たとえばトーストの度合いなど）の樽で熟成させてみればいいんです。熟成の途中でワインの試飲と分析をします。私たちはオーク由来の芳香化合物の濃度を測り、樽のサンプルごとに一ℓ当たり何マイクログラムかを報告します。醸造家はそれをもとにしてデータベースを作り、今後の参考と比較に役立てることができるわけです。私たちはまたサンプルごとに『レーダープロット』を作成し、各サンプルの濃度と『検査の平均値』（検査で得られた全サンプルの濃度の数学的平均値）の両方を表示します。これを見れば、どの芳香化合物の濃度が平均より上か下かがすぐにわかりますからね。そうすれば、それと関連するワインの香りが、ほかのワインより強いか弱いかも判断できます」。この方法を使えば、樽職人の違いや、オークの種類の違い、さらにはトーストのレベルの違いさえも比較できる。

醸造家と樽供給者とのあいだには強い信頼関係が必要だ。出来の悪い樽や、相性の悪い樽にワインを入れてしまったら、もう取り返しがつかない。だが、この種の分析でオーク由来の風味成分がすべて測定できるのだろうか。それともごく一部がわかるにすぎないのだろうか。エルヴェにこの点を尋ねてみた。「私たちが測定する化合物は、オーク由来の風味に大きく貢献しているものです。その点は広く認められています。とはいえ、ワインの風味にひと役買っていると見られるものがほかにたくさんあるのも事実です」とエルヴェは答える。「幸い、そういう化合物のほとんどは、似ている複数の化合物と一緒に『族』というグループをつくっています。共通する構造をもち、香りも似ているのです。そのうちの一個か二個を測定すれば、『族』全体についてかなりのことがわかります。揮発性のフェノール族がいい例です。これはオークのリグニンが熱で分解されてできるもので、何百という種類があり、そのいくつかが相乗効果を発揮してワインの風味づくりに寄与しています。でも、とくに重要なふたつ〔グアヤコールと4-メチルグアヤコール〕を測定するだけでも、ワインの『スモーキー』な特徴をかなり確実に推し量ることができるんです」。

古い樽

ワインに新樽の風味がつくのを誰もが望むわけではない。たいていのワインは、二度目ないし三度目、場合によっては四度目の使用となる樽のほうが熟成がうまくいく。樽が古くなると、ワインに与える風味はしだいに少なくなるからだ。それでも、ワインに少しずつ酸素を与えることに変わりはないので、ストラクチャーの要素を決定するのに重要な役割を果たす。

ただし、古い樽を使うなら、衛生状態には十分に目を配る必要がある。木材には細かい孔《あな》がたくさんあいているので、かならずどこかに微生物の隠れ場所があるからだ。

樽に代わるもの

樽は高価なので、低価格のワインには樽を使わない。それでも、オークの複雑味と風味を加えるために、オークチップや樽板をワインに浸したり、液体のオークエキスを加えたりすることまで行なわれている。結果はまちまちで、樽本来の持ち味を再現できることはまずない。だが、赤ワインをタンクで発酵させている最中にオークの代用品を浸しておくと、多少は樽発酵の特徴を加味できる。赤ワインは果皮も一緒に発酵させるため、普通は樽内発酵をせず、オークとの相互作用は果皮を取り除いたあとに限られるのだ。「オークの代用品」を加えることでストラクチャーがしっかりしたり、色がいっそう安定したりするかもしれない。ミクロ・オキシジェナシオンという技術は、樽内のワインがゆっくりと酸素にさらされていく過程の再現を狙ったものだ。これについては10章で取り上げている。

小型のオーク樽から大型の容器へ

近年、小型のオーク樽（ボルドーとブルゴーニュで一般的な二二五ℓや二二八ℓのもの）から大型の樽へと移行する傾向が見られるようだ。さらには、熟成に樽を使うこと自体をやめるケースもある。これまでも、オークへの需要が高まるにつれて品質低下の問題が指摘されてきた。それ以上に重要な理由は、自分のワインに新樽の風味がつくのを好まない醸造家が増えていることと、小型の樽では酸素にさらされすぎて、ワインのスタイルによってはうまくいかない場合があることだ。

南アフリカの醸造家、イーベン・セイディーは、小型の新しいオーク樽をやめて、もっと大型の容器へと移行した。古い卵形の大樽や、コンクリート製の容器である。「カベルネ系のブドウなら小型の樽でもとてもうまくいきます」とセイディーは説明する。「ある種のタンニンを含む品種は、急速に熟成させないと一八ヵ月目で瓶詰めすることができませんから。ところが、南アフリカで育つ地中海系の品種はまったく違います。すでにタンニンが熟成されていて、果実味が弱いんです」。

セイディーは続ける。「最近では木製の容器を使うのもいやになってきました。でもそれは、私がいるこの場所のせいです。先週、ブルゴーニュと北ローヌに行って試飲をしてきましたが、ヨーロッパ大陸の人たちは木を使うのが本当にうまいですね。上手にワインの風味を補っています。でも、南アフリカでは原料になる実が非常に熟している ので、そううまくはいかないんです。樽というのはワインを成熟させるための道具です。ここは地中海性の気候なので、ブドウはいやでも熟しています。ですから、木のなかでさらにワインが熟成するのは一番避けたいことです。タンニンも成熟していますす。だか

オーク由来の風味	
風味化合物　**特徴**	**製法の影響**
ラクトン　ワインにおける最も重要なオーク風味はβ-メチル-γ-オクタラクトンのシス-トランス異性体で、オークラクトンとも呼ばれる。オークラクトン単独ではココナッツのような香りがするが、ワイン中では強いオークの香りにもなりうる。シス異性体はココナッツの香りだけでなく、土臭さや草の香りももっている。一方、トランス異性体はココナッツ香にスパイシーさが加わる。	樽の乾燥は、オークラクトンのトランス型とシス型の比率に影響を与える。また、トーストはラクトン全体の濃度を下げると考えられている。アメリカ産のオークはラクトン含有量がはるかに多い。
バニリン　天然バニラの香りの主成分。オーク材に大量に含まれている。バニリンは、オーク樽熟成ワインの香りに大きな影響を与える。ワインをオーク樽で発酵させると、酵母の代謝によってバニリンが無臭のバニラアルコールに変わるため、バニリンの濃度は下がる。そのため、樽発酵のワインは、タンク発酵させてから樽に移したワインに比べて、オークに接している時間が長くてもオークの香りは弱い。	樽をトーストすることで含有量は増えるが、トーストが強いと減少する。
グアヤコール　グアヤコールと、同族の4-メチルグアヤコールには、炭のようなスモーキーな香りがある。4-メチルグアヤコールはスパイシーとも形容される。	オーク材に含まれるリグニンがトーストによって分解されてできる。したがって、トーストが強いと含有量が増える。
オイゲノール　クローブ（丁子《ちょうじ》）のような香りがする。木材由来の揮発性フェノール類の中心的存在。同族のイソオイゲノールも同様の香りをもつ。	乾燥の過程で増加する。トーストの過程で増えるという報告もある。
フルフラール、5-メチルフルフラール　どちらも、糖や炭水化物の熱分解によって生成される。キャラメルやバタースコッチのような香りがあり、ほのかにアーモンド香もある。	木材に含まれる炭水化物が、トーストの過程で熱分解して生成される。
エラジタンニン　ワインがオークから吸収するタンニンはエラジタンニンと呼ばれる。ワインのストラクチャーを改善するだけでなく、アントシアニンと結合して色を濃くする。渋味がある。エラジタンニンは加水分解型タンニンに分類される。	トーストが強いと、含有量が低下する。
クマリン　桂皮酸の誘導体。オーク樽熟成のワインに含まれる量は少ないが、やはり風味に影響を与える。その配糖体には苦味があり、アグリコン（糖以外の部分）には酸味がある。	

こうした風味化合物の多くは、それぞれの検出限界値を下回る量しかワインには含まれていない。それでも重要な相乗作用により、やはりワインの風味と香りに影響を与える。たとえばオークラクトンの知覚閾値は、バニリンが存在すると通常の50分の1に低下するとの報告がある。また、風味化合物が複数組み合わさると、複雑な風味や香りとして感じられる。さらに近年の研究によれば、チオール類の揮発性硫黄化合物もオークの風味を生むのにひと役買っていると見られる。ステンレス製のタンクで発酵させてから樽に移した場合、白ワインにオークの風味が強く出るのはこのためである。

ら私たちに必要なのは、酸素を避けてワインの果実味とフレッシュさを守ることなんです。木の樽からの脱却を図っているのはそのためです。それに、世界全体を眺めても、木から離れる傾向が見られますね。おもしろい動きだと思います」。

セイディーはこうも問いかける。「原料のブドウは樹齢一〇〇年なのに、その実を真新しい木の樽に入れる意味がどこにあるのでしょうか。フランスで育った木の味がするワインになってしまいます。少なくとも一〇年間はそうです。消費者の八割は、ブドウが育ったテロワールの味ではなく、フランスの木の味を感じることでしょう。たいていの人は一〇年も待たずに飲んでしまいますからね。だからオークの新樽からはすっぱりと手を引いたんです」。

結論

以上、ごく簡単ではあるが、ワイン造りにおける樽の重要性を見てきた。樽はワインの風味とストラクチャーに大きな影響を及ぼしている。樽の科学が複雑で多面的であるのは間違いない。だが、樽そのものを破壊することなく、樽に秘められた力を分析できる技術は、きっと醸造家の役に立つだろう。どの産地のオーク、どの職人の作った樽が自分のワインに合うかを、より詳細な情報に基づいて判断できるからだ。細心の注意を払ってワインを造りたいと思うなら、使う樽の出所《でどころ》にまでこだわるようでなければいけない。さもないと、危険なギャンブルをしているのと同じだ。

13章　アルコールの除去とマストの濃縮

カリフォルニアのワイン・コンサルタントで業界評論家のクラーク・スミスは、何かと物議を醸《かも》す人物である。歯切れが良く、抜け目がなく、非常におどけたところもある。だが、彼を「ひらめきに満ちた革新者」と考える者がいる一方で、「悪魔の化身」呼ばわりする者もいる。なぜだろうか。それはスミスが、逆浸透法と呼ばれる技術ではじめて特許を取得したからだ。この技術は醸造家にとって最新のハイテクツールであり、しだいに世界各地で利用され始めている。伝統を重んじる立場からすれば、逆浸透膜装置も、ほかのアルコール除去技術も、ワインの「魂」をおびやかす現実的な脅威にほかならない。

スミスの考えの基本にあるのは、ブドウのフェノール類の成熟と糖度とは無関係だということである。つまり、糖分の蓄積と酸の減少は気候に大きく左右されるが、色や、香気成分の合成や、タンニンの熟成は、ブドウの生育地に関係なくほぼ同じペースで進む。そのため、温暖な地域では糖分がすぐに蓄積してしまい、まだフェノール類が成熟していなくても収穫せざるをえなくなっている。これは大きな問題だ。

昔なら妥協するしかなかった。風味が一番成熟したところでブドウを摘みたければ、アルコール度数が異常に高くなってても我慢するのである。ワインの質が損なわれることになっても仕方がない。冷涼な地域ではまったく異なる問題が生じる。伝統的なヨーロッパのワイン産地では、フェノールの成熟を待っていると秋雨の季節に入ってしまい、実が水っぽくなるおそれがある。スミスが代表を務めるヴィノヴェーション社の逆浸透法なら、どちらの問題も解決してくれる。アルコール分が多すぎるなら、できあがったワインから除去すればいい。ブドウが雨に打たれたのなら、発酵の前にマスト（発酵前のブドウ果汁）を濃縮すればいいのだ。

本章では、逆浸透法と関連技術のスピニングコーン・カラム法、そして減圧蒸留法について詳しく解説していく。また、これらがどれくらい普及しているかを見るとともに、上質なワイン造りと共存できるかどうかも考えてみたい。

浸透のメカニズム

では、逆浸透法とはどのような仕組みなのだろうか。まず、学校の理科の授業で習った浸透の原理を思い出してほしい。ふたつの液体が半透膜で隔てられていたら、水は膜を通って低濃度の溶液から高濃度の溶液に移動する。もちろんワインに対してこんなことはできない。マストやできあがったワインが薄まってしまうからだ。ではどうするかといえば、高濃度のほうの溶液に圧力をかける。そうすると流れが逆になる。それが原理だが、実際はそう簡単にはいかない。フィルターにあいた孔《あな》の直径をワイン向けに小さくすると、ワインに溶けた微粒子のせいで孔が詰まり、使用できなくなる。逆浸透を成功させる鍵は、クロスフロー濾過（タンジェンシャル濾過ともいう）と呼ばれる方法を使うことだ。強引に圧力をかけてフィルターを通すのではなく、ワインをフィルター面と平行に流してやる。腎臓の毛細血管を真似た方法だ。そうすると、流れの勢いで膜表面に付着した微粒子が掻《か》き取られ、フィルターはきれいに保たれる。たしかに濾過膜の目詰まりを防ぐためだけに多大なエネルギーが必要となるが、これでうまくいくのだ。

今のところ、逆浸透法には主として三つの用途がある。ひとつ目は、ブドウのマストから水分を除去すること。ふたつ目は、できあがったワインからアルコールや揮発性の酸を除去すること。三つ目は最近になって生まれた用途で、完成したワインから4‐エチルフェノール（ブレタノミセスの異臭を生み出す原因物質、17章参照）を除去することが検討されている。

アルコールの除去

気温の高い地域（新世界のワイン産地の大半）でブドウを育てる場合、収穫の時期については妥協がつきものだ。早めに収穫すれば糖度は申し分ないが、フェノール類の成熟度（風味の成熟度）が不十分になる。フェノール類の成熟度が最適になるのを待っていたら、糖度が非常に高くなってアルコール度が強すぎてしまう。こうした問題は年々増えている。こくがあって熟した味わいのワインが好まれるせいもあるが、地球温暖化も原因のひとつだ。アルコール度数が高すぎると、ワインの品質が損なわれてしまう。にもかかわらず多くの地域で、そうならないワインを造るのがしだいに難しくなってきている。

このため、高いアルコール度数の問題は熱い注目を浴びている。オーストラリアを例にとると、ワインのアルコール度数は徐々に高くなっている。オーストラリアワイン研究所（ＡＷＲＩ）の調査によると、一九八四年から二〇〇四年の二〇年間で赤ワインのアルコール度数は着実に上昇し、一二・三度から一三・九度になった。これはあくまで平均値にすぎず、一五度に近づく赤ワインも増えている。これは悪いことだろうか。醸造家からはこんな声も聞かれる。少しでも早く収穫すると赤ワインに未熟な青臭い風味が出てしまうため、甘くてこくがあって果実味の強い風味にするためならアルコール度数が高くなるのはやむをえない、と。一方で批判の声もある。評論家の好みにつられて、熟した風味の強いワインを追い求めるあまり、収穫を遅らせすぎているケースが多いというのだ。

アルコール度数が高いのはそんなに困ったことなのだろうか。データを見る限りそういえそうだ。おもな理由は、アルコール度数が高いと香りが覆い隠されてしまうからである。これまでの研究から明らかになったのは、ワインに含まれる香り化合物の多くは、エタノール（アルコールのこと）によってその溶けやすさが変わって液体から離れにくくなるということだ。そのせいでワインの香りが乏しくなる。また刺激の強い「熱い」味にもなる。二〇〇〇年に発表された研究によると、アルコール度数が一一度から一四度に上昇するにつれて、ワインの代表的な揮発性化合物の回収量が減少することが確認された。

二〇〇七年にサラゴサ大学（スペイン）のビセンテ・フェレイラ率いる研究グループが、数種類の赤ワインからブドウの果実味をもたらすエステル類を発見した。ところが、そのエステル類をワインにさらに追加しても果実味は高まらなかった。ワイン中のほかの成分によって抑え込まれてしまったからである。アルコールにも同じ抑制効果があることを研究者たちは別の実験で示した。ワインに含まれているのと同じ濃度で九種類のエステル類を水に溶かし、そこにエタノールを徐々に加える。すると、溶液のアルコール度数が上昇するにつれてフルーティな香りが急速に失われていったのである。アルコール度数が一四・五度に達すると、フルーティな香りは完全に消された。

アルコール度数がしだいに上昇しているのは、たしかに生産者が収穫をあえて遅らせているせいもある。これは、よりこくがあって、甘い果実味をもつワインを消費者が望んでいると考えてのことだろう。しかし、少なくともいくつかの地域については、生産者の判断ではなく平均気温の上昇が原因でアルコール度数が高くなっている。この場合、生産者がアルコール度数の高いワインを造りたくなくても、糖度が非常に高くなるまで収穫を待たざるをえない。なぜかといえば、そうしないと風味が十分に成熟しないからである。

二〇〇八年に発表した研究のなかで、オーストラリアのペトリーとサドラスは一九九三年からの一三年間にわたってオーストラリアのブドウの成熟がどう進んだかを調べた。彼らが研究対象にしたのは、国内のさまざまな産地における三つの品種である。結果は驚くべきものだった。この短いあいだにいくつもの地域で、実が熟したとされる日付が毎年〇・五〜三日ずつ早くなっていたのである。気候変動がブドウの季節のサイクルに目に見える影響を及ぼしているのは間違いなさそうだ。しかし、なぜこのせいでワインのアルコール度数が高くなるのだろうか。ブドウの暦《こよみ》が早くなったのに合わせて、少し早めに収穫すれば済むことではないのか。

どうやらそうではないらしい。サドラスとモランはある論文のなかで、温暖化傾向のせいで「風味の成熟」と「糖の成熟」の乖離《かいり》が起きている、と指摘している。これは非常に興味深い考え方なので、少し説明を加えたい。

ブドウの成熟はふたつのプロセスに分けられ、一般に「糖の成熟」と「風味の成熟」として知られる。風味の成熟は「フェノール類の成熟」または「生理学的成熟」とも呼ばれ、サドラスとモランの研究ではその度合いを推し量る目安としてアントシアニンが使われた。風味が成熟するためには、化学的な性質が新たな段階に移行し、その結果としてブドウのなかの風味化合物とその前駆物質の濃度が変化する必要がある。このプロセスと、糖分の蓄積（これと並行して酸度の減少が起きる）との足並みがそろえば申し分ない。簡単にいって、糖は光合成がなされているあいだはたえず蓄積していく。つまり日光が当たっている時間だ。一方、風味の熟成は呼吸のプロセスを介して進行するため、日光の有無には左右されず、気温の影響を受ける。

理想の筋書きどおりに進めば、ブドウが風味の成熟に達した時点ではまだ程よい酸味が残り、適量の糖分がほどほどのアルコール度数を生む。だが、糖の成熟が速く進みすぎると、風味が成熟する頃には糖度が非常に高く（したがってアルコール度数も高く）なってしまい、酸度も低すぎて醸造過程で補わなければならないほどになる。

サドラスとモランの研究では、気温の上昇が糖とアントシアニンの連動にどう影響するかを調べた。研究の舞台となったのはバロッサ・ヴァレーの実験用ブドウ畑。二〇一〇年と二〇一一年の成長期に、隣接する何列かのブドウの木を使って三つの実験を行なった。第一の実験では、シラーズ種とカベルネ・フラン種のブドウを受動的オープントップ・チャンバー（上部を開放したビニールハウスのようなもの）で囲み、日中の気温を上昇させる。ただし、夜間の気温や湿度は変えない。それを、何の処置もしていないブドウと比較した。第二の実験では、作物荷重を減らした状態で同じ気温上昇の実験を行なう。第三の実験では、灌水を制限した状態で同じ気温上昇の実験を行ない、通常レベルの灌水の場合と比べる。

データからは、糖の蓄積とアントシアニンの蓄積とのあいだに興味深い関係が存在することがうかがわれた。この蓄積にはふたつの段階がある。まずはじめに、アントシアニンは変化しないままに糖分が増え、それからどちらもが二本の平行線となって直線的に上昇していくのだ。実験の結果、気温が上昇すると、風味の熟成が開始される時期（直線的上昇に入る段階）が遅くなることがわかった。ただし、直線段階で糖とアントシアニンが蓄積する度合いはまったく変わらなかった。

おもしろい結果が出たのは第三の実験である。気温が通常より高い場合、灌水を制限したほうが糖に対するアントシアニンの比率が高まったのである。ほかの複数の研究でも同様の結果が得られていることから、気温上昇のせいで乱れた風味と糖のバランスを回復させるには灌水制限がひとつの手段となるかもしれない。これとは対照的なのが第二の実験だ。実の量を減らしてもバランスを回復する役には立たないようだ。

部分的に干しブドウのようになった実。長期間木に残しておいたことによる。実には非常に濃厚でジャムに似た果実味が現れ、糖度が上昇して潜在アルコール度数が高くなる。

これは重要な論文である。このところ赤ワインのアルコール度数が上昇している理由が、ただ単に流行によるものだけではないことを説明してくれる。オーストラリアのブドウ産地で温暖化が起きているせいで、ほどほどのアルコール度数が得られる時点ではまだ風味が適切に成熟していないのだ。灌水を制限することが対策のひとつになりそうではあるが、ほかにもバランスを回復する介入法があるかもしれない。

解決のためのテクノロジー

あなたが造ったワインのアルコール度数が高すぎても、心配はいらない。コーンテック社やワイン・シークレッツ社といったカリフォルニアの企業がアルコールを取り除いてくれる。あるいは昔ながらのやり方でマストを水で薄めてもいい。これは温暖な地域で広く行なわれているが、本当は違法である（ただしカリフォルニア州の規制では、醸造過程で添加物が用いられている場合にはかなりの量の水を加える自由裁量が認められている）。このせいで実際に逮捕されるおそれはまずないものの、同位体分析などの技術を使えばマストを薄めたかどうかがわかってしまうという難点がある。

一方、アルコールを除去する方法にはふたつあって、どちらも違法ではない。ひとつは「逆浸透法」で、クロスフロー濾過と呼ばれる技術を利用している。先ほども触れたように、腎臓の毛細血管のようなクロスフロー濾過フィルターにワインを流すというものだ。膜にむりやり通すのではなく、濾過膜でできた管のなかを圧力をかけながら通す。こうすると膜の孔の目詰まりを防げるという利点がある半面、表面積を非常に広くしなければならない。これを実現するため、何本もの細い管でできた円筒が用いられる。ワインが管を通ると、透過液が取り出される。透過液の主成分は水と酢酸とアルコールだ。透過液を蒸留するか（クラーク・スミスはこのプロセスの特許をもっている）、別の膜に通す（「メムスター」と呼ばれるプロセス）かすると、アルコールを除去できる。残った透過液をワインに戻せば、低アルコールワインのできあがりだ。これをブレンド用として使い、好みの度数のワインに仕上げればいい。

アルコールを除去するもうひとつの技術が「スピニングコーン・カラム」で、逆浸透法とはまったく異なる原理を利用している。この技術を商品化したのはアメリカのコーンテック社だ。装置の中心となるのは、スピニングコーン・カラムと呼ばれる大きな円柱（カラム）である。このなかには、円錐（コーン）を逆さまにしたようなものが四〇個ほど縦に積み重なっており、それぞれ回転するものとしないものとが交互に配置されている。円柱内は真空状態になっており、上からワインを注ぐと、円錐が回転する遠心力でワインは薄膜状に広がりながら下に伝い落ちていく。円柱の底から蒸気を注入することで、ワインの香気成分が蒸気とともに上に運ばれる。一回目には、繊細な風味や香りをもつ超軽量の成分が上昇し、凝縮される。これは回収しておき、あとでワインに戻すのに使う。二回目には、除去したい量だけアルコールを取り除く。残った液体に、先ほど取り除いた香気成分とこのアルコールを戻せば、理論のうえでは元どおりのワインが再現できる。

現在、コーンテック社は全世界におよそ六〇〇の顧客を抱える。最も新しい数字によると、この方法で処理されたワインは年間三〇〇〇万ℓ近くにのぼる。もっとも、この方法で処理してあとでワインに戻すのは、ワイン全体のごく一部（約一割）にすぎない。そのため、実際にアルコール度数が低くなったワインの量でいうと、年間で三億ℓ近くになる。コーンテック社はカリフォルニアだけでなく、チリや南アフリカ、スペインにも工場をもっている。スピニングコーン装置の価格は約一〇〇万ドル。一方、逆浸透法の装置は三万ドル程度であり、移動できる大きさでもあるので、ワイナリーでアルコールを除去することが可能になっている。

この種の技術にとって壁になるのがさまざまな規制だ。アメリカでは、アルコール除去のためにスピニングコーンを利用することが認められているが、ヨーロッパでは最近まで実験ベースとしてしか許可されていなかった。どういうことかというと、五〇〇万ℓまでならワインの処理が認められているものの、そのワインは原産国の外に出ることができない。しかし、二〇〇八年一一月に欧州連合の規制が変わり、地域のアペラシオン法でこの技術が認められていれば、アルコール度数にして二度までならアルコールを除去していいことになった（フランスではAOPの多くでまだこれが許可されていない）。

スピニングコーンや逆浸透法でアルコールを除去したワインを味わってみると、さまざまなワインの成分を感じるうえでアルコールが大きな影響を及ぼしていることがよくわかる。「アルコールには、ほかの成分を抑えてしまう作用があります」と指摘するのは、かつてコーンテック社で醸造責任者を務めたスコット・バー。「ですから、アルコールを取り除いてみると、本来そこに何があったのかがわかります。アルコールには甘味を加える働きもあります」。

ヴィノヴェーション社のクラーク・スミスの計算では、カリフォルニア産の高級ワインのうち四五%が逆浸透法かスピニングコーンによってアルコールを除去されている。今や世界中のワイン産地にアルコールの除去が広まりつつある。しかし、批判がないわけではない。ワインの一部にかなりの物理的な力を加えることから、人為的な色合いが強い技法と受け止められるためだ。

たしかにワインを「自然な飲み物」と見なす人からすれば、違和感を覚えるのは間違いない。だが、風味を十分に成熟させるか、ほどほどのアルコール度数を実現するかの二者択一を迫られるような環境にあれば、生産者はブドウ畑でできることは何でもするだろう。だとしたら、苦肉の策としてアル

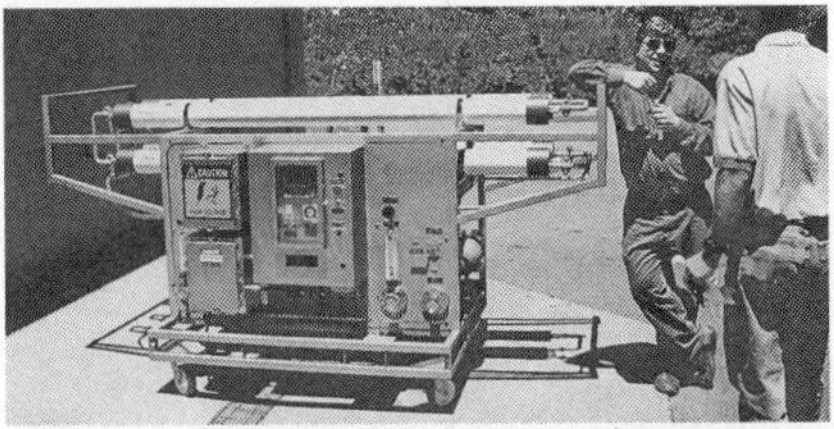

逆浸透膜装置（写真提供／クラーク・スミス）

スピニングコーン・カラム

コール除去技術を利用したとしても言い訳が立つのではないだろうか。人為的な色彩が強いのは事実だし、ほとんどの高級ワイン生産者はできるだけ人の手を入れずにワインを造りたいと思っている。しかし、こうした技術を用いれば、自らのルーツ（ブドウ畑の環境やテロワール）をより雄弁に物語るワインが造れるかもしれないのだ。それはじつに魅力的な可能性ではないだろうか。正統から外れた意見に聞こえるのはわかっている。だが、伝統を重んじる生産者はテロワールを表現しようと努めている。アルコール除去技術は、それを達成する一助になりうるものだ。地球温暖化の影響を相殺する手段として、アルコール除去技術が高級ワイン造りにおいて果たせる役割は大きいといえないだろうか。

こうした技術は単なる道具にすぎず、道具自体は善でも悪でもないとよくいわれる。大事なのはどういうふうに使うかだと。テロワールを最適なかたちで表現するワインを造りたいと真摯に思っているのに、アルコール濃度が高いせいでほかの風味が抑えられ、甘いワインになってしまっているとしたら、地味をより強く表現できる（少なくとも理論上は）ワインを造るためにそういった道具を利用する手はある。

「正直にいうと、昔そういう技術を利用してアルコールを除去したことがあります」と、カリフォルニアの醸造家、ランダル・グラムは打ち明ける。「でも今は使用に反対しています。水で薄めるのも同じです。ブドウ畑で正しく作業していれば、そんな極端な解決策に走らなくてもいいはずです」。

グラムはさらに続ける。「ワイナリーでアルコール度数を抑える方法はほかにもあります。うちでやっているのは、蓋のないオープントップの発酵槽を使うこと、発酵温度を上げること、それからとくに大事なのがその土地固有の酵母を使用することです。少なくとも私たちのワイナリーでは、『野生の』酵母が素晴らしい仕事をしてくれます。野生酵母を使うと、発酵ははるかにゆっくりと、しかも均一に進行します」。

人為的にアルコールを抜いたワインの風味を化学的に比較した場合、通常のワインとどこが違うのだろうか。これについては、第三者機関による研究が明らかに不足している。ロジャー・ボールトンも同じ意見だ。ボールトンは、カリフォルニア大学デイヴィス校のワイン醸造学と化学工学の教授である。「処理したワインと未処理のワインを比較したとき、処理後のワインが人間にどう感じられるのか。それについて調べた第三者機関の報告書はひとつもありません」と彼は指摘する。「あるのは、技術提供者のうたい文句と、選ばれた証言ばかり。複数のワインを比較した論文が発表されたことはありません」。ひとつ補足しておくと、クロスフロー濾過でアルコール度を下げる技術はけっして目新しいものではなく、すでに一九八〇年代半ばから試みられている。ただ、脚光を浴びるようになったのがつい最近ということだ。

ワインのアルコール度を減らす昔ながらのやり方に、糖度の高いマストに水を加えるというものがある。これはもちろん違法だが、広く行なわれている。難点は、ワイン中の成分すべてが薄まってしまう点だ。醸造家のなかには、逆浸透法でワインから水とアルコールを除去したあと、ブドウとは無関係のただの水を加える者がいる。これは、透過液を蒸留するより安価にできるものの、やはり違法であることに変わりはない。

マストの濃縮

逆浸透法は、ヨーロッパの伝統的なワイン産地にも居場所を見つけた。ここでの問題は、収穫期が秋雨の始まりと重なることである。収穫中に雨が降ると、水っぽいワインができてしまう。素晴らしいヴィンテージ・イヤーになりそうな年が、雨で台無しにされるケースは少なくない。スミスはこう説明する。「ボルドーでは、ブドウが完全に熟すのを待っていたら、雨のなかに実を放置することになってしまいます。逆浸透法を利用すれば、雨水を取り除いて風味を濃縮し、アルコール度のバランスもとることができます」。雨の問題に対処するために、これまでは補糖をするという「伝統的な」手法が広く用いられてきた。だがこれは、全体の水っぽさを無視して、単にアルコール度のバランスをとるために砂糖を加えているだけだとスミスは指摘する。

逆浸透法をマストの濃縮に利用するには、ひとつ問題がある。濾過装置を詰まらせないために、果汁から固形物を除いておかねばならないという点だ。そのため、濃縮される量が少ないほど手間がかからない。このことが、逆浸透法による濃縮を赤ワインになかなか使えない要因となっている。発酵前にマストから固形物を除くことをいやがる生産者もいるからだ。現在の逆浸透膜装置は一平方センチ当たり約一〇五キロの圧力で作動し、マストのごく一部の糖度を四二%に濃縮できる。これはブレンド用として使う。

マストから水を除去するもうひとつの方法に、減圧蒸留法がある。真空下でマストを熱し、約二五〜三〇℃にするというものだ。一時間に一二〇〇〜九五〇〇ℓ程度のマストを処理でき、約一八〇〜一五〇〇ℓの蒸発能力をもつ。かつてこの装置はかなり普及していて、逆浸透膜装置より前から利用されていた。しかし、この方法には欠点がある。マストを加熱すると香りが失われるうえに、バタースコッチやキャラメルの風味が生じるのだ。それに、この装置は逆浸透膜装置に比べてかなり高価である。もうひとつ触れておきたいのは、たいていの場合、装置のメーカーがうたっているより高い温度にマストを加熱しなければならない点だ。業界の人々によると、マストを約四六℃まで加熱しないと効果が得られないという。その温度ではマストの性質が大きく変わるおそれがある。

ここまではいいとしよう。逆浸透法にしろ減圧蒸留法にしろ、マストから余分な雨水を除去するのは、原則としてブドウの欠点を修正したいからにすぎない。問題は、濃縮された味わいのワインが市場でもてはやされることにある。そのため生産者は、雨水を除くだけではなく、もう少し濃縮したいという誘惑にどうしても駆られてしまう。それはそれで欠点があっても、である。

逆浸透法や減圧蒸留によるマストの濃縮はＥＵでは許可されているものの、その使用は、量にして最大二〇%の減少と、潜在アルコール濃度にして二度の上昇までに制限されている。同じワインに対して補糖と濃縮を両方行なうことは禁止されている。だが、その範囲にとどめたとしても濃いワインが造れるのはたしかだ。伝統的なやり方で同じことをしようと思えば、畑の環境を整え、収量を落とし、念入りに実を選ぶしかない。今やそれと区別しがたいほどのワインができる。

マストの濃縮はどれくらい広まっているのだろうか。実態を正確につかむのは難しい。こうしたサービスを提供している会社は顧客の名前をいいたがらないし、サービスを利用しているワイナリー側もわざわざ宣伝したりはしないからだ。私は何人もの人に尋ねて回ったが、唯一明確に得られた答えは、「思っている以上に多い」というものだった。ボルドー・ワインの専門評論家、ジェームズ・ローザーによれば、ボルドーでは六〇台以上の逆浸透膜装置と、それと同じくらいの数の減圧蒸留装置が稼動中である。さらに、逆浸透法のサービスを提供する会社も多数あって、どこも収穫期には大忙しだという。マストの濃縮はブルゴーニュでも行なわれているが、規模ははるかに小さい。

ヨーロッパのほかの地域では、近々、技術革命が起こりそうな気配である。ドイツでは、おもにバーデンや南部の地域で、一〇〇を超えるワイナリーがマストの濃縮を試みている。マストの濃縮は白ワインのほうがやりやすい。発酵前の果汁から固形物を取り除くのが、赤ワインの場合ほど難しくないからだ。イタリアでは、ピエモンテ州、トスカーナ州、アルトアディジェ州で逆浸透膜装置が利用されている。スペインでは変化が起こり始めたばかりのようだ。

マストを濃縮するのではなく、完成したワインを逆浸透法で濃縮する試みもある。しかし、これを合法と認める国はまだ少ない。リチャード・ギブソンは、かつてオーストラリアのワイナリー、サウスコープ社で働き、今ではスコーペックス社というコンサルティング会社を経営している。彼はオーストラリアのリヴァーランドで、水っぽいブドウを使って実験をした。できたワインを四〇%濃縮すると、さまざまな香気成分が感じられるようになって、じつに興味深い味になった。六〇%濃縮すると、彼が茶目っ気たっぷりに「グランジ〔オーストラリアの最高級赤ワイン〕にブレンドできるほどのワイン」と呼ぶものになった。ただし、完成ワインを濃縮する技術にはふたつの欠点が考えられる。ひとつは、ワインがもともと欠陥のないものでなければならない点。未熟な香りや青臭さがあれば、好ましい風味成分と一緒に濃縮されてしまうからである。もうひとつは、濃縮する関係で量が減ってしまう点だ。場合によっては、そのせいで採算がとれなくなるかもしれない。

テクノロジーの利用は罪か

ここで重要な問いを投げかけてみたい。上質なワインを造るうえで、こうした人為的介入（アルコール除去やマスト濃縮のみならずミクロ・オキシジェナシオンも含む）は適切なのか、誠実なやり方といえるのか。平たくいえば、それは偽装ではないのだろうか。クラーク・スミスも次のように指摘する。「最近では、新しいハイテク技術の効果が疑われることはほとんどありません。そういう技術を使ったら地獄に落ちるのではないか、という点が議論の中心なんです」。

ランダル・グラムはこの件について注目すべき指摘をしている。テクノロジーによる介入がいいか悪いかは、どういう状況で使われるかによる、というのだ。「アペラシオン・ワイン〔原産地名を冠したワイン〕を造るのであれば、生産者は暗黙の契約を結んだのと同じこと。そのワインならではの個性《ティピシテ》を保つと約束したことになるわけです。収穫年ごとの特徴ももちろん個性《ティピシテ》の一部でしょう。その特徴を何かの技術で消し去ってしまったら、どれだけ評判のいいワインを造っていようと、その生産者は不誠実だといわざるをえません。ですが、テーブルワインや新世界ワインを造るなら話は別です。この場合、生産者に課せられるのは消費者との契約だけです。できるだけ上質なワイン、つまり消費者にワインの『喜び』を提供するワインを造ればいいのです」。

結局、技術革新そのものよりも、ワイン生産者がどういう気概をもって何を目指してそれを使うかが重要だといえそうだ。自分のテロワールが許す範囲で最良のワインを造ろうと情熱を傾けている人なら、かりにそうしたテクノロジーを利用するとしても無責任に乱用することはないだろう。

いずれにしても、この問題についてオープンに話すのが悪いことであるはずがない。その議論に消費者も加われるように、十分な情報を提供することが大切だ。自分たちが買っているワインにどれほどの「介入」が許されるのか、消費者にも意見をいう権利がある。この点についてスミスはワイン・ライターを批判する。ライターが消費者を適切に教育できていないと考えているのだ。「ワインの品質を高めるために実際に行なわれていることと、ワイン・ライターが消費者向けに選ぶ話題とのあいだには大きなギャップがあります」とスミスは指摘する。「ワインのイメージを守ろうとしている。実態が知られたら、神秘性がなくなると思っているんでしょうね」。

14章　亜硫酸の働きと添加の是非

亜硫酸《ありゅうさん》。これほど議論されながら、これほど誤解されているテーマも珍しい。醸造家やワイン商、ワイン・ライターのみならず、消費者までもがしきりに亜硫酸を話題にする。だが醸造家を除けば、この問題を正しく理解している人はほとんどいないのではないだろうか。亜硫酸はかなり専門的なテーマであり、ワイン造りの化学にかかわる問題だ。しかし本章ではできるだけわかりやすく、興味深く読めるように紹介しながら、なおかつ内容の深さを失わないようにしていきたい。亜硫酸の使用は重要なテーマである。そこにどんな問題がかかわっているのかを適切に把握しておいて損はない。

亜硫酸はワイン造りに大切な役割を果たしている。「化学物質の門番」として、ワインの品質に目を光らせているのだ。本章ではまず、亜硫酸がなぜ必要なのか、どのように働くのかを解説する。そのうえで、どう使うのが一番いいのか、使いすぎや使わなすぎがなぜいけないかについても見ていく。最後には、勇気ある試みに挑む醸造家たちを紹介したい。彼らはいっさいの添加物を拒否し、亜硫酸についても、ほとんどもしくはまったく添加せずにワイン造りをしている。

なぜ亜硫酸はワイン造りに欠かせないのか

亜硫酸（SO_2）はワインの品質を守るためにふたつの仕事をしている。一番重要なのは酸化の悪影響を防ぐことだ。もうひとつは、抗菌剤として働くことによって、ワイン中に悪玉微生物が増えないようにすることである。オーストラリアワイン研究所（AWRI）のピーター・ゴッデンは、亜硫酸を「魔法の物質」と呼ぶ。このふたつの効果を非常に低濃度で発揮するからだ。「なにしろ、最大でも一五〇ppm（一ℓ当たり一五〇mg）という濃度です。ほとんどのオーストラリアワインではもっとはるかに少ないですし」。

近年、亜硫酸の正しい使用法については、ゴッデンとAWRIインダストリー・サービシズの同僚がオーストラリアの醸造家にたびたび助言をしている。その結果、状況は目に見えて改善されている。

オーストラリアワイン研究所のピーター・ゴッデン。

遊離亜硫酸と結合亜硫酸

亜硫酸の効果を理解するうえでは、遊離亜硫酸と結合亜硫酸の割合が大きな鍵を握っている。亜硫酸はワインに添加されると溶解し、その一部がワイン中の化学成分と反応して「結合型」になる。結合型の亜硫酸は、醸造家にとって（少なくとも一時的には）存在しないも同じになる。抗酸化作用や抗菌作用が微々たるものだからだ。ワインにはさまざまな化合物が含まれているため、亜硫酸との反応が起こる。

醸造家は定期的に、亜硫酸全体（総亜硫酸）の量と遊離亜硫酸の量を測定する。その差が結合亜硫酸の量になる。重要なのは、遊離亜硫酸と結合亜硫酸とのあいだに平衡が生じるということだ。つまり、遊離亜硫酸が使い尽くされると、結合亜硫酸の一部が結合を解いて遊離型になる。ただし、実際はこれより少しややこしい。結合亜硫酸には、遊離型に戻れるものとそうでないものがあるのだ。遊離亜硫酸のほうも、ほとんどは比較的不活発な亜硫酸水素イオン（HSO_3^-）として存在し、活発な亜硫酸分子として残るのは少量にすぎない。醸造家が注目するのはこの亜硫酸分子の濃度だ。通常、白ワインでは一ℓ当たり〇・八mgの亜硫酸分子を含むことが目標とされ、それを達成するには一ℓ当たり一五〜四〇mgの遊離亜硫酸が必要となる。赤ワインの場合はもっと少ない量で済む。

pH《ペーハー》の重要性

亜硫酸の作用を左右する要因のひとつがpH（ペーハー）である。pHは、溶液がどれくらい酸性かアルカリ性かを示す尺度だ。pH七が中性で、七より小さいとその溶液は酸性、大きいとアルカリ性に傾く。pHの値が小さければ小さいほど、ワインの酸性度が強くなるというわけだ。ワインはすべて酸性（pHが七よりも小さい）で、なかにはpHがずいぶん低いものもある。pHはここではふたつの点で重要である。まず、pHが高くなると、遊離亜硫酸を同濃度に維持するためにもっと多くの総亜硫酸が必要になること。もうひとつは、pHの低いほうが亜硫酸の効果が高まる（働きが良くなる）という点だ。つまり、同じ量を添加しても、有用な遊離型が多く得られるだけでなく、働きも良くなる。二重の利点があるといえる。これを左の表に示した。

pH	遊離型亜硫酸の比率（%）
2.9	7.5
3.0	6.1
3.1	4.9
3.2	3.9
3.3	3.1
3.4	2.5
3.5	2.0
3.6	1.6
3.7	1.3
3.8	1.0
3.9	0.8

pHの違いによる遊離型亜硫酸の比率

この魔法の分子の最も役立つ特性は、ワインを酸化の影響から守ってくれることである。酸化については10章で詳しく取り上げたので、ここではあまり詳細に立ち入らない。ワインのなかでは二種類の酸化が生じる。ひとつはブドウのマストのなかでのみ起きるもので、オキシダーゼと呼ばれる酸化酵素が原因となる。実が傷ついたり腐ったりしているとこの酵素の濃度がかなり高くなるため、そういう可能性がある場合にはとくに十分な量の亜硫酸を使うことが肝心だ。ワインを造る際はできるだけきれいなブドウを選び、菌類による傷みが可能な限り少ないものを原料にする必要がある。ということは当然、貴腐《きふ》菌のついたブドウから造られる甘口のワインは、酸化を防ぐために多量の亜硫酸を添加しないといけないことになる。また、貴腐ワインには、遊離亜硫酸と結合しやすい化合物が多量に含まれる。そのため、大量の亜硫酸を添加してもなお、遊離型の量が十分でないという結果も起こりうる。

　ワインのなかで生じるもう一種類の酸化は化学反応によるものだ。酸素自体は反応性が際立って高いわけではないが、還元された遷移金属イオンが存在すると反応性が高くなる。おもに鉄イオンと銅イオンだ。酸素とフェノール類が反応するとキノンが生成されるほか、酸化作用の強い過酸化水素も作られる。亜硫酸は酸素自体と反応するのではなく、遊離型としてキノンや過酸化水素と結びつき、それらが働かないようにする。この作用がないと、キノンや過酸化水素はワインに含まれるほかの成分と反応を続けてしまう。亜硫酸は、酸化の結果として生まれるエタナール（アセトアルデヒドともいう）のような物質とも結合する。エタナールは、そのままの状態だとワインに酸化特有の味や匂いを生じさせる。したがって、亜硫酸はワインの酸化を防いでいるわけではなく、酸化によって生じたダメージが広がらないようにして混乱の拡大を防いでいるといったほうがいい。

　赤ワインより白ワインのほうが、酸化を防ぐために高濃度の亜硫酸を必要とする。これは、赤ワインのほうがポリフェノール類を多く含むためだ。ポリフェノール類には天然の抗酸化作用がある。還元的に処理される白ワイン（醸造にステンレススチールと不活性ガスを使用して酸素にさらさないようにする）はとくに酸化に弱いので、注意深く酸素から守らなければならない。

　ワインの熟成はいわゆる「還元的な」過程である。酸素がない状態で適切に進むため、コルクであれスクリューキャップであれ、栓で確実に密閉することが大切だ。最高の瓶内熟成を実現するには、微量の酸素が必要という意見もある。だが、酸素が著しく流入したら、酸化が急速に進むという点については誰にも異論はない。ワイン中の化合物と酸素が結合すれば、風味に悪影響が及ぶ。

亜硫酸には殺菌作用もある。真菌類（悪玉酵母）や細菌の増殖を抑えるばかりか、濃度が十分高ければ死滅させることもできる。ありがたいことに、亜硫酸は酵母よりも細菌に対して活発に働く。つまり、適切な濃度で用いれば、善玉の酵母は働かせたまま悪玉菌の増殖を妨ぐことができる。亜硫酸は、天然酵母発酵の場合にも添加されるのが普通だ。ブドウの果皮に付着していた天然酵母は、一部が死滅するものの、強い系統が生き残って優先的に選択される。甘口のワインと無濾過の赤ワインは悪玉菌が増殖するリスクが高いので、適量の亜硫酸を添加することがとくに重要だ。

以上のことからわかるように、ワイン造りに十分な亜硫酸を使わなければワインが酸化するうえ、厄介な微生物増殖によって異味・異臭が生じるという二重のリスクを負う羽目になる。さらには、ボトルによって品質にかなりのばらつきも出るだろう。

亜硫酸を正しく使うには――重要なのは比率

こう書くと、大事をとって亜硫酸の使用量を増やそうと考える醸造家が出てくるかもしれない。だが、ワインの品質を守るためには、「もっとたくさん使う」のではなく

「もっと賢く使う」ことが最善の方法だと、オーストラリアワイン研究所（ＡＷＲＩ）のピーター・ゴッデンは指摘する。彼によれば、重視すべきは遊離亜硫酸の濃度そのものではなく、結合亜硫酸に対する遊離亜硫酸の比率だ。つまり、亜硫酸を効果的に使用する鍵は、全体に占める遊離亜硫酸の比率をできるだけ高くすることにある。「醸造中は、その比率を目安にして品質管理をするのが一番いいと思いますね」とゴッデンはいう。

では、どうすれば適切な比率が得られるのだろうか。それにはまず、健康なブドウを使うことが重要である。腐れ病にやられたブドウには、酸化を促す酵素や、亜硫酸と結合しやすい化合物が多く含まれている。必要に応じて適度に濾過することも、亜硫酸の効果を高めるのに役立つ。濾過によって微生物の個体数が減れば、亜硫酸がより効果的に働ける環境になるからだ。ワイナリー全体を清潔に保つのも有効である。

とはいえ、ワイン造りにあたって最も大切なのはたぶん次の二点だろう。ひとつは、澱《おり》引き（底に溜まった澱を取り除くこと）、澱下げ（澱を沈殿させてワインの濁りを取ること）、（必要に応じた）濾過を注意深く行なって濁りを抑えること。もうひとつは、適切なタイミングで適量の亜硫酸を添加することである。醸造の過程では、ワインの酸化や雑菌の増殖が起こりやすい段階が三つある。実の破砕の段階、マロラクティック発酵（マロラクティック発酵を行なわない場合はアルコール発酵）の最終段階、そして瓶詰めの段階だ。それぞれ相当量の亜硫酸を添加することが望ましい。添加する総量が同じなら、少しずつ何度も加えるより、少ない回数で一回当たりの量を多くするほうがはるかに効果的だ。少しずつ何度も加えていると、遊離亜硫酸が十分な濃度に達しないため、亜硫酸の効果が落ちるおそれがある。

人体への影響

今度は消費者の側に立ってみたい。亜硫酸は体にいいのだろうか。この問いにひと言で答えるなら、「そうとはいい切れない」である。一部の喘息患者に対しては、一ℓ当たりわずか一mgの摂取でも有害反応を引き起こすおそれがある。このため、喘息患者にはワインをいっさい飲ませない医師もいるようだ。ほとんどの人については、ワイン造りに使われる程度の量ならおそらく無害だろう。ただし習慣的にワインを飲む人は、医師が推奨する量より多く摂取している可能性がある（大事をとって推奨水準が低めに定めてあるとの意見もあるが）。

ワイン中の亜硫酸濃度はいろいろな国で規制の対象になっている。EUはワインのタイプ別に最大許容量を定めている。一ℓ当たり、辛口赤ワインなら一六〇mg（一六〇ppm）、甘口白ワインは三〇〇mg、貴腐ワインは四〇〇mgだ。オーストラリアの場合、辛口ワインには一ℓ当たり二五〇mgまで、残留糖度が一ℓ当たり三五mgより多いワインには三五〇mgまでなら認められている。アメリカでも許容量の上限は似たようなものだが、一ℓ当たり一〇mg以上の亜硫酸が入ったワイン（亜硫酸を添加しなくても自然にこの程度の濃度にはなる）はすべて、「亜硫酸塩含有」と表示しなければならない。世界保健機関（ＷＨＯ）は動物実験の結果をもとに、亜硫酸の一日の推奨摂取量を体重一キロ当たり〇・七mgと定めている。単純計算すると、体重七〇キロの人なら一日の亜硫酸許容量は四九mgだ。一ℓ当たり一五〇mgの亜硫酸を含むワインのボトルを半分飲めば、許容量を上回る五六mgを摂取することになる。

頭痛や顔の赤らみなど、ワインに対して有害反応が出る人は、それを亜硫酸のせいにしがちだ。化学添加物はいかにも怪しく見えるのだろう。だが、ワインに対する有害反応は複雑な問題であり、いろいろな論文を見ても原因物質はほとんど特定されていない。しかも、ワインより高濃度の亜硫酸を含む食材は多い。最も含有量が多いのはドライフルーツで、一般にワインの一〇倍の亜硫酸が含まれている。

亜硫酸無添加ワイン――自然なワインを求めて

このように亜硫酸はワイン造りに欠かせないものといえる。では、なぜ亜硫酸なしでワインを造りたがる人がいるのだろうか。理由はふたつある。ひとつには、自分の体に入るものに対して消費者の関心が高まり、化学物質の入ったものを買いたがらない傾向にあるからだ。事情をよく知らずに「亜硫酸添加」と聞くと、無用の化学物質を添加しているように思える。このことが「添加物不使用」ワインの需要を生んでいる。もうひとつの理由としては、ワインを自然の産物と考える情熱的な醸造家たちの存在がある。

亜硫酸の排除は、一〇〇％自然なワインを造るための最後のハードルと見なされているのだ。

本書の旧版を二〇〇五年に執筆したとき、自然なワインを求める動きはまだ小さなグループに限られていて、変わり者の数人だけが亜硫酸を添加せずにワインを造っていた。それから八年、今やその集団は何百もの醸造家が名を連ねるほどに膨れ上がり、活況を呈している。瓶詰めの際にだけ少量の亜硫酸を添加するケースが多いものの、まったく添加しないという人も少なくない。

今やフランスではこうしたワインのためのたしかな市場があり、自然派ワインを飲ませるバーやレストランも数十軒ある（もっと保守的なロンドンにさえ自然派ワインに特化したワインバーが何軒かある）。実際に亜硫酸無添加ワインへの需要が生まれたのは一九八〇年代のこと。パリにあるいくつかのワインバーが、ブドウそのもののおいしさを伝える混じりけのない新鮮なワインを出したいと考えたのが始まりだった。亜硫酸無添加で造るワインのほうが純粋な果実の味がするうえ、香りもおもしろいと生産者は口をそろえる。それに、飲みすぎても、あとで頭が痛くなりにくいらしい。

亜硫酸無添加ワインにとっては、貯蔵の問題が最大のネックになっている。出荷から販売まで、ワインをつねに約一四℃以下に保たねばならない。消費者が生産者から直接ワインを買って、それをすぐに温度管理されたセラーに入れるなら話は別だが、現代の小売事情を考えると厳密な温度管理は期待できそうにない。この理由ひとつだけをとっても、亜硫酸無添加ワインが広まる可能性は低いだろう。たとえ無添加のほうが味や香りが優れていると証明されたとしても、である（しかもそうでないと主張する人が大勢いる）。亜硫酸を使わないワイン、もしくはごく少量しか使わないワインが成功するためには、品質の良いブドウを使うことや、ワイナリーを非の打ち所なく清潔に保つことなども重要である。

ひとつ指摘しておきたいのだが、かりに醸造過程で添加しなくても、ワイン中には多少の亜硫酸がかならず存在する。発酵の副生成物なのだ。一ℓ当たり約五〜一五mgという少量を、酵母がごく自然なプロセスとして作り出す。したがって、本当に亜硫酸ゼロのワインなどありえないことになる。

亜硫酸無添加のワインはワイン造りにおいては異端であるし、売上も小さいといわざるをえない。それなのになぜ関心を集めるのだろうか。亜硫酸無添加ワインをニューヨークに輸入していた故ジョー・ドレスナーは鋭い点を突いている。亜硫酸無添加ワインの生産者は、概してワイン界の役に立っているというのだ。彼らが無添加という極端な姿勢を打ち出すことで、亜硫酸の使用を抑えようという傾向が全体に生まれ、使用量が明らかに減少したからだ。ヨーロッパの多くの地域では、これまであまりにも使われすぎていた。ドレスナーは、このパイオニアたちがかつての無濾過ワイン推進派に似ていると考えている。もちろん、誰もが無濾過で瓶詰めしているわけではない。だが最近では、品質志向の醸造家であれば、本当に必要でない限り濾過はしないのが普通だ。亜硫酸添加を低く抑えようという気運は生まれた。あとはこの魔法の分子の作用について理解を深め、ピーター・ゴッデンが説くようにもっと賢く使えるようになれば、あらゆる人にプラスとなるだろう。

15章　還元臭と硫黄化合物

こういうテーマについては、どういう調子で文章を書けばいいのだろうか。私はワイン醸造の専門家に何人も会って意見を聞いた。誰もが還元臭は重要な問題なので取り上げたほうがいいという。だが、これは恐ろしいくらいに専門的なテーマでもある。本章では、このかなり特殊な問題を一般読者にもわかりやすく解説すると同時に、必要とあらばためらわずに本格的なワインの化学にも斬り込んでいこうと思う。

「ワイン産業にとって還元臭は重要な問題だと思いますね」。そう語るのは、醸造家でコンサルタントでもあるサム・ハロップ。なぜだろうか。「還元臭とは何かがはっきり理解されていないからです。『還元臭』という表現はテイスティングで頻繁に使われますが、その意味を本当にわかっている人は少ないんじゃないでしょうか」。

では、「還元した」ワインとはどういうワインを指し、「還元臭」とは何を意味しているのだろう。何よりもまずワインにおける「還元」とは何だろうか。この言葉は、一群の揮発性硫黄化合物によって生じる香りの特徴を指し、よく「硫黄のような匂い」と表現される。しかし「還元」は誤った呼び名である。この言葉が生まれたのは、そうした特徴が往々にして酸化還元電位の非常に低い（ゆえに「還元されている」）ワインに生じるためだ。たとえば、澱《おり》引きをしないで樽を長いあいだ放置した場合などである。しかし理論のうえでは、酸化したワインに揮発性硫黄化合物が生じてもおかしくはない。

「『還元臭』という言い方は単純にもほどがありますね。誤解を招く表現です」とコンサルタントで醸造家のドミニク・デルテイユは批判する。「ワイン用語にはよくあることですが、テイスターというのは、自分の感覚と、化学的・物理的な状態とをすぐに結びつけたがるものなんです。実際にそういう状態があろうとなかろうと、お構いなしにね。還元臭はその最たるものですよ。私自身は、『還元臭』より『硫黄臭』と呼んだほうがいいと思うのですが」。通常「硫黄臭」は、「燃やしたマッチ」「ニンニク」「タマネギ」「リーキ（ニラネギ）」、あるいは「腐った卵」などと形容される。どんな言葉が選ばれるかは、風味の強さやテイスターの経験によって違ってくる。硫黄化合物は酸化状態でも存在するので、それにもかかわらず「還元」という言葉が使われると誤解を生むもとになる。デルテイユはこう話してくれた。

「この誤解のせいで、醸造家が技術的な過ちを犯すケースもあります。たとえば、ワイン

醸造家でコンサルタントのサム・ハロップ。ワインの欠陥に関する専門家として高い評価を受け、世界最大のワイン・コンペティションである「インターナショナル・ワイン・チャレンジ」で毎年「欠陥ワインクリニック」を開いている。

がすでに酸化しているのに、さらに空気に触れさせてしまう、などです。『還元』臭があるから、酸素が必要だと考えたのでしょうね」。

こうした問題がありながらも、還元という言葉は認知度が高く、便利でもあり、広く使われている。だから本書でもこの言葉を使っていこうと思う。

硫黄を含む化合物が生じるのは酵母のせいである。そこにかかわる化学反応はかなり複雑であり、まだ十分な解明もなされていない。しかし、現時点で明らかになっていることを踏まえてごく簡単な流れを説明してみよう。一般に、ブドウのマストには有機硫黄化合物（おもに硫黄含有アミノ酸のメチオニンとシステイン）が不足している。そういう状況下では、酵母が無機硫黄化合物を使ってそれらのアミノ酸を生成する。具体的には、まず硫酸塩が透過酵素の働きで酵母細胞に取り込まれ、別の二種類の酵素によって還元されて硫化物となる。その過程で硫酸塩から硫化水素イオンが作られる。次に、その硫化水素イオンがO–アセチルセリンまたはO–アセチルホモセリンと反応し、メチオニンやシステインができる。ただし、マスト中に十分な量の窒素が存在しないとこのプロセスは起きず、硫化水素は酵母細胞から外に放出される。硫化水素は反応性が高く、ワイン中のほかの成分と結合して問題の揮発性硫黄化合物を生成する。また、高濃度の亜硫酸塩が酵母の細胞内に入り込むことがあり、そうすると調節メカニズムを迂回して硫化水素が生成される。マストのなかに硫黄元素が含まれている場合にも同じ問題が起きる。

さまざまな方法で酵母にストレス（温度変化など）を与えた場合にも、還元臭の問題が生じるようだ。ただし、このプロセスは完全には解明されていない。酵母がどれくらい硫化水素を作るかは、酵母の種類によって異なる。したがって、少なくとも部分的には遺伝子がかかわっていることになる。

酵母細胞のなかでは別の重要な反応も起きている。先ほどとは別のプロセスによって、酵母がマスト中の前駆物質から多官能チオールと呼ばれるさまざまな揮発性のチオール類を生成するのだ。多官能チオールはワインにフルーティな風味を与える物質である。これは、とくにソーヴィニヨン・ブラン特有の香りを生むうえで重要である。パッションフルーツ香、ツゲ香、グレープフルーツ香のみなもととなるからだ（濃度が高すぎるとワインに少し「汗」の味が混じる）。この場合もやはり、酵母の種類によってチオールを作る能力に差があることから、遺伝子の役割が大きいことがうかがえる。

このところ還元臭が盛んに論じられている一因に、スクリューキャップの採用が増えていることがある。コルクは微量の酸素を透過させるので、スクリューキャップで栓をした場合よりワインの酸化還元電位が高い。スクリューキャップは酸素の透過率がはるかに低く、酸化還元電位も低くなる。スクリューキャップを採用している醸造家にとっては、これが失敗の一因となる。瓶に詰める前のワインには目立った硫黄臭がなかったのに、酸化還元電位の低い環境のせいでそれが不快な匂いに変わり、結果的にテイスターが気づくほどの「還元臭」となる。ジスルフィドが還元されてメルカプタン（チオールの別名）ができるのもそうした反応のひとつだ。したがって、醸造家がスクリューキャップを使うつもりなら、瓶詰め前の準備段階を変える必要がある。瓶詰め前によく行なわれるのが銅（硫酸銅）を加える方法だ。銅にはメルカプタンを除去する作用があるので、必要最小限を用いてワインをきれいにしている。

ニュージーランドの醸造家で、化学の博士号も取得しているアラン・リマーは、化学の知識を生かしてこのテーマについてさまざまな文章を書いている。リマーによれば、スクリューキャップによる還元臭は深刻な問題ではなく、十分な注意を払えば完全に除去できる。「要するに問題なのは、瓶詰め前の銅処理に反応しなかった複合硫化物からチオールが生成され、それが瓶詰め後に蓄積することにあります」とリマーは説明し、銅を使えば還元臭の問題を解決できるとする考え方に反論する。「この反応は、ワインに適切な前駆物質が含まれていたら、どんな栓を使おうとかならず起きます。しかし、栓の種類によって酸素の流入量が異なるため、結果としてワインの味や香りに大きな差が出るわけです」。

さらにリマーは次のように話してくれた。瓶詰め時にワイン中に存在する硫化物は、栓を通して少量の酸素が流入してこないと還元されてチオールになるおそれがある。したがって、コルクのように少量の（多すぎてはいけない）酸素を通す栓を用いるという譲歩が必要だ。リマーはこうも指摘する。「発酵をコントロールして複合硫化物を作らせないようにするのは、現段階の私たちの技術では無理です。発酵時の硫化物のふるまいを少しでも制御しようと思うなら、醸造家が何かするよりも、酵母の遺伝子の面から斬り込んだほうがいいでしょう」。

還元の問題が生じているかどうかはどうすればわかるのだろうか。とくにひどい場合、還元臭は簡単に見つかる。硫化水素のせいで、卵のような、排水溝のような匂いが放たれ、ワインが台無しになっているからだ。こうなったら明らかに欠陥ワインである。しかし、ほとんどのケースはそこまで極端ではない。よくあるのは「燃やしたマッチ」や「火打石」の匂いとして感じられるもので、この原因はメルカプタンと見られている。ワインの種類によってはこの種の還元臭が魅力として感じられる場合もないではないが、たいていの人はこの匂いをいやがる。還元の問題がごくわずかしか起きていない場合には、むしろ白ワインのミネラル感が高まることがある。とくにブルゴーニュの白にはよくあり、還元臭のおかげで複雑味が増す結果につながる場合がある。最近の新世界では、シャルドネの複雑味を増すためにわざとマッチを擦ったような還元臭を加えるやり方が増えてきている。

似たようなことは、「キャベツ」や「煮た野菜」のような特徴にもいえる。これはメルカプタンかジスルフィドが原因とみられ、やはり白のブルゴーニュに見られることがある。最初は不快に思えても、それが複雑味として感じられる場合があるのだ。わずかにゴムのような匂いとして現れることもあり、これがとくに顕著なのが赤ワインである。ある種の赤ワインには、炒ったコーヒー豆のようなスモーキーな香りが強く感じられる。

これは、トースト度の高いオーク樽からきていると誤解されるが、じつは揮発性硫黄化合物によるものだ。ひとつ指摘しておきたいのだが、軽度の還元はワインの香りにはわずかにしか現れないとしても、味覚には影響を及ぼし、フルーティさをわかりにくくして硬さを加える場合がある。これは口当たりにもかかわってくる。

硫黄臭を語るうえで厄介なのは、どんなワインに生じるかによって飲み手の受け止め方が大きく違ってくる点だ。おまけに、硫黄臭といってもいろいろな種類があり、しかもその強さに応じて味や香りに及ぼす影響も異なるので、「この硫黄化合物にはこういう特徴があります」と一概には語れない。このため、還元による欠陥だと明確に診断を下すことが難しいのが実情である。

ワインに硫黄臭が発生する状況は、通常なら避けるにこしたことはない。だが、プラスの効果が生まれる場合もある。ニュージーランドの醸造家、ジェームズ・ヒーリー（かつてはワイナリー「クラウディ・ベイ」で働いていたが、今は「ドッグ・ポイント」で醸造責任者を務める）は、そういう事例をいくつか指摘する。「シャンパンの場合、一定の期間を澱とともに寝かせると、パンのような、ブリオッシュのような香りが現れます。これも一種の還元で、酵母が自己消化〔自分自身がもつ酵素で分解されること〕して細胞の中身をワインのなかに放出した結果です。固形分の多いシャルドネを発酵させ、澱とともに寝かせると、やはり還元的な性質が現れます。それがナッツのような香ばしさを際立たせ、舌ざわりを良くしてくれるのです」。ドミニク・デルテイユも別の例をあげてくれた。「たとえば、よく熟したラングドック地方のシラー種が、マセラシオンの工程を経てリコリスの香りを放つまでになり、それからオーク樽で熟成されたとしましょう。こういうワインに『燃やしたマッチ』の香りがほのかにすれば、感覚の面からいって非常におもしろいものになります。熟した果実とバニラのスタイルによく合うはずです。全体としては甘い芳香があるので、多少マッチの匂いが混じってもそれが突出して感じられることはなく、ほとんどの人は好ましい香りと捉えます。逆に、冷涼な地域の未成熟なカベルネ・ソーヴィニヨン種を考えてみてください。『燃やしたマッチ』の原因物質が、今話したシラー種の場合とまったく同量含まれているとします。このワインを同じ人が飲んだら、シラーのときとは異なる感覚を覚えて、『リーキ』や『サヤインゲン』、果ては『ニンニク』といった表現がなされるわけです」。

ワインのなかのさまざまな硫黄化合物

では、この辺でワインの風味の化学について専門家の話を聞いてみよう。リー・フランシス博士は、オーストラリアワイン研究所（ＡＷＲＩ）で主任研究員を務める化学者だ。とくに官能評価に関心を寄せている。いわゆる「還元臭」を彼はどう定義するだろうか。「その言葉は普通、硫黄化合物と見られる物質から生じる匂いを指します」と彼は答える。次にフランシスは、官能評価で硫黄化合物がどう表現されるかを説明してくれた。「『還元臭』の原因物質には次のようなものがあります。

・硫化水素――この匂いが『腐った卵のようなガス』といった言葉で描写されるとしたら、よほどのことです。
・メルカプタン（別名チオール）――こうした匂いに対しては、キャベツ、ゴム、焼けたゴムといった言葉が使われます。
・ときにはもっと一般的な言葉、たとえば『硫黄臭』のような表現が使われることもあって、これは硫化水素とメルカプタンの匂いを両方含みます。
・火打石を打った匂いという表現もあります。

テイスターが認識している硫黄化合物には少なくとももう一種類あって、それも『還元臭』に含まれる場合があります。硫化ジメチル（DMS）です。煮た野菜のような独特な匂いがします。濃度が高いと、煮たトウモロコシか缶詰トマト。低濃度ならクロフサスグリの濃縮飲料に似た匂いです。DMSの匂いが強い場合は、不快な『還元臭』と表現される場合があります」。

フランシスはさらに、ボルドー大学で実施された最近の研究に触れた。「4―メルカプト―4―メチルペンタン―2―オン、3―メルカプトヘキサン―1―オール、3―メルカプトヘキシルアセテートという、比較的最近になって判明した三つの硫黄化合物があります。これらが特定の濃度で含まれると、トロピカルフルーツやパッションフルーツの香りのもとになるんです。ところが濃度が高くなるとネコの尿の匂いになる。この三つはソーヴィニヨン・ブラン種など、白ワイン用のブドウからも見つかっています。赤ワイン用のブドウにも含まれていて、たぶんその場合はクロフサスグリの香りのもとになっているのでしょう。発酵中は、これらの濃度に酵母が大きな影響を与えることがわかっています」。それだけではない。「最近では、スモーキー感や火打石の匂いにはベンゼンメタンチオールが、コーヒーやオークの香りにはオーク由来のチオール化合物が、それぞれ関係していると考えられています」。

では、還元臭を完全に避ければいいかというと、話はそう単純ではない。「還元臭はマイナスとばかりもいい切れない場合があるんです」とフランシスは説明する。研究者でコンサルタントも務めるパスカル・シャトネ博士も、還元臭は諸刃の剣だと指摘する。「還元が度を越して進むと、揮発性硫黄化合物が増えすぎて不快な匂いが生じる可能性があります。しかし、うまくバランスを保てれば、若いワインの『花のような』香りや『フルーティさ』にかかわる非常に繊細な芳香成分を維持できるんです」。

還元臭はプラスかマイナスか

還元によって硫黄化合物が生成される状況は、通常なら避けるにこしたことはない。だが、どうやらプラスの効果が生まれる場合もあるらしい。それを裏づけるように、一部の醸造家は意図的に還元的なワイン造りをして、ワインに複雑味を加味しようとしている。醸造家のあいだでは今、還元臭を利用することが大きな話題になっているようだ。もっとも、このテーマに直接取り組んだ研究はほとんどない。

ジェームズ・ヒーリーは次のように指摘する。「還元を利用しようとすると、かなりのリスクを伴います。度胸と経験と知識を兼ね備えていないとできませんね。ワインのタイプによって、還元が著しくプラスに働くケースもあれば、そうでないケースもあります。たとえば、冷涼な地域のソーヴィニヨン・ブランを発酵させると、ネコの尿のような、汗のような匂いが生じますが、これも還元にかかわるある種の化合物が原因です。汗の匂いを良い還元と見なすか悪い還元と見なすかは、ソーヴィニヨンが好きかどうかで違ってきそうですね」。

AWRIのレイ・フランシスは、還元臭がマイナスになるとは限らないと考えている。「風味を化学的に捉える場合にも、感覚的に捉える場合にもいえることですが、全体で見たときのプラス・マイナスをはっきりと断言するのは難しいですね。匂いの強烈なワインであっても、そこに含まれるわずかな特徴が支持され、好まれることもあるでしょうから。還元で生じる硫黄化合物がマイナスと考えられるのは、その匂いがほかを圧倒してしまうときです。でも、これはたぶんどんな香りにもいえることでしょう。ひとつの香りが目立ちすぎると、ワインの味わいがひどく単純になって、たくさん飲みたい気になりません。とはいえ、硫黄化合物全般についていうと、濃度が高すぎれば不快な特徴が際立つのは間違いありません。低濃度のときにはどんなにいい香りがしていても、マイナスにしかならないでしょう。ほかの芳香成分とはそこが違いますね。それに、硫化水素はどんな濃度でもマイナスにしかならないでしょう」。

デルテイユは二通りの視点から理由を説明してくれた。ひとつは感覚面から、もうひとつは化学的な面から。「感覚面から考えると答えはこうなります。同じ感覚（分子が口腔内の味覚センサーに到達する）なのに、異なる知覚（神経が生み出す無意識の感覚）がもたらされ、最終的に異なる解釈（『ニンニク』という言葉を発するなど、意識的に表現する）がなされるのは、別の物質も同時にセンサーに達しているからです。つまり、未成熟なカベルネの青臭さが硫黄の風味を強めるので、解釈のうえでもそれが強調されてしまうのです。それに対してシラーの場合は、同じ量の硫黄化合物が含まれていても、成熟した香りが背景にあるために喜ばれ、おもしろがられさえするのです。

次に、化学的な面から見てみましょう。このところ、ワインに含まれる高分子の化学的性質が急速に解明されてきています。とくに目覚ましい研究を行なっているのが、フランス国立農学研究所のムトネ教授のチームです。彼らは、ブドウや酵母や乳酸菌から生じる揮発性化合物と多糖類のあいだに、相互作用が起きているのを確認しました。また、ブドウが熟しているほど、ワインに多くの高分子が放出されることも今ではわかっています。ですから、先ほどの例でいえば、硫黄化合物の量は同じだったとしても、熟したシラーのほうが高分子の濃度が高かったため、硫黄化合物の揮発性が違ったのでしょう」。

ブルゴーニュでも最高といわれるドメーヌの多くは、ちょうど適量のメルカプタンを得る達人だと、醸造家のマット・トムソンは舌を巻く。メルカプタンは、シャルドネの

「燃やしたマッチ」の香りを生む物質だ。私はトムソンに、還元臭は赤ワインの場合にも複雑味を加える手段として使えると思うか、と尋ねてみた。「そういうこともあると思います。ただしあくまで低濃度の場合に限りますね。硫化物があると果実味が抑えられてしまうことが多いので、そうなると問題です。少し酸化しているように思えるワインでも、何かの風味が抑えられているように感じることがあります。それは還元が起きているせいです。ピノにマッチの香りを感じることがありますが、それはいやではありません。バローロや、涼しい地域のシラーの場合もそうです。もともとあるベーコンやビャクシンの香りは、燃やしたマッチともよく合いますからね。でも卵のにおいはだめですよ！」

硫黄臭対策

硫黄化合物の悪影響を抑えるにはどうすればいいだろうか。「予防することですね」とドミニク・デルテイユはいう。「予防するには、硫黄化合物が発生する仕組みについて最低限のことは知っておいたほうがいいでしょう」。彼は、自分がコンサルティングをしているワイナリーで、効果的な予防策の導入を試みている。「硫黄化合物は酵母によって作られます。生きた酵母からはもちろん、死んだ酵母からもです。硫黄臭の九九％は酵母由来の硫黄化合物からきています。この硫黄化合物はきわめて反応性が高いのが特徴です。『ニンニク』などと表現される特有の風味は、酵母由来の分子か、発酵中や熟成中にさまざまな化学反応を経て作られる硫黄化合物か、どちらかから生じています。とはいえ、酵母から生じるものがほとんどなので、予防策は酵母が対象となりますね」。

硫黄化合物を作らせすぎないようにするのは大変だとデルティユは語る。「第一のキーポイントは、どの酵母株を選ぶかです。酵母の種類によって大きな違いがあります。この違いをさらに大きくするのが酵母の栄養源です。これが第二のキーポイントになります。果汁の糖度が高くなればなるほど、複雑な窒素化合物（とくにアミノ酸）の自然含有量が少なくなり、酵母のストレスが高まって、硫黄化合物が過剰に作られるリスクも高くなります。こういう状況は地中海地方でよく見られますね。

第三のキーポイントは熟成中の酵母の管理です。硫黄の問題に悩まされることなく発酵が終わったら、今度は死んだ酵母がもたらすリスクに対処しなければなりません。いろいろなやり方があります。死んだ酵母（軽い澱と呼ばれる）がある程度溜まっている場合は、タンクや樽のなかに還元領域ができるのを避けるため、定期的に攪拌《バトナージュ》してワインと混ぜたほうがいいでしょう。ここでいう『還元』は、本来の生理化学的な意味で使っています。澱引きせずに熟成させるとき、昔から攪拌を行なうのはこのためです。攪拌するにせよ、じかに注入するにせよ、酸素の量が適切であることが肝心です」。

では、硫黄化合物の好ましい影響を高めるにはどうすればいいだろうか。「ワイン

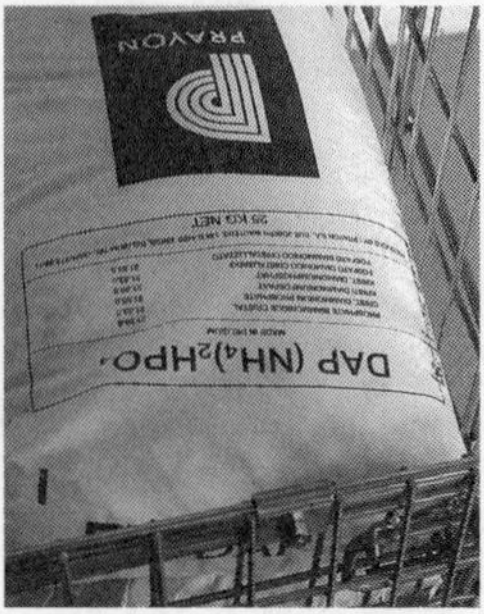

リン酸二アンモニウム（DAP）。酵母が利用できる窒素がマスト中に少ない場合、それを補うために用いられる。揮発性硫黄化合物が発生する問題を回避するのが狙いだが、かえって逆効果を生むおそれもある。

がもつ、ほかの好ましい性質を強めてやることです」とデルテイユはいう。「つまり、芳醇な香りと、まろやかな口当たりです。芳醇な香りとは、フルーティ、スパイシー、バニラといった香りを指します。こうした香りが背景にあると、硫黄風味はミネラル感として現れ、後味にあまり辛さや苦味が残りません」。なぜ口当たりが問題になるのだろう。「風味は嗅覚と味覚の両方で感じるものだからです」とデルテイユは説明する。

テロワールは無関係?

サム・ハロップはじつに興味深い見解をもっている。「ミネラル感」という言葉があるが、化学的に見るとワインの何を指しているのかが曖昧だ。しかも、ミネラル感が感じられるとき、たいていはそれがテロワールの特徴だと説明される。だが、もしもそれが実際には還元の結果で、複数の揮発性硫黄化合物が低濃度で組み合わさったせいだとしたらどうだろう。「フランスでも最高級の産地で造られたワインが、ミネラル感や還元的な性質を示すのはよくあることです」とハロップはいう。「こういった性質は、ブドウ畑ではなく醸造所で生まれるのではないでしょうか」。
デルテイユも、硫黄化合物の風味がしばしばテロワールの特徴と間違われていると考えている。「個人的には、強い硫黄臭がテロワールの現れとされることが多すぎるように思います。テロワールだといわれてしまえば誰も反論できませんしね。そう考える人たちは、いろいろな状況によって、あるいはワイン造りの方法によって、硫黄臭が発生するおそれがあることをよく理解していないのです。だから、かりにもっと適切な製法に変えて果実感の強いワインができたとしても、その素晴らしい果実感のみなもとが、かの有名なテロワールであるように思ってしまうのです」。

結論

結局は疑問ばかりで、たしかな答えはほとんどない。さらなる研究を進める余地は大いにある。還元によって生じる硫黄化合物の化学はきわめて複雑だ。しかし、理解が深まれば、醸造家は硫黄化合物の濃度を操作することでワインに複雑味を加味できるようになるだろう。

化学物質の面で見ると、ワインはあまりに複雑で途方に暮れるほどだ。ワインに含まれるある種の成分は、微量なら複雑味を与えるが、量が増えると欠点と見なされる（その逆もある）。欠陥ワインを造らないようにしながらも、複雑味を生む要素を高めるのは、じつに困難な綱渡りといえる。

ワインのなかで発見された揮発性チオール類			
名称	香りを表現する言葉	知覚閾値	備考
3-メルカプトヘキシルアセテート（3MHA）	グレープフルーツ風味、パッションフルーツ（R-異性体）、草、ツゲ（S-異性体）	9ng/l(R) 2.5ng/l(S)	マールボロ地区産ソーヴィニヨン・ブランのフルーティな香りを生むうえで非常に重要。熟成の過程で加水分解して3MHになる。
3-メルカプトヘキサン-1-オール（3MH）	パッションフルーツ（S-異性体）、グレープフルーツ（R-異性体）	60ng/l(S) 50ng/l(R)	ソーヴィニヨン・ブラン中につねに存在し、その濃度は1ℓ当たり数百ナノグラムから、S異性体の場合は数mgにもなる。3MHの濃度が高いワインほど3MHAの濃度も高い傾向にある。
4-メルカプト-4-メチルペンタン-2-オン（4MMP）	ツゲ、エニシダ	0.8ng/l	ツゲの葉には最大で100ng/l含まれる。ある種のソーヴィニヨン・ブランには最大40ng/lが含まれる場合がある。
3-メルカプト-3-メチルブタン-1-オール（3MMB）	煮たリーキ	1,500ng/l	知覚閾値を超えてワインに含まれることはめったにない。
4-メルカプト-4-メチルペンタン-2-オール（4MMPOH）	柑橘風味	55ng/l（水のなかでは20ng/l）	
2-フルフリルチオール	炒ったコーヒー豆	0.4ng/l	プティ・マンサン種で造った甘口の白と、ボルドーの赤から見つかり、トーストしたオーク材にも含まれる。シャンパンの香り成分のひとつでもある。
エチル-3-メルカプトプロプリオネート	肉のような		シャンパンの香り成分のひとつ
3-メルカプトブタン-1-オール	タマネギ、リーキ		
メルカプトプロピルアセテート	肉のような		
2-メチル-3-メルカプトプロパン-1-オール	肉汁、甘い		
2-メチル-3-メルカプトブタン-1-オール	生のタマネギ		
3-メルカプトペンタン-1-オール	グレープフルーツ		
2-メチル-3-メルカプトブタン-1-オール	生のタマネギ		
3-メルカプトヘプタン-1-オール	グレープフルーツ		
4-メチル-4-メルカプトペンタン-2-オール	柑橘風味	55ng/l	知覚閾値を超えてワインに含まれることはめったにない。
メタンエチオール	腐ったキャベツ、淀んだ水	1.5ng/l	
エタンエチオール	腐ったタマネギ、閾値では燃えたゴム、それより高濃度ではスカンク臭や糞臭	1.1ng/l	
2-メルカプトエタノール	納屋の前庭		
エタンジチオール	ゴム、腐ったキャベツ	0.3ng/l	ある種のワインに還元臭を生じる原因と考えられる。シャンパンの香り成分のひとつでもある。

16章　微生物とワインの関係

酵母はもっと褒《ほ》められていい。ワインの話になると、名誉はすべてブドウがさらっていってしまう。だが、酵母がいなければ、私たちが手にできるのはブドウジュースでしかない。どの酵母を選ぶか、とくに天然酵母を使うか培養酵母を使うかは、ワインを造るうえで重要な決断のひとつである。酵母は糖分をアルコールに変えるだけでなく、最終的なワインの風味や香りをも左右する。ワインに含まれる揮発性化合物は約一〇〇〇種類といわれ、そのうち少なくとも四〇〇種類が酵母によって生み出されている。破砕したばかりのブドウ果汁にはあまり香りがない。ところが、発酵が済んだワインにはたいてい豊かな香りと風味がある。これはすべて酵母の働きのおかげだ。

本章では、酵母が過小評価されている現状を少しでも正すために、ワイン醸造における酵母の役割と、発酵の科学について見ていきたい。また、天然酵母を使った発酵の是非や、遺伝子組み換え酵母についても取り上げる。

酵母以上に認められていないのが細菌だ。無視されているも同然といっていい。しかし細菌もまた、マロラクティック発酵が起きる場面ではワインの風味を変化させる大事な役目を担っている。これはほぼすべての赤ワインと、相当数の白ワインに当てはまる。だから本章では細菌についても目を向けるつもりだ。

微生物とワイン

一九世紀になるまで、発酵は摩訶不思議なプロセスに思えていたに違いない。一九世紀後半のルイ・パストゥールの研究ではじめて、ブドウ果汁に含まれる糖分が酵母によってアルコールに変換されることが明らかになった。パストゥールは、ある種の発酵酵母がワインの風味に影響を与えていると推測したが、それは正しかった。偉大な醸造学者だった故エミール・ペイノーが指摘したとおり、「パストゥール以前、良いワインは幸運な偶然の連続で生まれるものにすぎなかった」のである。

酵母を見ることはできない。細菌と同様、単細胞の酵母は小さすぎて肉眼では見えないのだ。人間は視覚を非常に重視する生き物である。だから私たちを取り巻く微生物の世界がなかなか理解できず、気味が悪いように思ってしまうのではないだろうか。私たちは、微生物がいたるところにいることが理解できないため、細菌には悪玉だけでなく善玉もいるといわれてもなかなか受け入れられずにいる。ばい菌は悪だから全部退治してしまえ、というほうがよほど納得できるのだ。それが抗生物質の無責任な乱用を招き、細菌のあいだに抗生物質への耐性が広まった。今や人間の健康を脅かす深刻な事態に至っている。

そこで、こまごまとした詳細に立ち入る前に、まずはワイン醸造における微生物の役割を見ておきたい。酵母や細菌はワイナリーのなかにつねに存在する。汚れひとつない清潔な環境であっても、微生物がすみ着く場所はかならずある。樽にはとりわけ微生物がつきやすい。木材はその構造からいって、殺菌消毒するのがまず不可能だからだ。すみ着けそうな場所はいくらでもあるわけだから、適切な環境さえあれば酵母も細菌も増殖を始める。

発酵前のブドウ果汁は「マスト」と呼ばれ、ある種の微生物にとっては糖分と栄養分が豊富な理想の生息場所となる。もっとも、マストは浸透性が高いため、微生物にはそれに抵抗するという難題も伴う。マストが発酵して変化するにつれ、そこにすむのに適した微生物の種類も変わってくる。

次のような光景をイメージするとわかりやすい。山に生える樹木を考えてみてほしい。ふもとにはたくさんの木々が青々と茂っている。ここの環境は多種多様な生物に適しているのだ。少し上に上がり、標高の関係で気候が変わってくると、ふもととは違った種類の植物が優勢になる。山腹を上がるにつれてそうした変化が続き、山頂近くになると環境条件が厳しくなって、もはやどんな植物も定着することができない。発酵中のワインもこれに少し似ている。環境を適宜調節すれば、その時点でどの微生物に増えてほしいかを選ぶことができる。えてしてワイン醸造家は、ワイナリーから悪玉微生物を一掃することに力を入れがちだ。もちろんワイナリーの衛生をないがしろにはできない。だが、むしろ発酵中のワインの環境に注意して、自分がすみ着いてほしいと思う微生物がすみやすいようにするのが得策だ。

培養酵母による発酵か、自然発酵か

さて、あなたの手元にはブドウがあって、ワインを造りたいとする。まずしなければならないのは発酵だ。その際、ふたつの選択肢がある。かつてこの選択肢はひとつしかなかった。ブドウの実を潰して、あたりに存在する天然酵母（野生酵母、自生酵母などとも呼ばれる）に仕事を任せるのである。一九六〇年代以降、出芽酵母のサッカロミセス・セレヴィシエの複数の培養株が簡単に手に入るようになった。そのため、自分の好きな系統の酵母株を使って発酵を起こすという新しい選択肢が生まれた。

天然酵母と培養酵母のどちらを選ぶかをめぐって、醸造家は二派に分かれてきた。発酵を自分の手でコントロールしたいと思うグループと、すべてを自然に任せたいと考えるグループである。最近ではこれが旧世界と新世界の対立の様相を呈している。前者は概して天然酵母を好み（少なくとも高級ワインについては）、後者は培養酵母に頼る。ただし、この切り分けはけっして絶対的なものではない。

では、自然発酵の過程では何が起きるのだろうか。酵母はワイナリーの環境やブドウの果皮からマストに移りすむ。だが、はじめのうちは数が少ないので、発酵が始まるまでには時間がかかる。そのため、何らかの問題が起こるリスクが生じる。酵母より先に酢酸菌（ワインを酢に変える菌）などが定着してしまったら、ワインがだめになるおそれがある。それに、天然酵母がすみ着いたとしても、いい仕事をしてくれるとは限らない。すべての天然酵母には多種多様な変種があって、好ましい性質をもつものもあればそうでないものもある。自然発酵では、与えられるものを受け入れるしかない。

通常、発酵の初期段階では、エタノール（アルコールのこと）に弱いクロエッケラ属のような酵母が優勢である。ブドウの果皮に多く見られる酵母だ。アルコール濃度が少し上がるとこれらは舞台を退き、さまざまな種のカンジダ属が取って代わる。自然発酵では二〇～三〇種類もの酵母が関与していると見られている。ところが、アルコール濃度が四～六％になるとこれらの酵母には耐えられないため、アルコール耐性をもつサッカロミセス・セレヴィシエが残りの仕事を引き継ぐ（サッカロミセス属以外でも高いアルコール濃度に耐えられる酵母が数種類いる）。

これが大筋ではあるが、実際にはさまざまな要素がか

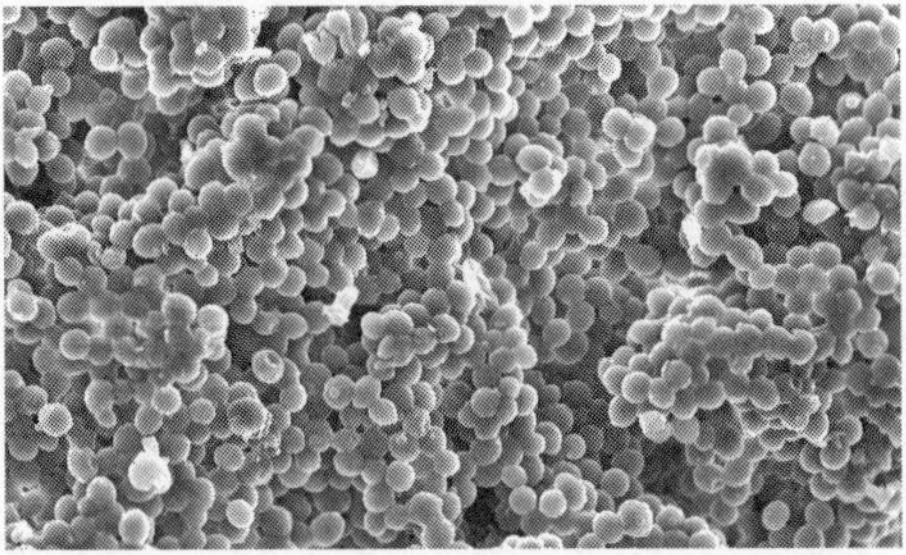

ワイン酵母であるサッカロミセス・セレヴィシエの走査型電子顕微鏡写真。（写真提供／アン・デュモン、ラレマン社）

かわってくる。たとえば、たいていの醸造家は、ブドウの実を破砕する際に亜硫酸（SO_2）を添加する。このおかげで、好ましくない天然酵母や腐敗菌の一部は亜硫酸の殺菌作用で死滅し、サッカロミセス・セレヴィシエや丈夫な天然酵母が生き残りやすくなる。温度も、発酵液中の酵母類のバランスを左右する。温度が低いと（一四℃未満）クロエッケラ属に有利で、逆に高いとサッカロミセス・セレヴィシエが有利になる。しかも、ブドウの収穫が進むにつれて、ワイナリーの設備に酵母がつきやすくなるため、発酵ははるかに速いスピードで進行し、サッカロミセス・セレヴィシエが定着するまでの時間も短くなる。また、前述のとおり、自然発酵では盛んな発酵が始まるまでに時間がかかるため、マストに含まれるアントシアニンなどのフェノール化合物が酸素と反応しやすい。これが色の安定とフェノール化合物の重合を促す。

なぜワインを自然発酵させるというリスクを冒すのだろうか。たいていの場合、理由は醸造家の考え方にある。その地域ではそれが伝統的な手法だから、という理由もあるだろう。別の方法を試すのに二の足を踏んでいる場合もあれば、別の手法では倫理にもとる、あるいは効果がないと考えている場合もあるかもしれない。品質を考えて自然発酵を選ぶ人もいる。天然酵母で造ったワインのほうが、ストラクチャーが豊かでまろやかだと考えるためだ。また、ゆっくりと低温で発酵が進むことが多いため、香気成分をあまり失わずに済む。コスト削減の観点もあるだろう。培養酵母には経費がかかる。

理念の対立――天然酵母 VS. 培養酵母

培養酵母で発酵を起こすことに反対する人は少なくなく、その気持ちをフランスの醸造家、ニコラ・ジョリーが端的に代弁している。「培養酵母を添加するなんて、ばかげていますよ。天然酵母には、その年の微妙な特徴がすべて現れているんです。その酵母を殺すような愚かな真似をしたら、その年のもつ何かを失ったのと同じです」。こう考えるのはジョリーだけではない。旧世界の伝統的なワイン産地を中心に大勢の醸造家が、培養酵母の使用は不必要だと、あるいはまったく間違っているとすら思っている。彼らの考えでは、ブドウ畑にすみ着いた天然酵母はテロワールの一部だ。

一方、今や新世界では培養酵母を使う醸造家がほとんどで、旧世界でもその数は増えてきた。彼らは、発酵にかかわる諸条件をコントロールすることが品質の鍵を握ると考えている。どの系統の酵母株を使用するかも、ワイン造りにおける重要な判断のひとつと見なされる。さまざまな酵母の特徴に応じて、醸造中のワインのスタイルが補われたり、より良くなったりするからだ。酵母の専門家であるアイザック・プレトリアスは、自然発酵の結果を予測するのは非常に難しく、「恐ろしいほどのリスク」が伴うと指摘する。

私はポルトガルのコンサルタント兼ワイン醸造家のルイ・レグインガに会い、培養酵母と天然酵母のどちらが好きかと尋ねてみた。「私はかならず培養酵母を使います」と彼は答える。「個性《ティピシテ》が多少は失われるかもしれませんが、培養酵母を使ったほうがその品種がもつ潜在能力を引き出せるように思うんです。適切な発酵が適切なタイミングで始まり、何の問題もなく終了します。天然酵母での発酵がうまくいけば、個性《ティピシテ》をもっと強く表現できるのでしょうが、悪玉の酵母菌がいたら大変なことになります」。「天然酵母のほうが複雑なワインができる場合があるのは事実です」と語るのは、カリフォルニア州立大学の教授、ケン・フューゲルサングだ。「ですが、リスクがメリットを上回るケースがほとんどです」。最近では、培養したサッカロミセス・セレヴィシエと数種の天然酵母を混ぜたものも買えるようになった。フューゲルサングはそういう商品を試しに使ってみたことがある。「優勢になる酵母が次々と変化する様子がきちんと見られます。いきなりサッカロミセス・セレヴィシエが発酵を始めるようなことはありません」。天然酵母で発酵させると、ワインがどう変わると思うかを彼に尋ねてみた。「口当たりとストラクチャーが違ってきて、おもしろいブーケ〔ブドウそのものからくる香りではなく、ワインの発酵熟成から生まれる香りのこと〕が出ますね」。ただし、自然発酵はゆっくり進行するために酸化の影響を受けやすい。どこまでが天然酵母による変化で、どこまでが酸化の影響なのかを見極めるのは難しいとフューゲルサングは指摘する。

野生酵母に関する研究

ニュージーランドで酵母を研究するマシュー・ゴダードは、自然発酵の場合にサッカロミセス・セレヴィシエがアルコール（エタノール）と熱を生成することで、自分に有利になるように環境を操作していることを発見した。糖を発酵させてエタノールを作るのは、呼吸（酸素を必要とする）によって糖を代謝するより得られるエネルギーが少ない。ところが、サッカロミセス・セレヴィシエはたとえ酸素が存在しても糖を発酵してエタノールを生成することを選ぶ。なぜだろうか。サッカロミセス・セレヴィシエはもっぱら熟した果実を消費するため、その貴重な食糧資源を守るためにエタノールを生産するのではないか、とゴダードは考えている。エタノールが抗菌作用を発揮して競争を減らし、しかもほとんどの脊椎動物を近づかせない作用もある。だからサッカロミセス・セレヴィシエは、あえて効率の悪い方法でエネルギーを得ようとする。普通ならそうした非効率的なプロセスは、よほどの利益が伴わない限り進化の過程で淘汰されているだろう。

ゴダードは新しい技法で遺伝子を調べてさまざまな酵母の変種を明らかにした。「これは口でいうほど簡単ではありません。私たちが利用した技術は、法医学で使われているのとまったく同じです。遺伝子指紋法でサッカロミセス・セレヴィシエの変種を区別したのです。このおかげで、いろいろな場所で採取した変種間にどんな差異があり、どんな類似点があるのかがよくわかりました」。

ゴダードの最も重要な発見は、ニュージーランドの西オークランドで行なった一連の研究から得られたものである。ニュージーランドは地理的に周囲と隔絶されていて、人間が定住するようになったのはわずか七〇〇年ほど前だ。ワインの生産が始まったのは一〇〇年前のことにすぎない。最初の研究でゴダードは、銘醸ワイナリー「クメウ・リヴァー」でのシャルドネの自然発酵に注目し、ランダムに八〇〇点の発酵液サンプルを採取した。はじめはサッカロミセス・セレヴィシエの占める割合が非常に低かったが(微生物の個体数全体の一五〇〇分の一)、一一日目の時点では大多数を占めるまでになった。ゴダードは遺伝子指紋法を用い、分離した三八〇株のサッカロミセス・セレヴィシエから八八種類の遺伝子型を見出した。さらに遺伝子データを統計的手法で分析した結果、発酵液中にはおよそ一五〇種類の遺伝子型が存在し、それらが六つの大きく異なる部分母集団からきていることを突き止めた。

だが、これらは実際には市販酵母が「野生」に逃げ出したものとは考えられないだろうか。そこでゴダードと研究チームは、市販酵母株の膨大なデータベースにあたって、それらとはまったく異なることを確認した。次に研究チームは、ワイナリー自体にサッカロミセス・セレヴィシエがすみ着いていないかどうかを徹底的に探した。収穫前のワイナリーの設備や壁も調べたが、サッカロミセス・セレヴィシエは何も見つからなかった。つまり、チームが自然発酵液から取り出したサッカロミセス・セレヴィシエは、ブドウの実からワイナリーにもち込まれたことになる。「ワイン産業では長いあいだ間違った印象をもっていました。サッカロミセス・セレヴィシエは自然環境には存在せずにワイナリーにだけすみ着いていて、しかもそれは野生のものではなく培養されたものか商品から逃げ出したものだと考えていたのです」とゴダードは説明する。「先日、アメリカのオレゴンワイン委員会でこの話をしたとき、みんな本当に驚いていました。カリフォルニア大学デイヴィス校〔ワイン研究で有名〕の教えとは違っていますからね」。

ゴダードのチームは実験の第二段階として、「クメウ・リヴァー」から六キロほどしか離れていないワイナリー「マトゥア・ヴァレー」で土や樹皮、および花々のサンプルを集めた。このワイナリーは低木の茂みに囲まれている。チームはサッカロミセス・セレヴィシエのコロニー（集団）を一二二個発見し、二二通りの遺伝子型を確認した。コロニーのうちふたつはブドウの樹皮から、ふたつはキンポウゲの花から、残りは土から見つかっている。市販の酵母株と同じ遺伝子型はひとつとしてなく、「クメウ・リヴァー」の遺伝子型とも一致しなかった。だとすれば、土や樹皮や花からきた地域ならではの系統の酵母が、その土地特有の発酵を行なっていると考えられる。

サッカロミセス・セレヴィシエが環境中のどこかにすんでいると考えるのは理にかなっている。熟した果実をすみかにできるのは年にほんの数ヵ月だけだからだ。しかし、いったいどうやって土や樹皮や花に広がり、最終的に果実に取りついているのだろう。一番考えられるのが昆虫に運ばれることである。そこでゴダードは、調査したふたつのブドウ園の近くに養蜂場があるのに目を留め、五ヵ月かけてそこから一九点のサンプルを採取した。するとハチが運んだサッカロミセス・セレヴィシエのコロニーが六七個見つかり、遺伝子を分析した結果、そのうちふたつが「マトゥア・ヴァレー」の酵母株とほぼ同一であることがわかった。

それでも疑問が残る。ニュージーランドのサッカロミセス・セレヴィシエは、ほかの国のものとどれくらい似ているのだろうか。研究の結果、それらがニュージーランド固有のものであることが明らかになった。ニュージーランドの酵母株は、世界で確認されているサッカロミセス・セレヴィシエの祖先の遺伝子と共通する部分が〇・四％に満たない。「自然発酵の発酵液に見つかる酵母株が、地域の環境からきたと実証されたのはこれがはじめてです」とゴダードは語る。「地球のほかの地域のものと比べて、ここのサッカロミセス・セレヴィシエは固有のもののようです。少なくとも際立った違いをもっているといえますね」。

ところが話はこれで終わらなかった。「クメウ・リヴァー」の醸造家、マイケル・ブライコヴィッチが、フランス産オークの新樽も調べてはどうかと提案したのだ。樽を介して酵母が海外から運ばれているかもしれないからである。そこでゴダードのチームが、ブルゴーニュ地方のシャニーから輸入したオークの新樽を調べたところ、サッカロミセス・セレヴィシエが五〇株見つかり、四〇通りの遺伝子型が確認された。サッカロミセス・セレヴィシエがオークの新樽から見つかったのはこれがはじめてである。注目すべきは、樽から見つかった酵母株のひとつが、「クメウ・リヴァー」の自然発酵液で確認された遺伝子型のひとつと同じとわかったことだ。「いささかショックを受けましたね」

とゴダードは振り返る。「みんな呆然としていました」。

以後、ゴダードは研究対象をほかのワイン産地にも広げている。そのひとつがセントラル・オタゴであり、ここではワイナリー「フェルトン・ロード」の酵母を調べている。「フェルトン・ロード」のナイジェル・グリーニングによれば、結果は「クメウ・リヴァー」とまったく同じ。つまり、発酵を担う酵母が地域独自のものだということである。「酵母の最も大きな集団はこの地に特有のもので、それが酵母全体の三〇から三五％を占めていました」とグリーニングは説明する。「二番目に大きな集団は樽由来のもので、もとをたどればオークが育った森に行き着きます。これはおもしろいですね。とくにシャルドネを樽発酵させている場合は。それより小さい集団になると、どこからきたのかを見極めるのが難しくなります。でも『クメウ・リヴァー』の場合と同じで、研究室で培養された酵母はひとつも見つかりませんでした」。

ここでひとつ疑問が浮かぶ。浸透性殺菌剤を使うと、ブドウの実についた酵母に何らかの影響を及ぼすのだろうか。現在、ゴダードはこの問題に取り組んでいる。「マンコゼブや銅オキシクロリドといった殺菌剤が『悪玉』の菌をやっつけることはわかっています。ですが、いい菌に対してはどんな作用を及ぼしているのか。調べる余地は大いにありますね。醸造家に話を聞くと、殺菌剤をスプレーすると自然発酵が起きにくくなるといいます。ブドウ畑で酵母などの微生物を殺してしまったら、連鎖的にさまざまなことが起きるんです」。

発酵中の酵母が作る重要な風味化合物の例

化合物の分類	例	備考
酢酸エステル類	酢酸エチル	ほとんどのエステル類は、ワインのフルーティな特徴を生むみなもととなっている。熟成の過程で加水分解するものの、閾値以上の濃度を維持することが多い。ワイン中のエステルどうしがどのように相乗作用をするかによって、ワインがどう感じられるかが決まる
	2–メチルプロピルアセテート 2–メチルブチルアセテート 3–メチルブチルアセテート ヘキシルアセテート 2–フェニルエチルアセテート	
分岐エステル類	エチル–2–プロパン酸メチル	最も強力なエステル類のひとつ
	エチル–2–酪酸メチル	
	エチル–3–酪酸メチル	イチゴのような香りをもち、ある種の赤ワインのフルーティな特徴を生むみなもととなっている
高級アルコール類	2–メチルプロパノール 2–メチルブタノール 3–メチルブタノール	
	2–フェニルエタノール	バラのような心地よい香りをもつ
揮発性硫黄化合物	硫化水素（H_2S）	ワイン中に最もよく見られる揮発性硫黄化合物で、腐った卵のような匂いをもつ
	エタンチオール	閾値では、腐ったタマネギや燃やしたゴムの匂いをもつ。さらに高濃度になると不快な糞臭を放つ
	2–メルカプトエタノール	納屋の前庭のような匂い
	メタンチオール	腐ったキャベツ

ゴダードの研究は非常に興味深いだけでなく、微生物をテロワールの一部と見る考え方にも大きな影響を及ぼす。「すんでいるワイン酵母の種類が地域によって違っているのだとしたら、そうした地域固有の酵母を使って造ったワインのほうがテロワールを忠実に反映したものとなるはずです」とゴダードはいう。彼の研究をぜひほかの産地（ボルドー、ブルゴーニュ、シャンパーニュといった有名な産地）にも広げて、同じことが当てはまるかどうかを調べてほしい。それだけでなく、見渡す限りブドウを植え、広範囲に殺虫剤を使用して実質的に単一栽培になっている地域にも、その土地固有の酵母がいるのかどうかを確かめたらおもしろいだろう。温暖な地域と冷涼な地域とで、ブドウ畑の酵母に違いがあるのかどうかも知りたいところだ。

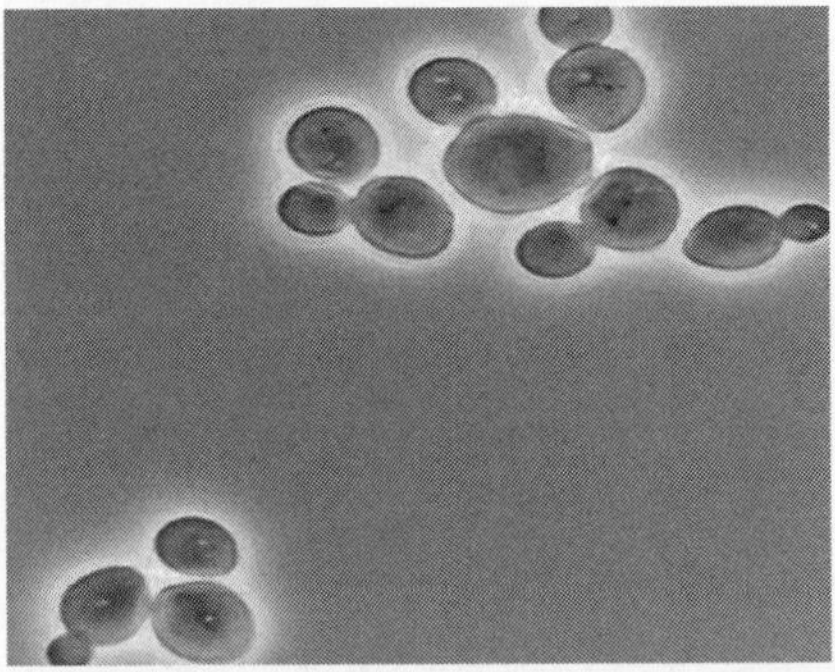
野生酵母の一種、トルラスポラ・デルブルッキーを光学顕微鏡で捉えたもの。最近ではこの酵母を培養したものが販売されている。（写真提供／アン・デュモン、ラレマン社）

培養された野生酵母

発酵をある程度はコントロールしたいが、野生酵母の特徴も欲しい場合、醸造家はどうすればいいのだろうか。最近では、サッカロミセスではない酵母を培養した商品がいくつも入手できるようになっている。酵母メーカーのラレマン社は、非サッカロミセス酵母による香りについて研究を行ない、最適な酵母を粉末状で生産している。これを使えば、非サッカロミセス酵母のメリットを生かしながら、発酵プロセスをコントロールすることができる。今では、トルラスポラ・デルブルッキーの二九一番という酵母株と、特定のサッカロミセスを組み合わせたものが商品化されている。これを用いて発酵させると、ワインには独特の風味と口当たりが生まれる。ほかにも、商品化に向けた研究が進んでいる酵母が数種類ある。また、クルイベロミセス・ウィッカーラミという酵母が作る特殊な化合物は、ブレタノミセス（17章参照）の成長を抑える効果が期待されている。こうした非サッカロミセス酵母は、ブドウ畑の植物やワイナリーで見つかるものばかりだ。

望ましい特徴をもった酵母を選ぶ

酵母は、単に糖をアルコールに変換しているだけではない。マストに含まれる前駆物質を代謝して、香気成分に変えるのも酵母の仕事だ。このため、特定の特徴を備えた培養酵母を選ぶことが、ワイン造りの重要なツールとなっている。ただし、このやり方が万人に受け入れられているわけではない。伝統を重んじる生産者のなかには、これをごまかしと見る者もいる。

ワインを研究する微生物学者は、機能強化した酵母を開発することがワインの品質を高めるための大きな目標だと考えている。これを実現するにはふたつの方法がある。ひとつは「伝統的な」遺伝子技術を用いるもので、新しい遺伝子を直接組み込むことはない。この方法には、変種の選抜（自然に生じるさまざまな遺伝子変異のなかから最良のものを選ぶ）、突然変異と選抜（突然変異を誘発し、高い能力をもつものを選ぶ）、交配（異なる種を掛け合わせる）、スフェロプラスト融合（特殊な方法で酵母どうしを融合させ、能力の高い子を作らせる）などがある。もうひとつの方法は形質転換だ。特定の機能をもつ新しい遺伝子を、ターゲットとなる酵母のゲノムに正確に導入する。これは遺伝子組み換え（GM）技術とも呼ばれる。

では、酵母に組み込みたい特徴にはどのようなものがあるのだろうか。実際はかなり長いリストになるのだが、それを次の表にまとめてみた。

遺伝子操作を用いれば、ワインの品質を高める余地がたくさんあるのは明らかだ。だが、そうした技術は、伝統を重んじる生産者にはアピールしそうにない。彼らにとって、自然発酵の初期段階を支配する天然酵母はテロワールの一部であり、上質なワインを造るうえで欠かせない要素なのである。

遺伝子組み換え酵母――アルコール度数上昇を食い止める手段となるか

温暖な地域のワイン生産者にとって頭の痛い問題のひとつは、アルコール度数が高くなることだ。今は糖度ではなくフェノール類の成熟を目安に収穫するので、なおさら切実な問題となっている。糖分をすべてアルコールに変えずに、一部を使って別のものを生産するような酵母を選抜したり、遺伝子操作で作り出したりすることはできないだろうか。

ひとつの方法は、発酵して糖分をすべて消化し尽くすけれども、アルコールではなくグリセロールの生産に振り向ける糖分の量を増やさせる、というものだ。じつに有望な作戦に思えるうえ、じつはある程度まで成功している。グリセロール-3-リン酸デヒドロゲナーゼという酵素を多くもつ酵母は、実際にグリセロールの生産量が多く、結果としてワインのアルコール度数が下がることがわかっている。

とはいえ、この方法にはふたつの大きな問題点がある。ひとつは、遺伝子組み換え酵母で造られたワインは消費者から受け入れられにくいこと。もうひとつは、ワイン中のグリセロールはけっして無味無臭ではないことだ。「グリセロール濃度が高いワインには、独特の風味が現れます」とケン・フューゲルサングは指摘する。「アルコール度数を下げるためにグリセロールを増やすと、赤ワインの後味に甘味が残ってしまうんです」。どうやら別の解決策が必要らしい。

マロラクティック発酵

「マロラクティック発酵」というのはいささか紛らわしい言葉である。発酵と聞くと、ついアルコールが作られることをイメージしてしまうからだ。この言葉が実際に表しているのは、ひとつの酸（リンゴ酸）を別の酸（乳酸）に変えて二酸化炭素を放出するプ

遺伝子操作によるワイン酵母改良の目的

発酵力　発酵は最適なスピードよりも速く進みがちであるため、低温にして進行を抑えるケースが多い。しかし、ときとして発酵がなかなか進まなかったり、場合によっては止まったりして、ワインの品質に深刻な悪影響を及ぼすこともある。遺伝子操作を用いれば、この点を改良できる可能性がある。目的としては、ストレス耐性を高める、糖と窒素の摂取率を高める、高アルコール濃度への耐性を高める、泡形成を抑える、などが考えられる。また、酵母はワインに含まれる窒素源を利用しないが(このせいで発酵の停滞が起きる)、それを利用できるように改良してやるのもいいだろう。天然酵母が生産する毒素への抵抗力を与えてやるのも有益だ。

悪玉微生物に対する生物学的防除　悪玉微生物は絶えざる脅威であり、現在は亜硫酸を添加することでこの問題に対処している。最近の研究により、化学的な防腐剤に代わって抗菌ペプチドや抗菌酵素を使用することが可能になった。そうした抗菌物質を酵母が直接合成できるようになれば申し分ない。

処理効率　ワインの澱下げや清澄化は、多大な時間と資源を要する作業であり、しかも風味成分まで除去してしまう危険とも背中合わせだ。酵母が自分でこの仕事をやってくれたら、じつに素晴らしいのではないだろうか。酵母の遺伝子を操作して、タンパク質分解酵素や多糖分解酵素を分泌させるようにすればいい。そうすれば、濾過フィルターの目詰まりの原因となるタンパク質と多糖類を除去してくれる。もうひとつの研究領域は、凝集性に関連する遺伝子の発現を調節することだ。これができれば、酵母は発酵中は浮遊状態になり、発酵が終わったらすみやかに沈殿するようになる。

風味や感覚面での質　ワインのなかには数百種類もの風味化合物が複雑に混じり合っていて、その多くは酵母によって合成される。酵母由来の化合物には、風味の点でプラスに作用するものもあればマイナスに作用するものもある。したがって、プラスの風味をもたらす酵母を選択すべきだろう。これまで、色や香りを放つ酵素をもった酵母や、エステルを改造する酵素を作る酵母が選択されてきた。アルコール度数の上昇が各地で問題になってきていることから、発酵で糖分を消化し尽くして低アルコール濃度になる酵母を作る試みがなされている。そのためには、より多くの糖分を、アルコールではなくグリセロール生成に振り向けるようにすればいい（本章のコラム「遺伝子組み換え酵母」参照)。生物学的に酸度を調節する酵母の開発も進められている。

健康増進　ワインのなかで、好ましくない物質の濃度が上がってしまう場合がある。たとえば、カルバミン酸エチルや生体アミンなどだ。こうした物質はできるだけ減らしたほうがいい。また、酵母の遺伝子を操作して体によいとされる物質（レスベラトロールなど）の生産を高めるのもひとつの手段である。

ロセスのことである。これは、関与する菌がワインに及ぼす作用のひとつにすぎないが、最も重要なものでもある。

関与する細菌

マロラクティック発酵を行なうのは乳酸菌である。自然発酵を担う酵母と同じように、乳酸菌もブドウ畑やブドウの果皮にすみ着いている。果皮にいる微生物の個体数は、実を破砕するときにいくらか減少する。ブドウ果汁は糖度も酸度も高く、微生物には厳しい環境だからだ。酵母よりも細菌のほうがこうした環境には弱いため、とくに発酵が始動するときには細菌の個体数が減る。

破砕の際には亜硫酸を加えるのが一般的なやり方だ。これは酵母にも細菌にも有害だが、細菌のほうがさらに影響を受けやすい。そのため、酵母にとっては亜硫酸の添加によって邪魔者が少なくなり、自由に自分の仕事ができる。通常、マスト中の乳酸菌の生存細胞数は一mℓ当たり一〇〇～一万個である。発酵が進むと、マストの環境はしだいに厳しいものになり（アルコール度数の上昇や栄養分の欠乏）、生存細胞数は減少する。しかもある種の酵母は、競争相手を排除するために殺菌性の物質を分泌していると考えられている。

アルコール発酵が終わる頃、乳酸菌は一mℓ当たり一〇～一〇〇個程度しか残っていない。それでも自分の仕事を始める準備はできており、その時を待っている。というのも、この段階になると環境は乳酸菌に有利な方向に傾いているからだ。盛んにアルコール発酵が行なわれている最中は栄養分が不足していたが、それもある程度まで回復している。遊離亜硫酸の濃度もほぼゼロにまで減っている。もうひとつ重要なのは温度だ。春にセラー内の温度が少し上がれば、細菌は再び個体数を増やすことができる。

ワインにとって重要なのは四つの属の乳酸菌である。最も重要なのがオエノコッカス属（オエノコッカス・オエニという一種のみ）である。ほかには、ラクトバチルス属の一二種、ペディオコッカス属の三種、リューコノストック属の一種がマロラクティック発酵に関与している。酵母もそうだが、乳酸菌の場合も変種が重要だ。たとえばオエノコッカス・オエニには、変種によって注目すべき差異のあることがわかっている。マロラクティック発酵の多くは自然に発生するものの、一九八〇年代以降は培養されたオエノコッカス・オエニの変種が商品化されていて、マロラクティック発酵を始動させるのに利用されている。これについてはあとで詳しく説明したい。

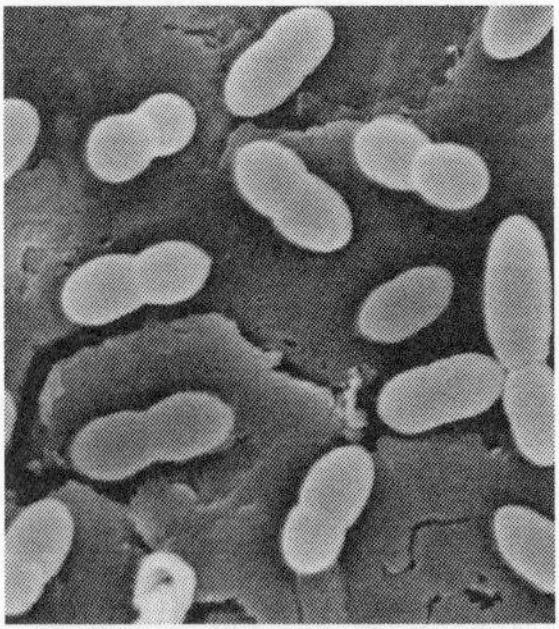
主要な乳酸菌の一種であるオエノコッカス・オエニ。（写真提供／アン・デュモン、ラレマン社）

マロラクティック発酵が起きるとき

マロラクティック発酵がいつ始まるかを予測するのは難しい。始まるときに始まる。ときには瓶詰め後に始まることがあり、そうなると悲惨な結果を招く。
マロラクティック発酵が始まるには、乳酸菌の生存細胞数が一㎖中一〇〇万個という閾値《いきち》〔ある反応を起こさせるのに必要な最小の量〕に達しなければならない。個体数を増やす要因になるのは、pH（pHが高いほど始まりやすい）、ワインに含まれる栄養分、温度、どんな変種が存在するか、などである。ヨーロッパの伝統的なワイン産地では秋にブドウを収穫するところが多く、発酵が終わる頃にはセラーの温度はかなり下がっている。このため、マロラクティック発酵が起きるまでにかなりの遅れが生じ、翌春にセラーの温度が上がってようやく始まる。つまりアルコール発酵が終わって数ヵ月たってから、ということになる。

赤ワインの場合、この遅れは危険だ。遊離亜硫酸の濃度が低いかゼロになっていて、微生物が増殖しやすいからである。悪玉酵母のブレタノミセスや酢酸菌が増えるには絶好の環境となってしまう。かといって、この時期に亜硫酸を用いると、マロラクティック発酵がまったく起こらなくなるリスクが生じる。培養した乳酸菌を使って、この危険な時期を短くしたいと考える醸造家がいるのはこのためだ。いったんマロラクティック発酵が終わってしまえば、亜硫酸を添加してワインを守ることができる。

マロラクティック発酵が完了するかどうかを左右する要因がもうひとつある。高級な赤ワインを造るうえでの最近の傾向は、アルコール発酵が完全に終わる前にワインを樽に移し、樽内でマロラクティック発酵を行なうというものだ。しかし、樽に移す前にタンク内でマロラクティック発酵を行なったほうが良い結果が得られると考える醸造家もいる。今は、オエノコッカス・オエニ種の乳酸菌を培養して凍らせたものや、フリーズドライしたものが入手できるので、どのタイミングを選ぶかはワインを造るうえでのスタイルの問題となっている。こうした冷凍乳酸菌やフリーズドライの乳酸菌は、ワインにじかに加えて使用する。だが、乳酸菌にとってはいきなり厳しい環境に放り込まれるわけなので、大変な困難に直面することになる。この種の培養乳酸菌には低pHと高エタノールに耐える能力はあるものの、亜硫酸に対する耐性はない。もしも耐性があると、あとで亜硫酸を添加してワインを安定させようとしてもうまくいかなくなるおそれがあるからだ。

最近では、試しに培養酵母と培養乳酸菌を一緒に使ってみる人が増えている。商品としてのワインにとって、アルコール発酵とマロラクティック発酵が同時に完了すればメリットがあるのは明らかだ。たとえば、タンク内や樽内での時間が短縮され、厄介な微生物が活動するリスクを抑えることができる。しかしそのためには、どの変種の酵母と乳酸菌を組み合わせるかを慎重に判断しなければならない。

近年では、遺伝子組み換え酵母の使用が認められている地域（今のところはアメリカのみ）で、遺伝子組み換え酵母の「ML01株」が利用できるようになった。この酵母には乳酸菌の遺伝子が組み込まれているため、アルコール発酵と同時にマロラクティック発酵も行なうことができる。この酵母を使っていることをあえて公言する生産者はまだいない。飲食物に遺伝子組み換え微生物が含まれているなどと知ったら、反対派のあいだでマイナスのイメージが広まってしまう。これは扱いの難しい問題なのだ。科学的に見れば、マロラクティック発酵の問題点を回避できる気の利いた解決策である。しかし世間では、たとえ安全上の問題がなくても遺伝子組み換えというだけで抵抗を覚える消費者が多い。

リンゴ酸から乳酸へ

マロラクティック発酵を経るとリンゴ酸は乳酸に変換される。これにより、青臭くて酸味の強いリンゴのような味が、もっとまろやかで魅力的な味に変わる。ここでは脱炭酸反応と呼ばれるものが起きており、二酸化炭素が放出される。このため、マロラクティック発酵中のワインを試飲してみると、少し舌に刺激を感じる。ワインが安定せず、瓶詰め後にマロラクティック発酵が始まってしまうと、若干発泡性のあるワインになる。マロラクティック発酵を経ると、ワインのpH値は〇・一〜〇・三程度上昇する。これはかなりの変動だ。しかし、味の違いはpHのみからくるものではない。リンゴ酸から乳酸へと変化することも重要な役割を果たしている。

マロラクティック発酵が風味に与える影響

乳酸菌がワインの味や香りに与える影響はかなり複雑で、十分に解明されたとはいいがたい。プラスの影響もあればマイナスの影響もある。

まずマイナスのほうから見ていこう。ひとつ懸念されているのが、乳酸菌が人体に有害な化合物を作ることだ。前述の遺伝子組み換え酵母ＭＬ０１が開発されたのも、これを避けたいというのが背景のひとつにある。乳酸菌はときとして、ヒスタミン、エチルアミン、イソアミルアミン、カダベリン、プトレシン、ジアミノペンタンといった生体アミンを作ることがある。どれを生成するかは変種によって異なるのだが、これらは人体に悪影響を及ぼす可能性が指摘されている。症状は吐き気、ほてり、頭痛などだ。とはいえ、ワインに含まれる程度の濃度で実際にそういう症状が起こりうるのかははっきりしていない。生体アミンの生成は、pHの高いワインほど顕著に見られるようである。生体アミンを少量しか生産しない乳酸菌も培養されている。

乳酸菌はアミノ酸のアルギニンを代謝できるが、代謝が不完全だとシトルリンを生成し、そこからカルバミン酸エチルが作られることがある。カルバミン酸エチルは（弱いとはいえ）発がん性をもつ物質だ。カルバミン酸エチルは酵母によって作られる場合もある。やはり発がん性が疑われるアクロレインも、乳酸菌によってグリセロールから生成される。アクロレインがワイン中のフェノール類と結合すると強い苦味を生じるので、ワインにとってはありがたくない。アクロレインを作るのはおもにラクトバチルス属の乳酸菌だ。これは、ワインのpHが高めの場合にマロラクティック発酵を起こす。

ワイン中のクエン酸は乳酸菌に分解され、結果的に酢酸（揮発性酸）の濃度が高くなる。さらにこの過程でジアセチル、ブタンジオール、アセトインが生成される。ジアセチルの生成は、マロラクティック発酵がもつ大きな問題点だ。バターやポップコーン、あるいはヨーグルトに似た強い匂いを放つからである。低濃度（一ℓ中四mg未満）であれば、ワインの種類によってはプラスに働く場合もあるものの、高濃度（通常は一ℓ中五mg以上）ではそうはいかない。

ではプラスの影響はどうだろうか。乳酸菌はβ《ベータ》-グルコシダーゼという酵素をもっていて、これが好ましい風味化合物を放出することが知られている。花の香りがするモノテルペンもそのひとつだ。この酵素からは、フルーティな香りのエステル類が放出される場合もある。ただし、乳酸菌はエステル分解酵素ももっているため、生成されたエステルをワインから取り除いているとの報告もある。どうなるかは、乳酸菌の変種とワインの種類しだいだ。それからもちろん、リンゴ酸が乳酸に変わることによる風味の変化は好ましいものである。

どの種、またはどの変種の乳酸菌がマロラクティック発酵に関与するかは、ワインのpH値によってかなり違ってくる。pH値が三・五を超えるとマロラクティック発酵が進行する速度が速くなり、ペディオコッカス属とラクトバチルス属の乳酸菌が関与することが多い。これは厄介な問題につながるおそれがある。チーズのような、バターかミルクのような、不快な風味が生じるリスクが高まるからだ。pHが高くなると、赤ワインにブレタノミセス（次章参照）が増殖する危険性も非常に大きくなる。pHが高いと亜硫酸の働きが鈍くなることもその理由のひとつだ。マロラクティック発酵が起きるとpHが上昇するので、これは深刻な問題となっている。pHが低い（三・五以下）場合は、マロラクティック発酵によって異臭が生じるリスクは小さい。ただし、低すぎるとマロラクティック発酵がなかなか進まなくなる。

マロラクティック発酵が必要なのはどんなワインか

ほぼすべての赤ワインが、マロラクティック発酵を完了する必要がある。私が気づいた唯一の例外は、ポルトガル北部で造られるヴィーニョ・ヴェルデの赤だ。主原料となるヴィニャオン種は、果肉の赤いブドウ品種である。ヴィーニョ・ヴェルデの赤は、黒に近い色と鮮烈な風味が特徴で、大樽からサンプルを試飲したときのような味がする。若飲み用に造られ、少量の炭酸水を入れて飲まれることが多い。瓶詰めされるものは少なく、普通はカラフェから供される。マロラクティック発酵を経ていないために、爽やかな青さとリンゴのような風味が効いていて、それがプラスに働いている。しかし、圧倒的大多数の赤ワインはマロラクティック発酵を経る。温暖な地方では、ブドウに含まれるリンゴ酸の濃度がもともと低いので、マロラクティック発酵が起きてもあまり大きな違いは出ない。マロラクティック発酵を経る白ワインも少なくないが、こちらは必要性からというよりも、スタイルの問題という面が大きい。フレッシュさと酸味を残したいと思う場合は、部分的なマロラクティック発酵を行なうのを選ぶ。

マロラクティック発酵を起こしたくない場合は醸造家がさまざまな方法で介入して、乳酸菌が増殖しにくい環境を作る。たとえば、冷却する、亜硫酸を添加する、澱引きや澱下げをする、などだ。そのうえ、抗菌作用のあるリゾチームという酵素を使うことが多くの国で認められている。

以上、マロラクティック発酵について簡単にまとめてみた。これを読んだだけでも、このプロセスがワイン造りのなかでもとりわけ予測しがたく、とりわけ理解されていないことがわかっただろう。リンゴ酸が乳酸に変わることが風味のうえで重要なのはもちろん、乳酸菌が風味化合物を作り出す点も注目に値する（それがプラスに働くとは限らないが）。信頼性の高い培養乳酸菌が利用できるようになったのは最近のことだ。マロラクティック発酵をコントロールしたいと考える醸造家にとっては、価値ある一歩といえるだろう。白ワインの生産者にとって、マロラクティック発酵を許すか許さないかは重大な判断である。マロラクティック発酵を自然に起こすことに決めた場合でも、温度、栄養分の含有量、pH、亜硫酸の濃度といった醸造上のさまざまな選択肢をどう選ぶかによって、マロラクティック発酵が開始される時期が左右され、付随するリスクも変わってくる。

17章　ブレタノミセスは異臭か個性か

ワインの欠陥にはいろいろな種類があるが、ブレタノミセス（通称「ブレット」）の問題ほど多面的で興味深いものはそうないといっていい。というのも、場合によってはプラスにもなりうる欠陥だからだ。垂涎《すいぜん》の的《まと》の高価なワインが、その特徴のいくらかをブレットに負っていることは実際にある。これは賛否両論を呼ぶ話題でもある。ブレットは何が何でも避けるべきだという意見もあれば、もっと柔軟に考えたほうがいいとの声も少なくない。

まずは基本的な事項から見ていこう。ブレタノミセスは酵母の一種であり、細菌ではない。ブレタノミセスは二〇世紀初頭にビール産業で発見され、イギリスとベルギーに特有のビールスタイルには欠かせない一成分であることがわかった。それが証拠に、サッカロミセス・セレヴィシエの培養酵母のみを使ってはじめてイギリスビールを醸造してみたとき、できあがったビールの風味は何かが欠けているように感じられた。欠けていたものはブレットの痕跡である。良質のビター（ホップの効いた苦味の強いビール）

にブレットが加わると、非常に興味深い風味になるのだ。

ブレットがワイン造りにおいて頭痛の種となるのは、腹立たしいほど頑丈で、何もせぬまま好機を待ち、ほかのどんな微生物も寄せつけないような環境でも増殖するからである。具体的にいうと、通常のアルコール発酵とマロラクティック発酵が終わってから深刻な害を及ぼす。ブレットは時間をかけて増え、なかなか死なず、栄養分もあまり必要としない。白ワインに見られるケースもあるにはあるが（非常にまれだが）、圧倒的に赤ワインの問題といえる。ブレットは独特の風味を生み出すため、それが高濃度になるとワインは台無しになりかねない。

ワインにすむ微生物たち

前の章でも詳しく見たように、ワイン造りにおける微生物の活動は複雑だ。前章で使った山腹と植物の比喩をもう一度思い出してほしい。山のふもとには何百種類もの植物が生えているが、高度につれて気温が下がると植物の顔ぶれは変わり、種類も減っていく。ワイン中の微生物にも同じことがいえる。違うのは、空間的な変化ではなく時間の経過につれて顔ぶれが変わるという点だけだ。

ブドウの実を破砕したばかりの果汁には多種多様な微生物が存在する。発酵が始まって、アルコール濃度が上昇するにつれ、最初にいた微生物は急速に消えていく。環境がますます厳しいものになっていくと、目立つ酵母はサッカロミセス・セレヴィシエだけになる。アルコール発酵が終わると、サッカロミセス・セレヴィシエの個体数は大幅に減少する。この時点で糖分や栄養分が使い尽くされていれば、ここですべては終了し、ワインは安定する。ところが、使い尽くされていないと、悪玉微生物が増殖する余地が生まれる。なかでもとりわけたちの悪いのがブレットだ。ブレットはいろいろな物質を栄養源として利用できるため、抑え込むのはなかなか難しい。

ブレットの混入したワインの特徴

ブレタノミセスの問題の原因について詳しく見ていく前に、まずは一番肝心な部分に焦点を当てよう。ブレットの問題が起きたワインとは、具体的にどんな特徴をもつのだろうか。ブレットが味や香りに及ぼす影響は多岐にわたる。はじめは品種特有の個性が弱まることとして現れ、次いでブレットの細胞内にあるエステル分解酵素によりフルーティな香り成分が分解される。エステル類はフルーティさを生み出す化学物質だ。このため、ピノ・ノワールのようなブドウ品種はとりわけ手痛い打撃を受ける。鮮烈なサクランボとスミレの香りが失われてしまうからであり、このように果実味が失われることがブレットの存在を示す初期の手がかりになる。これがブレットの第一の作用だ。いわば「引き算」の作用といっていい。

「どうやらブレットは、発酵に利用できない糖類を奪ってしまうようです。それが残っていれば、ワインにまろやかさが加わるのですが」。ニュージーランドの醸造家で、この問題に詳しいマット・トムソンはそう嘆く。「ブレットはペントースという糖を代謝することができます。ペントースは残留糖量が低い〔一ℓ中二〜四グラム〕ので、甘さとしては感じませんがボディとして感じられます。残留糖量が一ℓ当たり一・五グラムという相当にドライな状態からでも、ブレットは糖を奪って最終的には〇・五にしてしまう。この一グラムの差は大きいですよ」とトムソン。「それにタンニンが少し田舎臭くなりますね。私が思うに、ピノやネッビオーロにブレットが混入した場合、一番いやなのは大事なものが失われることです。何かが加わるのではなく、赤ワイン特有の香りを奪い取ってしまうところがなんとも腹立たしいんです」。

トムソンはさらに続ける。「ピノ・ノワールには少しブレットが入ったほうがいい、なんていう人がいますが、あれはどうかと思いますね。きっと、入っていないものを飲んだことがないからそんなことをいうんでしょう。ブレットは本来の魅力を奪ってしまいます。樽から試飲すれば、同じワインがどう変化していくかがわかります。ブレットの弊害を理解するには、それをしなければだめです」。

では、ブレタノミセスによってつけ足されるものは何だろうか。ブレットが混入したワインには異臭がする。そのおもな原因物質は、揮発性のフェノール化合物と脂肪酸だ。オーストラリアワイン研究所（AWRI）のピーター・ゴッデンはこう話す。「匂いの面で重要な順にあげると、中心的な物質は4-エチルフェノール（4EP）、イソ吉草酸（IVA、別名3-メチル酪酸）、4-エチルグアヤコール（4EG）だといわれています」。

ブレットが混入したワインのなかで一番目立つ物質は４ＥＰだ。馬小屋、納屋、汗で濡れた鞍《くら》などと表現される匂いは、この４ＥＰが原因である。ワインに４ＥＰが含まれていれば、まず間違いなくブレットが混入しているので、たいていの診断テストは４ＥＰの有無を調べる。４ＥＧは４ＥＰよりは多少魅力的で、スパイシーな燻製香で知られている。ＩＶＡは揮発性脂肪酸の一種であり、ウマの匂いのような悪臭の原因となる。これはじつに複雑な研究領域なのだとゴッデンは強調する。

「ブレットが作り出す化合物にはいろいろな種類がありますし、４ＥＧ、４ＥＰ、ＩＶＡの比率が違うだけでも匂いは違ってきます」とマット・トムソンは説明する。「ワインの種類によっても影響の現れ方は変わります。少し前に発表された研究では、ピノ・ノワールの場合は４ＥＰより４ＥＧのほうがかなり多く作られることがわかりました。私自身もそれは気づいています。薬のような、焦げ臭いような４ＥＧの匂いを４ＥＰより強く感じるんです。ピノに４ＥＰが生じてしまったら、もうだめですね。相当な悪臭がします。ですが、率直にいって４ＥＧもかなり厄介だと思っています。ペントースがなくなって、ボディがなくなって、何よりフルーティさが失われてしまいますから」。

揮発性の臭気物質すべてにいえることだが、匂いに対する敏感さは人によってかなり個人差があるうえ、同じ人であっても匂いを感じる閾値には違いがある（何らかの臭気を感じる閾値と、その匂いの正体を認知する閾値が異なる、など）。ゴッデンによれば、４ＥＰを感知するための最低濃度は一ℓ当たり四二五マイクログラムが目安になるという。これ以上の濃度になると、明らかにブレットが混入した匂いを放つ。この濃度に達しないと、ワインの特徴が変化していても、それが4EPのせいだということをたいていの人は認識できない。4EGの場合、感知に必要な最低濃度は一ℓ当たり一〇〇マイクログラム前後である。ただし、こうした数字は絶対的なものではない。ワインのスタイルや、ほかの揮発性化合物の存在などによって変化する可能性があるからだ。

ブレットの混入を見抜く方法を人に教えるのは難しい。ブレットが増殖を始めたときにどんな栄養分を利用したかや、どういう変種のブレットが関与しているか、あるいはワインのなかにほかにどんな風味化合物が含まれていたかで特徴の現れ方が大きく異なるからだ。そのうえ、生成される悪玉化合物の組み合わせやその比率によっても、ブレットがワイン全体に及ぼす影響は違ってくる。私自身にも経験がある。ブレットのせいで土やスパイスの香りが増すこともあれば、極端な場合は家畜小屋のような糞臭がするケースもあるのだ。

ブレットの問題はどれくらい広がっているか

この問いに手短に答えるなら、ブレットはきわめて広い範囲で見られ、ブレット混入の問題はますます増えている。ブレタノミセスは白ワインに発生してもおかしくはないし、実際に発生例もある。だが、赤ワインに混入するケースが圧倒的に多い。赤ワインのほうがポリフェノール類の含有量がはるかに多いうえ、一般にpHも高い。どちらも、ブレットの増殖を促す要因だ。それはなぜかについて、以下に簡単に説明しよう。

ワイン醸造技術の水準が世界的に上がっているのに、ブレットが増えていると聞いて、はじめ私はいささか驚いた。その背景にはふたつの要因があるようだ。ひとつは昨今の「自然派」ワインブームである。「人の手を必要最小限しか加えないでワインを造れば、ブレットが混入するのにうってつけの環境ができます」とゴッデンはいう。「一九九〇年代にブレタノミセスの発生が増えたのも、実を破砕する際に亜硫酸を加えないやり方が流行したからではないかと考えられます」。たしかにブレットの混入を防ぐには、遊離亜硫酸（SO_2）を適切な濃度に保つのが一番効果的である。カリフォルニアのワイナリー「ボニー・ドゥーン」のランダル・グラムは次のように指摘する。「破砕のときに亜硫酸をいっさい添加しない主義であれば、ブレットが入り込む確率は大幅に高まります。また、瓶詰め前の熟成期間に亜硫酸を添加しないか、もしくは少量しか添加しないとしたら、やはりブレットが入り込むリスクが高まります」。AWRIの研究によると、ブレットを死滅させるには、適切な間隔をあけて一回当たりの亜硫酸添加量を多くするのが一番いいようだ。

ふたつ目の要因は、いわゆる「インターナショナル」スタイルの赤ワイン造りが主流になりつつあることだ。つまり、非常に熟した実を使って、抽出式でワインを造るのである。「こうして造ったワインはpHが高く、フェノール化合物も豊富に含まれています」とグラムは説明する。pH度数は重要だ。おそらく、亜硫酸添加の効果を左右していると思われる。pHが高いと亜硫酸の効果が下がるため、ブレタノミセスが増殖しやすい。ポリフェノール類がどれくらい含まれているかも問題である。ポリフェノール類は揮発性フェノールの前駆物質であり、揮発性フェノールがブレット混入ワインの異臭のおもな原因だからだ。

きわめて大きなリスク要因のひとつは、発酵が終わっても糖分や窒素源が残っていることである。過去二〇年間でアルコール度数が徐々に高くなっているため、酵母はたいていの場合、糖分を代謝し尽くすことができない。フランスのパスカル・シャトネの研究により、残留糖度が一ℓ当たり〇・五グラムもあれば、ブレタノミセスが増殖してワインの風味に深刻な悪影響を与えることがわかっている。

ブレタノミセスが増えるには、糖分だけでなく窒素源も必要だ。ワインが発酵するとき、サッカロミセス・セレヴィシエは窒素源としてアミノ酸を利用している。最近では、発酵を滞らせないために、酵母用の窒素源としてリン酸二アンモニウム（ＤＡＰ）を補うやり方が主流になってきた。しかし、ＤＡＰを実際に必要とするのは二回に一回の割合にも満たない。そのため、ＤＡＰは酵母の「ジャンクフード」と呼ばれている。酵母はアミノ酸よりもＤＡＰを優先して利用するため、残ったアミノ酸が窒素源となってブレットが増殖しやすい環境を作る。

古い樽でワインを熟成させる習慣も、ブレタノミセスを増やす原因のひとつだとよく指摘される。だが、ランダル・グラムにいわせればそれだけのせいではない。「古い樽にはブレットがすみ着きやすいというのが通説ですが、それはちょっと根拠がないし、短絡的だと思いますね。汚れた樽からは汚れたワインができる。それだけのことです。ブレタノミセスはいたるところにいるわけですから、ブドウの実に付着してきたものが多いんじゃないでしょうか」。

ブレット混入の問題がどの程度広がっているかを見極めるため、ピーター・ゴッデンと共同研究者は、オーストラリアの五つの主要ワイン産地でカベルネ・ソーヴィニヨンの調査を実施した。その結果を彼はこう説明してくれた。「消費者が産地を混ぜて一ダースのワインを買ったとすると、そのうちの何本かには一ℓ当たり四二五マイクログラムを超える4EPが含まれています。ワインを頻繁に飲む人であれば、かなりの量のブレットに遭遇するはずです」。

ゴッデンのチームは、単一品種のいろいろな赤ワインについてもこうした成分の濃度を調べた。合計一九二本のワインを対象に、4EP、4EG、IVAの濃度を測定し、その結果をまとめたのが次頁の表である。カベルネ・ソーヴィニヨンはとくにブレットが混入しやすいようだ。カベルネ・ソーヴィニヨンとシラーズの平均を見ると、どちらも嗅覚閾値を超えていた。じつに驚くべき発見である。

ブレットが混入するのは衛生管理が十分ではないからだという誤解は根強い。「どんなに清潔なセラーにだってブレットは発生しますよ」と、ブレッドに詳しいマット・トムソンは指摘する。探してもブレットが発見されなかった、というワイン産地は今のと

AWRIが2003年に調べた単一品種赤ワイン中の4-エチルフェノール 4EP、4EG、およびIVAの濃度と比率

品種	ワイン本数	4EP平均（μg/l）	4EG平均（μg/l）	4EP:4EG平均比率	ワイン本数	IVA平均（μg/l）
カベルネ・ソーヴィニヨン	33	771	76	14	30	1,264
ネッビオーロ	14	368	49	9	13	1,155
ピノ・ノワール	13	120	50	3	11	718
シラーズ	19	495	37	24	16	929
合計	79				70	

（資料提供／AWRI）

ころひとつもない。オーク樽が原因になっているケースが多いのではないかとトムソンは考えている。ブレットはオークにすみ着くことができ、どんなに洗っても取り除くのはまず無理だ。「オークの新樽を使ったら、ブレット入りのワインになります。衛生管理の問題ではないのです」。

トムソンは続ける。「セラー内にオークの新樽が多ければ多いほど、ブレットの数も増えます。ワインのpHが高いほど、そして収穫した実が熟しているほど、ブレットは増えます。非常に熟した実を使って糖度が高くなれば、発酵はなかなか進まずにブレットが増えます。樽内に糖が残留していたら、ブレットは増えます。亜硫酸の濃度が低ければ、あるいはマロラクティック発酵が終わっても亜硫酸を添加せずにワインを長いあいだ放置したら、ブレットは増えます。ほかのものから樽に汚染が移るようなやり方をしていれば、ブレットは増えます。セラーの温度が高くてもブレットは増えます。こういうことをしていたらブレットは増えて、大きな問題になるのです」。

トムソンはこうもつけ加える。「セラー内でブレットが見つかったら、樽の取り扱いは慎重にしなければなりません。樽にも汚染が広がるおそれがあるからです。個人的には、樽メーカーとブレットの関係について調べてみてほしいですね。そんな話を聞いたら、樽メーカーはきっと逃げ出すでしょう。ブレタノミセスがもつ代謝の仕組みを考えればわかります。ブレットはオークに含まれるラクトンを代謝できるんです。ラクトンを代謝できるのだとしたら、ラクトンの存在する場所で進化したと考えるのが自然ですよね。これが偶然だとしたら相当な偶然です。森にオークが存在する環境で進化してきた可能性が高いと私は思います」。

トムソンはさらに続ける。「フランスの森に入って行ってちゃんと探したら、ブレタノミセスが見つかるかもしれません。トーストした樽の内側を調べてももちろん確認できませんが、樽を分解して、樽板と樽板のあいだのワインがしみているところを探せばたぶん見つかるでしょう。ブレットがどこかの森にすみついている可能性はかなり高いと思いますよ。一九八〇年代にはブレットが森にいた様子はありません。ワイン評論家のロバート・パーカーが『オークはいい、もっと使おう』といい出して、オーク樽のブームが起きた。当然、樽メーカーは事業を拡大しました。そこで新しく材料を調達することにした森に、ブレットがたくさんすんでいたんじゃないでしょうか。私はそうにらんでいます。ぜひとも誰かに調査してもらって、確かめてほしいですね」。

トムソンは最後にこう指摘した。「うちのワイナリーでは対策を徹底して、ほかのところから樽に微生物が移らないようにしています。だからわかったんです。樽メーカーによってブレットの汚染のひどいところがあるということが。どの樽にも全部ブレットが見つかるメーカーもあれば、見当たらないメーカーもあります。樽がブレットに汚染される理由は、もともとブレットがついていたのか、あるいは栄養になる物質がオークに多く含まれていてブレットの大幅な増殖を促しているかのどちらかだと私たちは考えています。どちらの可能性も排除できません。研究がなされてしかるべきです」。

ブレットはオークが好きだ。トーストされた新樽がとりわけ好みで、樽板の表面から六ミリくらいの深さにまで食い込んでいることがある。このため、蒸気やオゾンで洗浄するのは非常に難しい。ブレットは、樽板をトーストしたときに生成されるセロビオースという物質も栄養源にすることができる。頑丈なので、どういう方法で洗浄してもたいていは生き延びる。そしていったんすみ着いてしまったら、死滅させるのは至難のわざだ。

一九九〇年代になるまで、ブレタノミセスの混入はボルドーでは珍しくなかった。いくつかの有名な高級ワインは、特有の「悪臭」で知られていた。まず間違いなくブレットの混入だろう。しかし、データがないため（またほとんどのワイナリーは当然ながら認めたがらないだろうから）、具体的な名前をあげることは控えたい。ところが、一九九〇年代の後半以降、ボルドーでのブレット混入は大幅に減った。これはおもに、パスカル・シャトネの革新的な研究のおかげである。一九九五年、シャトネは一〇〇種類のフランス産赤ワインを調べてその結果を発表し、検査したボトルの三分の一に知覚閾値を超える揮発性フェノールが含まれていることを示した。

どうやら結論としては、ブレタノミセスは広く分布していて、赤ワインの樽であればどれにブレットの汚染が起きてもおかしくないといえそうだ。適切な環境さえあれば、かならずブレットは入り込む。したがって、ブレットの混入を避けるためには、無菌のワイナリーを造ることではなく（そんなことは不可能だ）、樽をブレットのすみ着きにくい環境にすることを目指すべきだろう。とはいえ、ワイナリーの衛生状態を改善するのが無意味なわけではなく、汚染のレベルを下げる効果はあると見られる。やはり清潔を心がけるにこしたことはない。

ブレットか、ムールヴェードルか、テロワールか

ブレタノミセスはワインマニアが好んで取り上げるテーマだ。ひとつのワインにブレットが混入しているかいないかと、彼らはしばしば延々と議論を戦わせる。こういう議論でよく話題にのぼるのが「シャトー・ド・ボーカステル」だ。ローヌ地方シャトーヌフ・デュ・パプ地区にあって高い評価を受けるワイナリーである。ボーカステルの過去のヴィンテージ・ワインは、土の香りとかすかな動物臭を特徴とするものが多く、これをテロワールの現れと見る者もいれば、ムールヴェードル種の割合が多すぎるせいだという者もいる。あるいはブレットの混入だとの意見もある。誰が正しいのだろうか。

一九九八年、アメリカ人ワイン・コレクターのチャールズ・コリンズは、ボーカステ

ルとブレットの問題に決着が着かないことに業を煮やし、自分で真相を突き止めることにする。彼はこのテーマに関する学術論文をいくつか手に入れ、詰め込み勉強をした。「4EPという化合物が存在すれば、まず間違いなくブレットが混入しているしるしだというのがわかりました」とコリンズは振り返る。彼は、4EPの検査をしている研究所に連絡をとり、自分のセラーにあったボーカステルを送った。「とくに有名な一九八九年物と一九九〇年物を送ったんです」とコリンズは振り返る。「その二本が、ボーカステルの素晴らしさを体現していると思いましたから」。三七五mℓの殺菌済みガラス瓶にサンプルを詰め、真新しいコルクで栓をする。瓶にはラベルを貼って、正体がわからないようにした。

はたして結果は？　コリンズによれば、「どちらのワインにも、紛れもなくかなりの量のブレタノミセスが混入していた」という。顕微鏡で確認できたブレタノミセス本体はごく少数で、しかもほとんどが死んでいた。だが4EPの濃度は、一九八九年物で一ℓ当たり八九七マイクログラム、一九九〇年物ではなんと三三三〇マイクログラムだった。コリンズはこうまとめる。「個人的にブレットの匂いが好きなら、こういう結果を聞いてもやはりボーカステルを買いたくなるだろうし、自分のワインセラーに入れたくなるでしょう。ただし、変わった風味はテロワールのせいだという間違った思い込みは捨てたほうがいいですね。実際はそうじゃないんですから」。

「私たちは、自然なブドウ栽培と自然なワイン醸造が大切だと考えています。そのため、祖父の代から科学者たちと真剣な議論を戦わせてきました」。そう語るのは、ボーカステルのマルク・ペラン。「科学者のワイン観と、私たちの伝統的なテロワール重視のワイン哲学とでは、相容れない部分がたくさんあります。ブレタノミセスの問題もそのひとつにすぎません」とペランは説明する。「自然派のワインには、かならずある程度のブレタノミセスが混入しています。ブレタノミセスを腐敗菌と誤解している人が多いようですが、実際はワイン造りの過程で存在する酵母の一種です。ムールヴェードル種のようなブドウは、ほかの品種より4EPの前駆物質が多く含まれますし、私たちの畑ではムールヴェードルが大きな比率を占めます。もちろん、産業用酵母で発酵を起こし、ワインを亜硫酸で満たし、徹底的に濾過することもできます。そうすれば残留酵母はありません。その代わり、何の味も、何の個性《ティピシテ》もなくなります。それが自然派ワインと工業的なワインの違い。職人技によるものと、量販向け商品の違いです」。

複雑味が増す？

ボーカステルのとくに有名なワインの一部に高濃度のブレットが混入していたのだとすると、ひとつの重大な、そしてじつに興味深い疑問が浮かぶ。ブレットが善玉になることなどあるのだろうか。少量であれば、ある種のスタイルの赤ワインにプラスの効果を及ぼすことがあるのだろうか。

シャトネやゴッデンの調査結果があらゆるワインに当てはまるとしたら、閾値を超えるブレットが混入していながら高い評価を受け、大勢の消費者が楽しんだワインはこれまで数多くあったと考えられる。ひどい悪臭ならたいていの人はいやがるだろうが、低濃度のブレットなら問題にならないのかもしれない。むしろ、芳醇なタイプの赤ワインであれば、少量のブレットが複雑味を増している可能性すらある。

オーストラリアのワイナリー「ルーウィン・エステート」の醸造責任者であるボブ・カートライトは、こう認める。「ワインに複雑味を増したいがために、ある程度のブレットを入れたいと考える醸造家は大勢います。問題は、どこまでいくと多すぎてしまうか、です」。ランダル・グラムはまだ決めかねている。「理論のうえでは、ブレットによっていくらか複雑味が増すことはあるかもしれません。ですが、現段階ではブレットの濃度をそう簡単にはコントロールできないんです。そこが問題です」。パスカル・シャトネはブレットの利用に反対の立場をとっている。彼の考えでは、ブレットが混じると果実味が乏しくなり、個性《ティピシテ》に欠けたワインができる。「地球上のどんな赤ワインのなかでもブレットが増殖できるとしたら（実際にそうなのですが）、すべてのワインが同じ匂いになってしまう。じつに残念なことです」。

ピーター・ゴッデンもあまり乗り気ではない。「ブレタノミセスを根絶できるなら、それにこしたことはないと思います」と話す。ただしゴッデンは、どんな場合もブレットが悪だといい切るまではしない。「実験でワインにブレットの特徴を加えると、味は著しく落ちます。ただ、4EGは複雑でおもしろい風味をもっていて、4EPのような味覚への悪影響はありません。ですが、ブレットが混入すると、4EGの一〇倍もの4EPが発生してしまうんです」。

ワイン研究者でコンサルタントのリチャード・ギブソンは、この問題についてこうコメントした。「ブレット的な特徴が多少あったほうが、ワインの複雑味が増すのかどうか。これについては、議論に終止符が打たれることはないでしょう。たしかに、スパイシーな特徴をもつ4EGが少量あるほうが、チーズのようなIVAよりは好ましいかもしれません。つまり、大事なのはブレットの量だけではなく、ブレットから何を得るかなんです。私が重視しているのは管理とコントロールですね。少しだけ欲しいにしろ、山ほど欲しいにしろ、重要なポイントは同じ。ワインのスタイルに合った結果を得つつ、セラー内のほかのワインの品質をおびやかさないようにすること。そのためには、自分のワインとワイナリーの環境をどうやって管理すればいいかが問題です」。

ワイン醸造家のサム・ハロップは、「マスター・オブ・ワイン（MW）」取得のための論文作成の一環として、じつに興味深いテイスティングを実施した。彼はシラー種ワインの風味にブレットがどう影響しているかというテーマに興味をもっていたので、二五種類の代表的なシラー種ベースの銘柄をテイスティングした。このなかには、オーストラリア「ペンフォールルズ」社の一九九〇年物「グランジ」、「ヘンチキ」社の一九九六年物「ヒル・オブ・グレイス」、フランス「ジャブレ」社の一九九六年物「ラ・シャペル」、「シャーヴ」社の一九九七年物「エルミタージュ」などの有名ワインも含まれている。

ワインビジネスに携わる十数名（私も参加した）が招かれてテイスティングをし、それぞれのワインにブレットを感じるかどうかをコメントする。テイスティングのあと、各ワインのサンプルを化学分析に出し、4EPと4EGの有無を調べさせた。

結果は明らかだった。許可を得ていないので、個々のワインについて具体的な数字をあげるのは控えるが、二五種類のうち一一種類から検知閾値を超える4EP（一ℓ当たり四二五マイクログラム超）が検出されたのである。4EPが一ℓ当たり一〇〇マイクログラムを超えたのは二五種類のうち一八種類。三種類については一ℓ当たり二〇〇〇マイクログラムを上回った。おもしろいことに、テイスティングでブレットの有無を判断した結果と実際の濃度とは、それほど一致していなかった。以上の驚くべき結果からわかるのは、高い評価を得たシラー種ベースの赤ワインにおいて、ブレットもその特徴に寄与していると思われるということだ。どうやら、どんな場面でもワインの欠陥にしかならないと、ブレットを全面否定するには時期尚早らしい。どういうワインに混入するかによるようである。

一方、ランダル・グラムは斬新な提案をしている。「栄養分を使い尽くすけれども、ごく少量の4EPしか出さないようなブレタノミセスを培養できたら非常におもしろいですね。そうすれば、自分のワインにブレットを添加できます。マロラクティック発酵のために乳酸菌を添加するのと似たようなものです。栄養分の残留がなくなれば、ワインが微生物のせいでそれ以上変質することはありません」。コンサルタントのリチャード・ギブソンはさらに革新的な考えをもっている。「現在、オーストラリアではブレットを根絶する方向に動いています。もっと理解を深めてブレットをうまく管理できるようになれば、適切なブレット化合物を高濃度でブレンドできるようになるかもしれません。しかも、ワイナリー全体の環境がブレットに汚染されることのないように管理するのです」。

では、ブレタノミセスをどう抑えればいいかという問題になる。先ほども触れたように、遊離亜硫酸を高濃度に保つのがたぶん一番効果的だろう。pH度数もふたつの点で重要だ。ひとつは、pHが低いほど遊離亜硫酸の効果が高まるので、添加量が少なくて済むこと。もうひとつは、低pHのほうが亜硫酸が遊離型になりやすいことである。そのほかの予防策としては、発酵が終わったときにワイン中に糖分を残さないようにしてブレットの増殖を防ぐことや、樽、発酵槽、タンクの温度を低めに保つことなどがある。

ブドウの実の糖度が高すぎると、ブレットが増殖するリスクが高くなる。アルコール発酵を担当するサッカロミセスが、糖分を使い尽くせなくなるからだ。サム・ハロップは、問題はブドウ畑にもあるかもしれないと指摘している。「ワイン生産者がブレタノミセスを手なずけたいと真剣に思うなら、アルコール度数が低くなるようにブドウを成熟させる努力をすべきです。そうすれば健全な発酵が起きて、残留糖分が減り、ブレタノミセスが増殖しにくくなります。しかも、糖度が低い状態で収穫すればブドウのpHが下がるので、亜硫酸の効果が高まり、ワイン造り全体を通してブレタノミセスを管理しやすくなります」。

二炭酸ジメチル（略称DMDC）という化学物質を用いる方法もある。DMDCを使用すれば、活動中のブレタノミセスをすべて死滅させ、ブレンドや瓶詰めの前に効果的に殺菌ができる。DMDCが使えなければ、瓶詰め前に濾過してワインを安定させ、ブレット増殖のリスクを避けるのが得策だ。ただし、濾過によってワインの風味成分まで除去するおそれがあるのが難点ではある。いずれにしても、自分の運によほどの自信があるなら別だが、少量のブレタノミセスで遊んでみたいなら測定と管理が正確にできるツールがかならず必要になる。

最近、ワイン中のブレタノミセスを制御するための新商品が発売されている。ひとつは「ノー・ブレット・インサイド」（「なかにブレットは入っていない」の意）という名前で、ある種のコウジカビから取り出したキトサンを使った製剤だ。作用の仕組みにはまだ未解明の部分もあるものの、ブレットの外側の細胞壁と結合して、何らかの方法で代謝を阻害していると考えられている。また、ブレットどうしを付着させて、タンクや樽の底に沈殿させる働きももつ。すでにブレットから4EGや4EPが作られている場合にはそれを取り除くことはできないが、それ以上の問題が起きるのを防いでくれる。

ブレットをコントロールするためのもうひとつの市販ツールが「スニッフ・ブレット」（「ブレットを嗅ごう」の意）だ。これは小さな容器のかたちで販売されていて、なかにはクマル酸を含む培養液が入っている。ここにワインを加えて二、三日おくと、自分の鼻を使ってブレットの存在を確かめることができる。培養プロセスのおかげで、匂いが大幅に高められるためだ。スニッフ・ブレットは、正規の研究設備をもたない小規模ワイナリーに向いている。

18章　理想のワイン栓を求めて

四〇年前、すべてのワインボトルは天然コルクで栓をされていた。代わるものが現実問題として存在しなかったので、その良し悪しが議論されることもなかった。もちろんワイン産業は、ワインがカビ臭くなる「コルク臭」の問題を認識していたが、黙認していたようである。コルク産業には競争相手がいなかったので、もっといい仕事をせよという圧力を受けることもなかった。

このようにほぼ独占に近い状況を謳歌していたのに、代替栓の登場を受けてコルクの市場シェアは減少していく。二〇一二年の推定によると、ワイン栓（七五〇㎖または三七五㎖のボトル用）の市場規模は全世界でおよそ二〇〇億個であり、そのうち約二五億個がスクリューキャップで、約二〇億個が合成コルク（プラスチック製）である。天然コルク（圧搾コルクも含む）がシェアのかなりの部分を占めていることに変わりはないものの、代替栓は快進撃を続けている。今のところ高級ワインはまだおおむねコルク栓を用いている。だがオーストラリアとニュージーランドは例外で、どんな等級のワインであれスクリューキャップが他を圧倒しており、注目すべき状況になっている。

コルク――たぐいまれな天然物質

ワインの栓について議論すると、たいていコルクが悪玉の役回りになる。だが、往々にして忘れられがちなのは、コルクにはたぐいまれなる特性が備わっているということだ。月並みな言葉だが、まさしく自然からの贈り物であり、瓶の栓をするにはうってつけの素材である。コルクはコルクガシの樹皮から採れる。コルクガシは一風変わった有用な木だ。普通の木は、樹皮を剝ぐと枯れてしまう。樹皮のすぐ内側には、形成層と呼ばれる管状の分裂細胞の列があり、これが茎や幹などの木質部分の新しい成長を担っている。樹皮を剝ぐと、この形成層も取り去ってしまうために木が枯れるのだ。ところが、コルクガシの樹皮は非常に厚いので、成熟した木であれば、剝いでも形成層を傷つけることがない。ほかの樹木と違って、コルクガシのコルク形成層は二層になっている。一層目はもともと表皮が変化したもので、樹齢二〇年くらいでその層を取り除くと、新しい層がすぐその内側に形成される。以後は、新しいコルク組織が急速に蓄積していくので、九～一〇年おきに剝皮《はくひ》することができ、樹齢一五〇年程度の古木になるまで続けられる。

コルク特有の物理的特性の鍵を握るのは、細胞が密に詰まった蜂の巣状の組織にある。しかも、細胞壁が「スベリン化」している（スベリンという物質が蓄積して細胞間の隙間が埋まっている状態）。スベリン化するためには、細胞壁の内側にワックス（蠟《ろう》）が大量に蓄積する必要もある。ワインのコルク栓は、こうしてスベリン化した何億個もの細胞からできており、不活性で、水や気体を通さない。コルク細胞の内部は気体で満たされているため、コルク全体を圧縮することができ、弾力性がある。コルクの幅を半分に圧縮しても柔軟性が失われないばかりか、一方向に圧縮しても他方向に膨らまないという驚くべき性質もある。水分を通さない性質は数十年間持続するうえ、圧縮された状態を保つので、長期にわたって密閉効果を維持する。

こうした組織と構造をもつからこそ、コルクはワイン栓に適しているのだ。質の良いコルクであれば、三〇年か、場合によってはそれ以上にわたって栓としての役目を果たしながら、ワインの成長と熟成を可能にする。密閉性が高いわりには、栓抜きで比較的簡単に抜けるという長所もある。そのうえ、コルク栓を抜くという行為自体がワインの伝統の大切な一部になっている。ばかげているように思うかもしれないが、コルクを抜くことには何か特別なものがあるのだ。

コルクのアキレス腱

長所ばかりを並べていると、コルク業界から金でももらっていると勘ぐられそうなので、実情を正しく伝えよう。コルクにはアキレス腱がある。天然物質なので製品によってばらつきがあるうえ、欠陥が生じやすいのだ。何より重大な欠点は、汚染物質を隠しもっていることである。その物質は、信じがたいほどの少量でもワインを台無しにしかねない。それがＴＣＡ。ワイン産業にとっての頭痛の種だ。ＴＣＡとは化学物質の略称で、正式名称は2、4、6-トリクロロアニソールという。だいたい二〇本に一本の割合で、瓶詰め直後にいわゆる「コルク汚染」が発生し、ワインにカビ臭い匂いがついてしまう。ワイン産業が抱える暗い秘密である。主犯は一部のコルクにひそむＴＣＡだが、ほかのアニソール類もカビ臭との関連が指摘されている。混入の程度がはなはだしい場合は、ワインのコルク臭に否応なく気づく。カビ臭さはときに強烈なものになるのだ。混入量がわずかであってもワインのフルーティさは低下し、香りも弱まり、濡れたボール紙のような、古い地下室のような匂いをかすかに帯びるのが普通だ。

厄介なことに、ＴＣＡは恐ろしいほど強力である。わずか五ppt（pptは一兆分の一の濃度を表し、一ℓ当たり一ナノグラムに同じ）という低濃度でも、ほとんどの人が匂いを感じる。なかにはもっと敏感な人もいるほどだ。このため、ＴＣＡを一掃するのは難しい。この濃度を別の尺度に置き換えると、六四〇〇年のうちの一秒に相当する。いかに小さい数字かがわかってもらえるだろう。十分なデータが得られた調査について見てみると、コルク栓を使ったワインボトルの二～五％程度にコルク汚染が発生している。もっとも、この発生率については異論もあるので、あとで取り上げたい。

TCAの発生源

TCAはどこからくるのだろうか。TCAは、おもに微生物の代謝産物と環境中の塩素が相互作用して生じる。コルクの製造過程で塩素消毒をすることが原因と以前は考えられていたが、塩素の代わりに過酸化水素などを使ってもやはりコルク臭はなくならない。だとすれば、外からくる塩素が原因とばかりはいえないことになる。その点を裏づけるかのような研究が、一九八七年にオーストラリアのサウスコープ社の研究者によって発表された。彼らはポルトガルの四つの地域で、コルクガシが生えているそのままの状態で組織の分析をした。すると、分析対象とした一二〇本のコルクガシのうち五八本からTCAが検出された。コルク樹皮には「皮目《ひもく》」と呼ばれる小さな孔が全体に分布していて、真菌などの微生物はそのなかにすんでいる。皮目は、コルクのなかで一番急速に細胞分裂が起きる場所で、ほかより構造が堅固ではないため、ここだけ空気の出入りが可能になっている。コルク栓で黒っぽい線や傷として見えるのが皮目だ。しかも、コルク樹皮からコルク栓を作る過程で真菌の増殖が促され、結果的にTCAの生成につながっている可能性もある。クロロアニソールは微生物がいなくても作れる。前駆物質となるフェノール類と、塩素源があればいい。

ひとつ指摘しておきたいのだが、TCAはコルクだけに発生するわけではないし、TCAだけが原因でコルク臭が生まれるわけでもない。TCAではないクロロアニソール類も汚染源になりうる物質で、ワインからも一ℓ当たり一〇ナノグラムの濃度で検出される。パスカル・シャトネのグループは、二〇〇四年の研究でカビ臭の新たな原因物質を発見した。2、4、6-トリブロモアニソール（TBA）である。TBAの前駆物質はTBP（トリブロモフェノール）で、TBPは建物内で殺虫剤として使われる物質だ。したがって、TBPが使われたことがあれば、樽も、コルクも、プラスチックも、すべてTBAに汚染される可能性がある。とりわけ汚染されやすいのは古い木造の建物である。樽自体がカビ臭の原因となる場合もある。しかし、この問題がどれくらいの樽に生じているかについては議論の決着を見ていない。ワイナリーの建物がTCAかTBAに汚染されたケースもいくつか報告されていて、結果的に大量のワインがかすかなカビ臭を帯びてしまった。とはいえ、さまざまなデータから、TCAの大部分はコルク由来であることが示されている。たとえば、二万本以上のワインを開けて試飲するような大規模なワイン・コンテストの場合、カビ臭の問題が起きているのはごくわずかな例外を除いてすべてコルク栓のボトルである。

コルク汚染はどの程度広がっているのか

「インターナショナル・ワイン・チャレンジ」は、毎年ロンドンで開催されるワイン・コンテストである。熟練テイスターからなる審査員団が、所定の手順に従って膨大な数のワインをテイスティングする。コルク臭があったボトルの数は、二〇〇一年には六％、

1　剝皮直後のコルクガシ。コルクガシは、樹皮を剝いでも枯れない珍しい木だ。　2　採取したコルク原材の束。これから加工される。　3　高温の蒸気で処理して柔らかくし、不純物を洗い流す。　4　樹皮からコルク栓を打ち抜いたところ。　5　手作業で選別された高品質コルク。非常に高価で、１個１ユーロを超える。　6　ワイナリーで行なうコルク栓の検査。使用する前に、汚染がないかどうかを確認する。

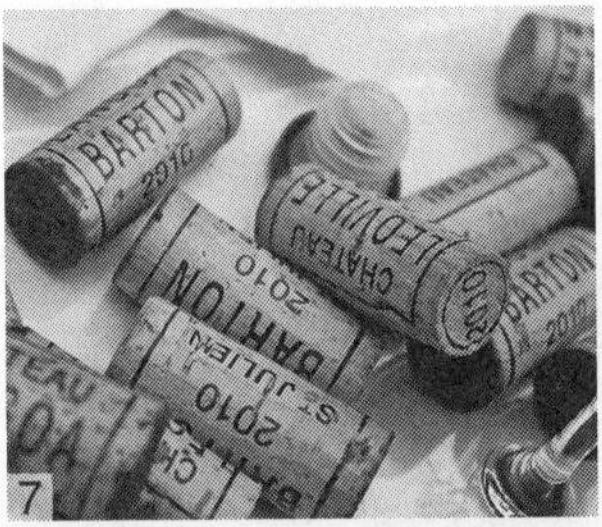

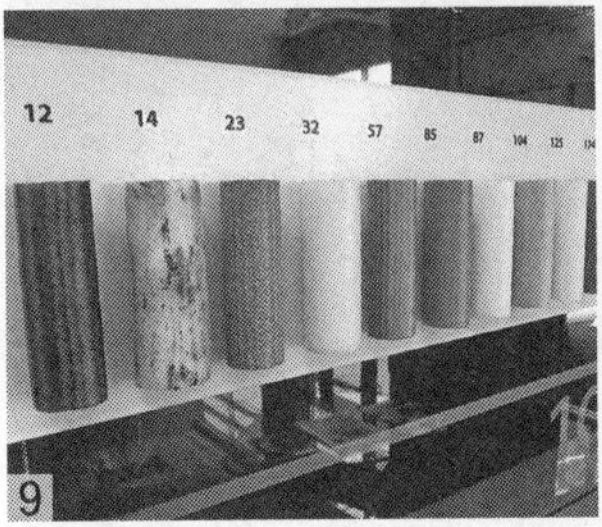

7　高級ボルドー・ワインに使われていたコルク栓。オーストラリアとニュージーランドはほぼ全面的にスクリューキャップに移行しているが、ヨーロッパの主要ワインはごくわずかな例外を除いて今もすべてコルクで栓をされている。　8　微細なコルク粒子を固めて作った「ディアム」。最近では高級ワインにも使われ始めている。　9　米ノースカロライナ州ゼブロンにあるノマコルク社の本社では、さまざまな試作品が展示されている。同社のノマコルク・セレクトシリーズは好調な成績を収めているが、当初はまったく違う姿だった。　10　このスクリューキャップのワインは、じつに1977年物である。オーストラリアのリヴェリナ大学の学生が、クレアヴァレーのリースリング種を使って造った。今も問題なく飲める。

二〇〇二年には四・六％だった。二〇〇三年には、カビ臭さが疑われるワインのすべてがコルク汚染によるものと審査員団によって確認された。結果は、天然コルクで栓がされていた一万一〇三三本のワインのうち、四・九％がコルク臭ありと見なされ、二・七九％は別の理由で欠陥があった。この数字はほかの調査の結果ともうまく符合する。二〇〇六〜二〇一〇年の五年間では、コルク臭の発生率は平均二・八％だった（個々の年では順に二・八％、三・三％、三・〇％、三・二％、一・九％）。ワイン・チャレンジでは化学分析を実施してはいない。しかし、サンプリングの規模が非常に大きいので有効性のある結果といえるし、専門のテイスターたちはコルク臭を見つける能力が高い。アメリカの有力なワイン雑誌『ワイン・スペクテイター』はコルク臭の発生率について統計をとっている。同誌の専属テイスターによると、二〇一二年にテイスティングした三二六九本のカリフォルニアワインのうち三・七％にカビ臭がした。これは過去最低の数字であり、二〇一一年の三・八％や、高かった二〇〇七年の九・五％に比べて低下しているという。『デキャンター』誌が主催する二〇一二年の「デキャンター・ワールド・ワイン・アワード」では、出品された一万四一二〇本のワインのうち、およそ三・三％にコルク臭ありとの判定が下された。ただし、そのうち一割にはスクリューキャップなどの非コルク栓が用いられていたことから考えて、実際にはコルク臭がないのに審査員が感じてしまったか、別の欠陥をコルク臭と混同したケースがあったと見られている。

コルクの性能に関するそのほかの問題——コルクは中性か?

　コルクの性能についてはほかにも疑問がある。コルクは中性で、ワインと接触しても何の影響も及ぼさないのだろうか。コルクの製造過程では、コルク樹皮の乾燥、煮沸、安定といった工程を経ることで、さまざまなタンニン化合物やフェノール化合物を取り除き、コルクができるだけ中性になるようにしている。だが、コルクが完全な中性ではなく、わずかながらワインと化学反応を起こしている可能性は高い。たとえば、フェノール化合物をワイン中に放出するなどだ。

　風味が容器に移る現象は、食品業界の悩みの種である。食品に含まれる香気成分が、容器に吸収されてしまうのだ。いくつかの研究で、TCAがワインからコルクに吸収される場合もあることが示された。AWRIの科学者はこれを知って、いろいろな種類の栓を使ってワインの香気成分が吸収されるかどうかを調べた。一九九九年物のセミヨンを使用し、調べたい化合物をそこに添加する。そのワインにいろいろな種類の栓をしたうえで、ガラスのアンプルに密封したワインと比較することにした。二年後に調べてみると、風味成分の多くは濃度が著しく変化していた。栓に吸収された分もあるが、栓とは無関係の化学変化も起きている。まず、スクリューキャップは風味成分をまったく吸収しなかったため、ガラスアンプルのワインとほとんど変わらなかった。天然コルク、圧搾コルク(半分コルクで半分合成物質)、および合成コルクは、ある種の揮発性化合物を吸収した。圧搾コルクが吸収する量は天然コルクより若干多く、合成コルクが吸収する量はそのどちらよりもはるかに多かった。結論をいえば、合成コルクは風味をかなり奪い、天然コルクであっても多少とはいえある種の香気成分を吸収する可能性がある。

コルク臭問題の解決に向けて

コルク臭を防ぐには三つの考え方がある。ひとつ目は、天然コルクからTCAを一掃すること。コルク臭の原因を取り除き、コルクの未来に希望を残そうというものだ。ふたつ目は、プラスチックなどのコルク以外の素材を使って、コルク臭のない合成コルク栓を製造すること。この方法ならワイナリーは瓶詰めワインをそのまま使え、消費者もコルク栓抜きを使える。三つ目はもっと過激で、コルク栓というコンセプトそのものをやめてしまい、スクリューキャップのような別の種類の栓に頼ることだ。

栓に求められる重要な特性――酸素透過

ワイン生産者がコルクに代わるものを探し始めてからようやく、ワイン栓にはどんな性能が必要かがまともに議論されるようになった。最初の重大な疑問は、理想のワイン栓とはどんな特性をもつ栓か、である。これに対してはいまだに明確な答えが出ていない。各種の栓を比較した研究からは、最も重要な特性が酸素透過率ではないかと思わせる結果が出ている。完全に密封して、ガラスのアンプルのように酸素をいっさい通さない栓がいいのか。それともある程度の酸素透過が必要なのか。もしそうなら、どれくらいの量か。

栓に対する見方が変わってきたのはここ数年のことである。かつては、しっかりと封じることのできる栓ほど優れた栓だと考えられていた。これはある程度までは正しい。私たちは瓶にワインは入れたいが、空気までは入れたくない。だから栓をする。コルクだとワインが「呼吸」できるという考え方があるが、これは明らかに間違いだ。酸素が自由にコルクを通り抜けたら、ワインは急速に酸化してしまうだろう。しかし、しっかり封ができるほど良い栓なのだとしたら、理想の栓は気体を完全に密封できる栓ということになる。現にスクリューキャップの支持者は、よく醸造学者の故エミール・ペイノーの言葉を引き合いに出す。ペイノーは著書のなかでこう語った。「ワインが瓶内で成長するうえで必要なのは、酸化とは逆の現象、つまり還元のプロセスだ。いわばワインを窒息させるのである」。ワイン醸造の研究で名高いフランスのパスカル・リベロー＝ガイヨンもこう述べている。「瓶内のワインのなかで起きる反応は酸素を必要としない」。一方、やはり著名なフランスのワイン科学者である故ジュール・ショヴェは、栓の問題についてこういう言葉を残している。「天然コルクに代わるものは、少なくとも今は存在しないと私は考えている。コルクには細かい孔があいているため、瓶内で酸化と還元の平衡状態を実現することができる。ワインを瓶に詰めて一五日後に飲むなら、栓などどうでもいい。だが、数ヵ月から数年のあいだワインを寝かせておくなら、コルクを使わなければならない。良質のコルクを。……私たちは実験を行ない、コルクで栓をしたワインと、ガラス栓で封じたワインを比較した。三ヵ月後、ガラス栓をしたワインのほうは見た目こそ良かったが、すでに還元の問題が生じていた。コルク栓のワインはまだ『ボトルショック』〔瓶詰め直後の不安定な状態〕から回復しておらず、少し酸化もしていた。その後、コルク栓のワインは状態が改善したが、ガラス栓のほうは悪化し、ついには飲めなくなった。軽度の好ましい熟成を実現するには、微量の酸素交換によって平衡状態に導くことが必要だと私たちは確信している」。

最近では、ワインを瓶内でうまく成長させるにはある程度の酸素透過が必要だという意見が大勢《たいせい》を占めている。「ワインの成長を管理して、消費するときに最適な状態になるようにするには、瓶詰め時や瓶詰め後に酸素を上手に使うことです。私たちはそのことを数年前から訴えてきました」。オーストラリアワイン研究所（ＡＷＲＩ）のピーター・ゴッデンはそう語る。「酸素透過ゼロが理想とはいえないワインのほうが多いと思います。自分のワインにそんな栓をしたくはありませんね。でも問題はそこではないんです。肝心なのは、瓶内に入る酸素の濃度に応じて異なるワインができるということです。私たちが実施したワイン栓の試験でも、それが重要な結果でした。最初の実験は、同じワインに一四通りの栓をして比較するというもの。以後もいろいろな種類の栓を使って違いを確認してきました。栓の種類が違えば、異なるワインができるんです。三ヵ月から半年たっただけで見た目にも差が出てきます。栓が違うと、ワインの最終的な到達点が変わります。描く軌道が違ってくるんです。酸素が必要かどうかを議論する段階はもう過ぎたんじゃないでしょうか」。

では、栓を通じてある程度の酸素が透過することがなぜ必要なのだろうか。考えられる筋書きはふたつある。ひとつは、ワインの熟成自体は酸素なしでも密封状態で順調に進むが、還元臭の問題（15章参照）を回避するためだけに酸素が必要だというもの。もうひとつは、やはりワインの熟成自体は酸素なしでも進むが、その結果が私たちにとってはあまり好ましくないというものだ。この二番目の筋書きの場合、熟成が「成功」したといえるためにはある程度の酸素が必要であり、しかもそれは単に還元臭を避けるためだけではなく、複雑な化学反応を促して最適の結果を得るため、ということになる。

しかし、問題は酸素があるかないかではない。ゴッデンも指摘するように、大事なのは酸素の透過率だ。透過率が違えば熟成の進む速度はもちろん、熟成の仕方も変わる可能性が高い。透過率の非常に低い栓をしたワインと、コルク栓をしたワインでは、最終的にたどり着く場所が異なるのだ。ワイン栓の性能を議論するうえでは、ワインを二種類に分けて考える必要がある。ひとつは早飲み用のワインであり、これが最近生産されるワインの大多数を占める。発売されたらすぐに飲むのに適していて、流通のプロセスを通るあいだだけ品質を保持できる。もうひとつは、寝かせるのを前提とした高級ワインだ。瓶内で何年もかけてより良いワインになり、品質も長期間保持される場合もあれば、質の劇的な向上は望めないながらも、レストランや個人のセラーで数年置かれても問題なく飲めるという場合もある。このように、何を目的にしたワインかによって、栓に求められるものは違ってくる。

したがって、もう少しきめの細かい問いが必要となる。高級ワインの熟成を成功させるためには代替栓に何を求めるべきか。また、早飲みワインに理想的な栓とは何か。さらに深く掘り下げていくと、赤ワインと白ワインの違いに突き当たる。赤と白では、酸素への反応の仕方が異なるのだ。赤ワインはフェノール類（抗酸化作用をもつ）の含有量が多いため、白と比べてはるかに多量の酸素を吸収しても酸化の形跡を見せない。それどころか、醸造の過程で赤ワインが適切に成長するには、ある程度の酸素に触れることが必要らしい。白ワインの場合、初期段階での処理の仕方が違うと酸化への抵抗力も違ってくる。破砕から瓶詰めまで一貫して酸素に触れなかった白ワインのほうが、醸造過程で酸素に触れた白ワイン（発酵前の果汁を意図的に酸化させたものや樽発酵させたもの）よりも酸化に弱い。ここでさらに加わる要因が、瓶詰め時の遊離亜硫酸の濃度とワインのpHである。以上を考え合わせると、栓に求められる条件はワインごとに違うといえそうだ。これまでコルクひとつでよくやってこられたものである。

ワイン栓に関する過去の研究で最も重要なのが、ＡＷＲＩによって一九九九年から実施された試験だ。この試験ではさまざまな角度から酸素透過の度合いを調べ、詳細な官能評価や、遊離亜硫酸および総亜硫酸の濃度測定も行なった。使用した栓は一四種類。数種類の合成コルクと、二種類のスクリューキャップ、二種類の天然コルク、それから数種類の圧搾コルク（アモリム社のツイントップやサバテ社のアルテック）である。このうち最も多量の酸素を通したのは合成コルクで、この栓をしたワインはすべて一年足らずのうちに酸化した。二種類の天然コルクは酸素透過率に差があったものの、平均すると合成コルクよりは成績が良かった。ツイントップとアルテックは一貫してあまり酸素を通さなかったが、コルクベースの栓の多くにはTCA汚染が発生した。最も酸素を通さなかったのはスクリューキャップである。しかし、この栓には還元臭の問題が生じた。栓をしてから六三ヵ月が経過した時点で、最も顕著な差が現れたのはワインの外見である。残っていた遊離亜硫酸の濃度を測ってその結果から推測したところ、この違いは酸素透過率の違いと密接に関連していることがわかった。このほかにも、コルクメーカーや代替栓メーカー、あるいはコンサルティング会社などが、栓と酸素透過に関するさまざまな研究を実施している。

圧搾コルク

圧搾コルクはワイン栓としての重要性を高めつつある。にもかかわらず、天然コルクや合成コルク、あるいはスクリューキャップと比べて、メディアなどに取り上げられる機会が少ない。そのため、ワイン業界においても「圧搾コルク」という言葉自体をよく知らない人が多い。圧搾コルクとは、円盤状または粒状に加工した天然コルクを接着剤で固めたものであり、安価である。今やアモリム社の売上の半分近くを圧搾コルクが占めるというから、その重要性のほどがわかるだろう。アモリム社は、圧倒的な市場シェアを誇る世界最大手のコルクメーカーである。

圧搾コルクのなかでも特筆すべきは、一九九〇年代半ばにアモリム社が開発した「ツイントップ」だ。シャンパン用のコルクを作る技術を応用したものである。

ツイントップは、コルク粒を接着剤で固めたものを本体とし、その両端を良質な天然コルクのディスク（円盤）でサンドイッチしてある。栓の両端に天然コルクがあると、ふたつの利点がある。ひとつは、瓶詰めラインにコルクを供給する際に、装置で上下の向きをそろえる必要がないこと。もうひとつは、消費者が栓を抜いたときに目にするのが、粒の塊ではなく素敵な天然コルクだということだ。一九九〇年代半ばに発売されたばかりだが、今やツイントップは世界で最も売れている圧搾コルク栓であり、年に六億五〇〇〇万個（二〇一二年データ）を売り上げている。良質の天然コルクを使うと採算が合わないような、低価格の大容量ワインに使用されることがほとんどだ。

今のところはこうしたサンドイッチタイプの人気が最も高いが、新世代の圧搾コルクも急速に追い上げてきている。これは微細圧搾コルクと呼ばれ、従来のものより細かいコルク粒を用いている。外見はどれも均質で、しかも魅力的に見えるため、上下を天然コルクのディスクでサンドイッチされていない。

史上初の微細圧搾コルクは「アルテック」で、当初はワイン栓の一大革命と見なされた。ところが、のちに致命的な欠陥のあることが判明する。アルテックはフランスのコルク会社、サバテ社が一九九五年に発売した。微細なコルク粉末を合成マイクロスフィアと混ぜ、それを接着材で固めたものである。外見は高級感にあふれ、特性にもむらがない。合成マイクロスフィアは、栓に程よい柔軟性を与えるために配合されたものだ。これがないと、原材料のコルク粒が細かすぎるために栓が硬くなってしまう。

当時の市場は安価な天然コルクの品質に満足しておらず、かといって第一世代の合成コルクにも納得がいっていなかった。だからアルテックの登場は歓迎され、発売後数年で二〇億個を売り上げた（これは二〇〇〇年にオーストラリアでスクリューキャップ革命が始まる前のことである）。ところがほどなくして、アルテックを使ったワインの風味に対して苦情が出始める。接着剤の匂いがするとの声もあったが、じつはその正体はかすかなコルク臭だった。低濃度のＴＣＡ（2、4、6-トリクロロアニソール）が紛れ込んでいたのである。製造過程でコルクを粉末にしたせいで、もともと天然コルク中にあったＴＣＡが均一に広がってしまった。つまり、一部のコルクが汚染されているというのではなく、すべてのコルクが低濃度で汚染されてしまったのである。しかもこのＴＣＡの濃度は、人によっては検出閾値を超えてもおかしくないものだった。これは重大な欠陥であり、二〇〇二年の時点では売上が大幅に落ち込んだ。

サバテ社の対応は見事なものだった。原材料の洗浄方法を見直して汚染を防ぐ対策を講じ、さらにはフランス原子力庁の協力を得て実効性のあるプロセスを開発した。このプロセスは「超臨界」の二酸化炭素を利用したものである。圧力と温度を操作して特定の組み合わせにすると、超臨界と呼ばれる状態になり、気体と液体の境界線が消え失せる。その結果、気体がもつ浸透力と、液体がもつ抽出力を兼ね備えた物質が手に入る。二酸化炭素の場合、超臨界状態になるのは温度が三一・一℃で、圧力が七三バール（大気圧の七三倍）のときだ。圧力としては高いほうだが、温度は低いので都合がいい。すでにこの技術は、コーヒー豆からカフェインを除去したり、香水産業で芳香物質を抽出したりするために利用されている。

試験を重ねた末に新世代のアルテックが誕生し、「ディアム」と名づけられて二〇〇五年に発売された。以来、サバテ社はウネオ・ブシャージュ社と社名を変えている。ディアムはシリーズを拡大し、今では「ディアム-2、3、5、10、グラン・クリュ」（価格の安い順および酸素透過率の低い順）のほか、スパークリングワイン用の「ミティック」もある。ウネオ・ブシャージュ社は栓の外見も改善し、以前より粒の粗い感じを出して天然コルクに近づけた。ディアムの素晴らしいところは、優れた製造プロセスが功を奏してコルク臭が発生しないことである。しかし、超臨界二酸化炭素を使った処理をするためにプラスアルファのコストがかかり、その分、市販されているほかの圧搾コルクよりは若干高価だ。おおかたの圧搾コルクが合成コルクやスクリューキャップとの競争を念頭に置いているのに対し、ディアムは天然コルクと競うことを目指している。「ディアムの価格は一〇〇〇個当たり五〇から三〇〇ユーロです」と、ディアムのマーケティング責任者であるブルーノ・ド・サイジューは語る（二〇一二年のデータ）。「私たちのライバルは天然コルクです。ディアムのターゲットは高級ワインへとシフトしつつあります。今では一五ユーロを超えるワインにディアム・グラン・クリュが採用されています。ブルゴーニュでもそうですし、シャブリでは五〇％が当社のグラン・クリュです」。ディアムの売れ行きは好調だ。「昨年は売上が二〇％増加しました。今年も同程度の伸びを見込んでいます」。

アルテックの当初の成功を受けてほかのコルクメーカーも微細圧搾コルクの開発に乗り出し、今ではほとんどの会社が商品ラインナップのひとつとして微細圧搾コルクを販売している。世界最大のコルクメーカーであるアモリム社では、その微細圧搾コルク商品「ニュートロコルク」が急速に売上を伸ばしている。「現在、圧搾コルクのなかで最も急成長を遂げているのがニュートロコルクです」とアモリム社のカルロス・デ・ヘスはいう。過去四年間で売上は二〇％の増加を記録し、最新のデータでは四億一〇〇〇万個に達している。同じ期間の微細圧搾コルク全体で見ると、売上の伸びは一二％だった。「ワインの栓をプラスチックからコルクへと戻す原動力となってくれています」とデ・ヘスス。「市場や販売量にもよりますが、合成コルクの売上を半減させるだけの力をもっています」。

まとめると、今では天然コルクに代わる代替栓がいくつか登場している。ワインが瓶内でどう成長していくかを決めるうえで、こうした栓による酸素透過がきわめて重要といえそうだ。だが、瓶内のワインと酸素の作用についてはまだ確固たるデータが乏しく、どのスタイルのワインにどの程度の酸素透過が適しているのかもよくわかっていない。このため、生産者が純粋に科学的な視点から適した栓を選べるような段階には、まだ至っていないのが現状だ。

第3部 ワインと人体の科学

19章　ワイン・テイスティングと感覚の個人差

人間とワイン

ワインの世界にはひとつの暗黙の前提がある。だが、その前提を鵜呑みにしてはならない。たとえばここに一本のワインがあるとしよう。このワインにはいくつかの特徴がある。科学的な手法を駆使して測定をすれば、物理的な特性を列挙することでそれがどんなワインかを説明できる。狂いがあるとしても、その測定法の誤差の範囲内だ。これに基づいて鑑定書を作成してもいい。かりにほかの誰かがその物理的特性を分析しても、あるいはあとで同じワインを自分で測定し直したとしても、結果に大差がないことはわかっている。では、ここにひとりの評論家がいて、同じワインをその人に評価してもらうとしよう。さて、どうなるか。

評論家の評価の仕方は、科学的な分析法とはまったく異なる。じつのところ評論家の評価とは、ワインを口にしたとき自分がどう感じたかを述べることなのだ。つまり、ワインのことだけでなく自分自身についても語っており、そのふたつを切り離すのは難しい。なにしろそこには、生まれ育った文化の違いや、置かれている状況の違いのみならず、ワインを吟味したときの彼らの感じ方がもち込まれているのだから。人の感じ方は、生理学や神経生物学の複雑な問題に左右される。したがって、科学装置の誤差と同じように、評論家の評価にどの程度の誤差があるものなのかを知っておく必要があるだろう。同じワインを別の日の違う時間に異なる状況でテイスティングしたとき、彼らの感じ方にはどれだけの一貫性があるのか。一流の評論家なら評価は一貫しているはずだ。だが、実際にそれを調べた人はいるのだろうか。それより何より、同じワインを飲んだときの感じ方は誰でもだいたい似たようなものだと、私たちは思い込んでいないだろうか。ワインの評価に使う体や神経の「道具」はみな同じなのだから、と。だが、評論家の意見の違いが、単に能力や好みの問題ではなく、もっと根本にある生物学的な違いを反映しているとしたらどうだろう。もしそうなら、ワイン・テイスティングに対する見方を変える必要がある。

　自分はワインから何を感じているか。それを知ろうとするとき、私たちはたいてい味覚と嗅覚に的を絞り、口や鼻腔《びくう》の受容体（レセプター）による風味の感知に意識を集中する。だが、本当にどう感じているかを正しく説明しようと思ったら、その程度の限られた情報では足りない。ワインを少し口に含んでみよう。私たちがワインを味わうとき、いくつもの情報が統合されてそれを意識している。脳のなかにひとつの表象《ひょうしょう》（知覚に基づいて心に思い浮かべる外界の対象の像）が生まれるのだ。舌や鼻からの信号がひとつの複合的な意識体験へとまとめあげられるまでには、さまざまなことが起きている。さらにややこしいのは、ワインを味わったときの感じを人に伝えるのに私たちが言葉を使うことだ。意識が捉えたワインの風味を言葉で表現するのは、また別の複雑な作業である。だが、テイスティングの個人差について理解を深めたいなら、この問題を避けては通れない。それどころか、私たちの意識にのぼる表象は、テイスティングに使われる用語にも左右されるようなのだ。ワインの風味をどう感じるかが本章から22章までのテーマである。

まずは味覚と嗅覚に目を向けて、両者の関係を見ていく。次に口のなかの環境へと移り、ワインを味わううえで唾液がどんな役割を果たしているかを考える。これはあまり顧みられることがないが重要なテーマだ。そこから、脳が風味をどう捉えるかに話を進め、最後に「ワイン」の表象が脳のなかでどう組み立てられるのか、そのとき言語はどんな役割を果たすのかを考えていきたい。これは複雑な話であり、十分な解明もこれからだ。だが、じつに興味深い話題でもある。

味覚と嗅覚

リンダ・バートシュクはイェール大学の教授で、味覚の科学の権威として高い評価を受けている。彼女が講演しているときのこと。ちょうど半ばにさしかかったところで彼女は話を中断し、聴衆に吸い取り紙の小片を配った。プロピルチオウラシル（PROPの略称で知られる抗甲状腺薬）の溶液に浸した紙である。みな配られた紙を舌につけるように指示される。すると驚くべき結果が出た。聴衆の四分の一は何も味を感じない。ところが、ほかの人はほとんどがその紙をかなり苦いと感じ、少数派ながら相当数の人がきわめて不快な強い苦味を感じたのである。この実験でバートシュクが示したのは、苦味を感じる能力に個人差が見られることだ。これについてはすでに十分な裏づけが得られている。苦味の感受性の個人差は一九三〇年代に偶然発見された。バートシュクはそれをベースに研究を進め、人間はPROPの味を感じる能力に応じて三つのグループに分けられることを示した。集団の二五％はPROPの味を感じず（PROP味盲）、五〇％は適度に感じ、残りの二五％は過敏に感じる（味覚過敏）。三つ目のグループに分類される人たちは、PROPだけでなくある種の苦味物質にきわめて敏感だという。この味覚の違いは生まれながらに備わったもので、遺伝子で決まると考えられている。バートシュクは舌自体にも違いがあることを示している。味覚過敏の人たちの舌には、味覚乳頭（味蕾《みらい》のあるところ）が極度に密集しているのだ。PROP味盲の人の舌にはこれが比較的少ない。

ということは、異なるグループに分類される人たちは、それぞれ異なる「味の世界」に住んでいることになる。おもな違いは苦味の感受性だが、この味覚の相違はほかの風味の感じ方にも影響している（苦味の場合ほど違いが顕著ではないが）。バートシュクによると、「味覚過敏の人たちは、そうでない人たちよりすべての味を強く感じる」という。容易に想像できるだろうが、これらの研究結果は、ワインに対する私たちの取り組み方に重大な影響を及ぼす。バートシュクも間違いなくそう考えている。「ワインを造る人たちは、三つすべてのグループの人に試飲してもらうことが大切です。このグループの人はこのタイプのワインを好むというように、好みの違いに法則性があるかどうかを調べたらおもしろいでしょうね」。

とはいえ、この研究に対して批判がないわけではない。これは単に特異的な無味覚症（特定の味覚物質を舌が感知できない）にすぎず、味覚全般には当てはめられないのではないか、というものだ。それに、苦味を感じるメカニズムと味蕾の密度との関係も不明確である。

さらには、温度によって味覚が誘発される現象がある。これは、舌に熱の刺激を受けただけでさまざまな味覚を感じるというもので、とくに感じやすいのが甘味だ。この能力をもつ人は、四つの基本味（甘味、塩味、酸味、苦味）を誘発する味覚刺激への感受性が高いことが指摘されているが、おもしろいことにPROPへの感受性は高くない。だとすると、PROPに対する感受性とは関係のない次元での味覚過敏というものがあって、PROPの話はそうした大きなくくりでの味覚過敏のひとつにすぎないのかもしれない。オレゴン州立大学の研究者チームはこの点を確かめてみることにした。チームは、四つの基本味を誘発する刺激物質（しょ糖、塩化ナトリウム、クエン酸、キニーネ）

とPROPに対する知覚の個人差を比較した。同じ実験を二度行なったところ、五つの刺激に対する味覚の強さの等級づけは二度ともほぼ一貫していた。また、二回の平均値を分析したところ、四つの基本味に対する刺激については顕著な相関関係が見られたのに対し、PROPによる苦味への感受性はキニーネによる苦味への感受性としか相関関係が見られなかった。研究者たちは結論として、PROPのみを指標にして味覚への感受性を判断するのではなく、少なくとも基本味のうちのふたつを刺激する物質のテストも加えることで味覚全般の個人差を明らかにできると考えている。

「マスター・オブ・ワイン」の資格をもつアメリカのティム・ハニは、味覚の個人差に関する研究成果をもとにして小売業者やワイナリーに助言を行なっている。一般消費者(自分の欲しいものを知っているワイン通ではなく)を相手にするワインの大型小売店では、商品のワインをどう提示するかに課題がある。下手をすると、消費者を惑わすワインの壁ができるだけになってしまう。消費者をうまく誘導して好みのワインを見つけてもらうにはどうすればいいのか。一般の人がワインを購入するのがほとんどだ。単に特価になってはないので、無難になじみのあるワインを買うとき、変なものに当たりたくいるものを選ぶ人も多い。ハニのアイデアは、人々の味の好み(生物学的な違いに根差した独自の味の世界)を使って、その人に合ったワインを選べるようにするというものだ。ハニはコーネル大学の研究者と手を携え、およそ一六〇〇人の消費者を調査した。過敏、敏感、許容レベル、甘味すると、全体を四つのグループに分けることができた。

である。ハニは自己診断テストも開発し、自分がどのタイプかを判定できるようにもした（www.myvinotype.com）。

イギリスのワイン商であるビベンダムは二〇〇〇年からティム・ハニと提携し、この調査結果を利用して消費者のワイン選びに役立てる方法を探っている。ブドウ品種や産地、土壌タイプではなく、風味に焦点を当ててワインを客に勧めたいと考えたためだ。以来、ビベンダムでは味覚の自己診断テストを開発している（www.tastetest.co.uk）。イギリスの大手スーパーであるモリソンズも、このテストをアレンジしたものを使用している。

こうしたさまざまな研究結果とワイン・テイスティングには、どんなつながりがあるのだろう。それを理解するために、知覚に関する科学の基本を押さえておきたい。私たちが普通「味」や「風味」だと思っているものは、じつは四つの異なる感覚情報が複雑に絡み合ったものである。その四つとは、味覚、嗅覚、触覚、視覚だ（奇妙に思えるが、聴覚が関与している可能性もある）。厳密にいうと味覚とは、舌にある特殊な感覚器官の「味蕾」から入る情報だけを扱う感覚である。私たちは五種類の味を感じることができる。甘味、塩味、苦味、酸味、うま味だ。「うま味」とは、グルタミン酸塩などのアミノ酸（タンパク質の成分）の味を指す。これらの味を感知する受容体が舌全体に、ほぼ均一に分布している。学校の生物の教科書に載っている舌の味覚分布図を見慣れている人にとっては、これは驚きかもしれない（分布図には、甘味、塩味、苦味、酸味の受容体がそれぞれ違う場所に集中しているかのように示してあったはずだが、実際には違う)。だが、味覚情報は嗅覚情報に比べると貧弱だ。私たちが感じる味は基本的に五種類だけだが、揮発性化合物(つまり「匂い物質」)については何千種も識別できる。実際、ワインの特徴やおもしろみの多くは、嗅覚器官が感知する複雑な香りから生まれている。味蕾だけでは限られた情報しか得られないからだ。では、匂いはどのようにして感知されるのだろう。私たちの嗅覚受容細胞(嗅細胞)は、鼻の一番奥にある嗅上皮《きゅうじょうひ》に収められている。ひとつの嗅細胞は、一種類の嗅覚受容体として機能する。こうした受容体(人間には数百種類ある)のひとつひとつが、さまざまな匂い物質の特定の分子構造を認識するようにできている。

とはいえ、私たちが具体的にどうやって匂いを感じているのかについては、分子レベルではまだ謎に包まれている。今のところふたつの説が競い合っているのだが、それぞれが示すメカニズムはずいぶん違っている。主流の見解は、嗅覚受容体が匂い分子の形を識別しているというもの。これは理にかなっているように思えるし、いろいろな研究結果とも符合する。しかし例外はつきものだ。たとえば、分子の形がほぼ同じであっても、違う匂いとして感じられることがある。そこで別の説が浮上した。嗅覚受容体が識別しているのは分子の形ではなく、その振動特性だというものだ。

では、触覚はどのようにかかわってくるのだろうか。脳は触覚を使って、食物の質感(おいしさを判断するうえで重要な要素)だけでなく、風味の発生場所を突き止めている。

たとえばステーキをひと切れ口に入れたとする。味覚と嗅覚の情報が脳で統合されるとき、人はその情報が、口のなかでステーキがあると感じる場所からきているように思う。同様に、ワインをひと口飲むと、その味の感覚は味蕾のある場所だけでなく口全体からくるように思える。

嗅覚には「口腔《こうくう》香気（レトロネーザル）」と「鼻腔《びくう》香気（オルソネーザル）」のふたつがあり、バートシュクは両者を分けて考えることが重要だと強調する。鼻腔香気で感じるのが一般に匂いと呼ばれるものだ。何かの香りが鼻孔を通って鼻腔に入り、そこで嗅覚受容体に感知される。これに対して口腔香気は、食べ物を噛んで飲み込んだときや、テイスティングのために音を立ててワインをすすったときに感じるものだ。この場合、匂いは口蓋《こうがい》の奥へと押しやられ、裏口から鼻腔に入っていく。「この二種類の嗅覚情報は、脳内で分析される場所も異なると私たちは考えています」とバートシュクは説明する。「味覚は重要な役割を果たしています。匂いは口からきているので風味として扱うべきだと、脳に教えてくれるのです。そのことを裏づけるデータもあります」。バートシュクの発見によれば、味覚障害のある人は往々にして風味の感じ方も弱い。味覚麻痺についての研究からは、味覚の強さが口腔香気の感じ方の強さにも影響することがわかっている。これは何を意味するのだろう。「もしそうなら、味覚過敏の人たちは口腔香気の香りも強く感じている可能性があります」。味覚と嗅覚は重なり合っているのだ。

嗅覚はワイン・テイスティングのかなめである。では、匂いの感じ方にも個人差があるのだろうか。味の感受性に関しては、三つのグループに分かれると考えてほぼ間違いない。匂いについても、人によって異なる「匂いの世界」に暮らしているのだろうか。嗅覚は味覚より複雑なので、これに答えるのは難しい。だが、ある程度はイエスだといってよさそうだ。ただし、個人差は味覚の場合ほどは明確ではない。

感覚情報の処理には脳が重要な役割を果たす。舌や鼻が捉えた情報の意味を脳が理解し、雑多な情報のなかから役に立つものを抜き出すのだ。この「高次」の処理では学習が大きな鍵を握っている。私たちは、これまでの学習を通して意味があると思った情報に特別な注意を向け、取るに足りないと思ったものは無視している（これについては次章で詳しく解説する）。

情報を無視する典型的な例が「慣れ」である。ひとつの匂いを繰り返し嗅いだり、その匂いにたえずさらされていたりすると、人はそれを感じにくくなる。チャールズ・ワイソッキー博士は、そのことがプロのワイン・テイスターの仕事にも影響しかねないと指摘する。ワイソッキーは、ペンシルヴェニア州フィラデルフィアのモネル化学感覚センターに所属する嗅覚の専門家だ。「長い時間をかけてテイスティングしているときに、オークなどの香りにたえずさらされていたら、だんだんその香りを感じなくなります」と彼はいう。次章で取り上げる「感覚特異性満腹」という現象にも同じことがいえる。これは脳が私たちに、すでに十分に何かを得たことを伝える方法だ。私たちはその結果、かなりはっきりと特定の風味や匂いに魅力を感じなくなる。

匂いの種類によって感受性に個人差があるのは間違いない。ワイソッキーによれば、「十分な人数（たとえば二〇人くらい）を集めて検査すれば、ひとつの匂い物質に対する感受性を一日調べただけで、一番敏感な人と一番鈍感な人のあいだに一万倍もの開きが見られる場合もある」という。もっと控えめな数字をあげる研究者もいる。オーストラリアのウエスタンシドニー大学のデイヴィッド・レイン博士は、サンプルが一〇〇人の場合で「一番敏感な人と一番鈍感な人の開きは約一〇〇倍」との見方を示している。それでも大きな違いであることに変わりはない。

個人差が極端に現れる場合もある。ある種の匂いをまったく感知できない人がいるのだ。これは特異的無嗅覚症と呼ばれる疾患である。一例としては、ケトン体の匂い（適切な治療を受けていない糖尿病患者の息に含まれる匂い）が感知できないという、医師にはおなじみの無嗅覚症がある。これは感じるか感じないかのふたつにひとつしかなく、医師の四人にひとりはこの匂いを感知できない。このような無嗅覚症が何種類あるのかは不明だが、無嗅覚症が普通は遺伝子に起因していることは明らかになっている（囲み記事参照）。しかし、ワイソッキーはじつに興味深い事実を指摘する。特定の匂いにさらされていると、その環境が遺伝子の発現に影響し、嗅上皮の受容体を活性化する場合があるというのだ。ワイソッキーはこう語る。「アンドロステノン〔ブタ肉から検出されるブタのフェロモン〕の匂いを感じない人でも、数週間にわたり短時間ずつ繰り返しその匂いにさらされていると、それを感じるようになることがあるんです」。つまり、ワイン・テイスティングの場合も、以前には気づかなかった新しい香りを感じられるようになるということだ。ただし、これがどれだけ一般的なことかはやはり不明である。

私たちの鼻は気まぐれな働き方をする。イギリスの嗅覚研究者、ティム・ジェイコブによると、女性の場合は排卵期に嗅覚が鋭くなる。食欲も嗅覚を刺激する。お腹がすくと鼻が利くようになるわけだ。「脳から嗅球〔嗅細胞からの情報を最初に受け取る器官〕へ向かう神経経路があって、それが匂いの知覚を調節しています。この経路がゲートとして働き、嗅覚中枢に入る情報を増やしたり減らしたりしているのです」とジェイコブは説明する。彼は、湿度も匂いの知覚に影響するのではないかと考えている。また、まだ数値化はできていないものの、季節や気候によっても感じ方が違うことに注目している。おもしろいのは、ほかの匂いの邪魔をする匂いがあることだ。少量でもそれが存在すると、別のまったく無関係な匂いを感じなくなる。加齢もまた味覚と嗅覚を変化させる。もっとも、そのふたつが同じように変化するわけではない。嗅覚は加齢とともに明らかに衰えるが、味覚は生涯を通じてわずかな衰えしか見られない。ただし、こちらには男女差がある。苦味に対する感受性は男性の場合は徐々に弱まるのに対して、女性の場合は閉経とともに一気に落ちる。

これらの断片をつなぎ合わせると、複雑な絵が浮かび上がる。まず、味を感じる能力には大きな個人差があることがわかった。私たちはまったく異なる三つのグループに分類でき、それぞれが別の「味の世界」に住んでいる。嗅覚についても、味覚ほど明確ではないが複雑な個人差があることがわかった。いずれもかなり意外な発見ではある。だが、それがワインとどう関係してくるのだろう。味覚過敏の人が一番優秀なワイン・テイスターになれるのだろうか。「そうではありません」とバートシュクは答える。「学習の影響が非常に大きいのです。熟練テイスターの技能の多くは、ワインが生み出す香りの複合体を学ぶことで身につけたものです。香りを言葉で表現する際にも、学習が非常に重要であることがわかっています」。ジェイコブも同じで、学習が肝心だと考えている。「経験の浅い人は、匂いをいい表す言葉が多くありません。そのため、香りを表現したり定義したりする能力がかなり限られてしまいます」。

ワイン・テイスティングと感覚の個人差の問題に真っ向から取り組んだ研究者がいる。カナダのブロック大学でワイン醸造学の教授を務めるゲイリー・ピカリングだ。彼は、PROPに対する感受性の違いがワインの味わい方や評価の仕方に影響するかどうかを研究している。早くも大きな手がかりが得られた。「PROPの味を過敏に感じる人や適度に感じる人のほうが、赤ワインの酸味や苦味や渋みを強く知覚することがはじめて明らかになったのです」とピカリングはいう。「しかも、この違いは赤ワインのスタイルによって変わってくるようですね」。

ここで、例の重要な疑問に突き当たる。PROP検査で味覚過敏の人たちが、風味を強く感じる世界に住んでいるのなら、ワイン・テイスターとしては彼らのほうが優秀なのだろうか。また、PROP味盲の人はテイスターには不向きなのだろうか。注目したいのは、味覚過敏が占める割合は男性より女性のほうが大きいという研究報告だ。この研究が行なわれたアメリカでは、女性の約三五％が味覚過敏なのに対し、男性の場合はわずか一五％である。それでは、ワイン・テイスティングは女性に向いているということになるのだろうか。

ロイヤル・メルボルン・ワインショーで評価されるワインの数々。ワイン界ではコンテストが頻繁に開催されるが、それは審査員が銘柄を見ずにいくつものワインを味わって評価できるからこそ成り立っている。

そうではないとピカリングは答える。それどころか、実際は逆かもしれないという。「味覚過敏だと、たぶんほかの人ほどワインが楽しめないでしょうね。渋みも酸味も苦味も、アルコールからくる熱感も、人より強く感じるわけですから。その組み合わせが悪ければ、ワインが、少なくともある種のワインが、あまりおいしいと感じられなくなるかもしれません」。

最後に、ワインの評価を仕事にしている私たちが謙虚さを忘れないように、ひとつ指摘しておこう。哺乳類全体で見れば、人間の嗅覚はかなりお粗末である。私たちの嗅上皮で感知できる匂いの幅はネコのわずか五分の一だ。イヌに至っては、二卵性双生児のふたりが着た服の匂いまで嗅ぎ分ける。それもそのはず。ほかのほとんどの哺乳類にとって、嗅覚の世界は視覚の世界と同じくらい鮮やかで重要なものだからである。イヌを散歩させたことのある人なら、わかりすぎるほどわかるだろう。だが人間にとってはそうではない。ワインのようにいくつもの匂いが複雑に混ざり合ったものを嗅ぎ分けるのは、私たちはそもそもあまりうまくないのだ。デイヴィッド・レインはこう指摘する。「匂いが混じり合っている場合、人間が識別できるのはせいぜい四種類だけです。その匂いがエタノールのような単一分子であろうと、煙のようにもっと複雑な分子であろうと、です」。今度ワインを評価して、「花のような香り」と書きたくなったら、このことを思い出してみてもいいのではないだろうか。

あなたは味覚過敏？　調べてみよう

本格的に味覚の感受性を調べるときは、プロピルチオウラシル（ＰＲＯＰ）に浸した吸い取り紙を使う。だが、ＰＲＯＰは簡単には入手できない。代わりに、家庭で簡単に調べる方法がある。少し面倒だし、ＰＲＯＰ検査ほど感動的ではないが、舌の感度はだいたいわかる。

用意するもの

◎青色の食品着色料
◎直径約七ミリの孔をあけた小さな紙
◎虫眼鏡などの拡大鏡

検査方法

綿棒などを使い、舌の先に青い食品着色料を塗る。舌は青く染まるが、小さくて丸い茸状乳頭《じじょうにゅうとう》はピンク色のまま残る。用意した紙をそこに載せ、拡大鏡を使って、直径七ミリの孔のなかにピンク色の点がいくつあるか数えよう。私もやってみたが、うまくいった。結果はＰＲＯＰ検査と同じだった。

結果判定

乳頭の数が一五個未満――ＰＲＯＰ味盲

一五個以上三六個未満――適度な感受性

三六個以上――味覚過敏

特異的無嗅覚症

ワインの風味化合物のひとつにロタンドンがある。注目すべき物質であり、オーストラリアワイン研究所（ＡＷＲＩ）の科学者によって二〇〇七年に発見された。シラーズ／シラー種で造ったある種のワインには「黒コショウ」の香りがあるが、それを生み出しているのがロタンドンである。ワインにコショウのような風味を加えるだけでなく、同様の香りがハーブや香辛料に感じられるのもロタンドンのせいだ。非常に強力で、ごくわずかな量が含まれているだけでも感じられる。

なぜこの話をするかというと、この物質に驚くべき特徴があるためだ。じつに五人にひとりがロタンドンの匂いをまったく感知できないのである。このことのもつ意味を考えてみてほしい。ＡＷＲＩの研究によれば、大多数の被験者は水一ℓ当たり八ナノグラムというわずかな濃度でもロタンドンを感知したのに対し、被験者の二〇％は一ℓ当たり四〇〇〇ナノグラムでも感知することができなかった。こういう現象を特異的無嗅覚症と呼ぶ。

特異的無嗅覚症にはさまざまな種類が知られている。しかし、人間の無嗅覚症と、嗅覚受容体の遺伝子突然変異を結びつけたのは、二〇〇七年に発表された別の研究がはじめてである。この研究の出発点となったのは、ある種の匂いに対する感じ方や、その匂いの快・不快をどう評価するかには大きな個人差があるという事実だ。たとえば、アンドロステノンというステロイドホルモンに対しては、人によって不快（汗や尿の匂い）と感じたり、心地よい（甘い、花のような匂い）と感じたり、まったく感じなかったりする。研究チームは、大勢の被験者を対象にして匂いの感じ方を調べると同時に、同じ被験者の遺伝子の発現状況も調べた。具体的には、三三五個の嗅覚受容体をつかさどるとされる遺伝子である。研究の結果、アンドロステノンの匂いを嗅ぐとＯＲ７Ｄ４と呼ばれる嗅覚受容体が活性化されることがわかり、さらにその受容体の遺伝子にはいくつかの変異が存在することがわかった。アンドロステノンに対する反応の違いはそこに原因があったのである。ほかの嗅覚受容体についても同じような遺伝子変異が見られる可能性がある。

無嗅覚症という現象が存在するのも不思議はない。ひとりの人間は数百種類の嗅覚受容体しかもっていないのに、それよりはるかに多くの匂い物質を嗅ぎ分けているのだから。

20章　脳が風味を感じる仕組み

ワインを哲学的に研究する際にかならず焦点となるのが、私たちがワインをどう「感じる」かだ。つまり、グラスに入ったワインの香りを嗅いだり、口に入れたりしたときに起きることである。本章では、このプロセスを生物学的な視点から探っていきたい。もちろん、科学で疑問のすべてが解決するといっているわけではない。ただ、生物学的に捉えると非常に有益な洞察が得られ、考える方向性も定まってくる。本章のタイトルからもわかるように、私たちがワインを「味わう」という体験はじつは脳のなかで起きている。ワインを味わうとは、感覚器官が情報を脳に送り、神経細胞どうしが電気信号をやり取りしながらその情報を処理することにほかならない。意識にのぼる事象はすべて脳内の神経細胞の活動として説明できるという考え方は、生物学者にとっては議論の余地のないことだ。けれども私は科学万能主義者ではないので、科学の言葉で語ることはひとつの方法にすぎないという立場をとっている。

言葉の使い方についてもひと言つけ加えておきたい。ワインを「味わう」、あるいは

「ワイン・テイスティング」といった言い方は、厳密にいえば正確さを欠く。ワインを感じるときには、味覚だけでなく嗅覚、触覚、視覚もかかわってくるからだ。しかし、ワインを評価して比較することを表すいい言葉がほかにないため、引き続き「味わう」とか「テイスティング」といった表現を使っていこうと思う。ただし、味覚や嗅覚といった独立した感覚によってではなく、複数の感覚を使って全体的に捉えたワインについて語りたい場合は、「風味」という言葉を使う。

ワイン・テイスティングを新たな視点で捉える

脳が風味をどう処理するかについてはまだ不明な部分も多い。しかし、すでにわかっていることを踏まえるなら、私たちはワイン・テイスティングというものを新たな視点で捉え直したほうがよさそうだ。専門家がワインを試飲して等級づけをする際、私たちはその専門家がワイン自体を評価していると考える。だから何らかの等級づけがなされたら、それはワインの性質を表したものだと思い込む。これは間違いだ。専門家が評価しているのはワインそのものではない。その人が感覚器官を通してワインと触れ合い、その結果として心に抱いたワインの「表象」を評価している。この違いは微妙に思えるが非常に重要であり、そういうふうに見方を変えることが私たちには求められている。

ワインを味わうとはどういうことか

うまいワインのボトルを開け、グラスについでひと口すすってみよう。このプロセスを私たちは「ワインを味わう」と呼ぶが、これは紛らわしい表現だ。あなたがワインと触れ合って心に抱く印象は、少なくとも四つの感覚と複雑な脳内処理が融合し、その結果が意識されたものにほかならない。これは統合されたワインの「表象」なのであって、個々の感覚要素に切り分けるのは難しい。

味覚と嗅覚

哲学者のトマス・ネーゲルは有名な論文のなかで、「コウモリであるとはどのようなことか」という問いを投げかけた。超音波を駆使して空をたくみに飛ぶ動物は、私たちとはまったく違うふうに世界を捉えているに違いない。イヌもそうだ。彼らには嗅覚がもたらす生き生きとした世界がある。それにひきかえ人間は、嗅覚の能力を大幅に失う代わりに優れた色覚を進化させた。哺乳類の多くにとって、味覚と嗅覚は重要である。それを通して自分の位置を判断したり、集団内の秩序を保ったり、交尾相手を選んだりする。一方、人間の場合は、味覚と嗅覚がおおむね食物を選ぶ目的に限定されている。ほかの哺乳類に比べてそのふたつの感覚が果たす役割は小さいが、それでも非常に重要であることに変わりはない。

前章でも説明したように、味覚も嗅覚も出発点は口内または鼻腔内の受容体だ。そこで化学的な情報が電気信号に変換され、それを脳が処理する。だからといって、私たちの感覚器官が複雑な測定装置であるように思うのは間違いである。味や匂いの分子に遭遇したら測定して表示する、というようなものとは違うのだ。そうではなく、私たちの脳は周囲の世界を少し簡略化した模型のようなものを作っている。感覚器官はたえず膨大な量の情報を浴びているため、どれにも同じように注意を向けていたら、知覚や意思決定のプロセスは情報の洪水に覆われて機能しなくなるだろう。だから脳はデータの海のなかから、目下の問題に一番関係のある情報だけを選び出す。この処理を担うのが脳の高次機能だ。

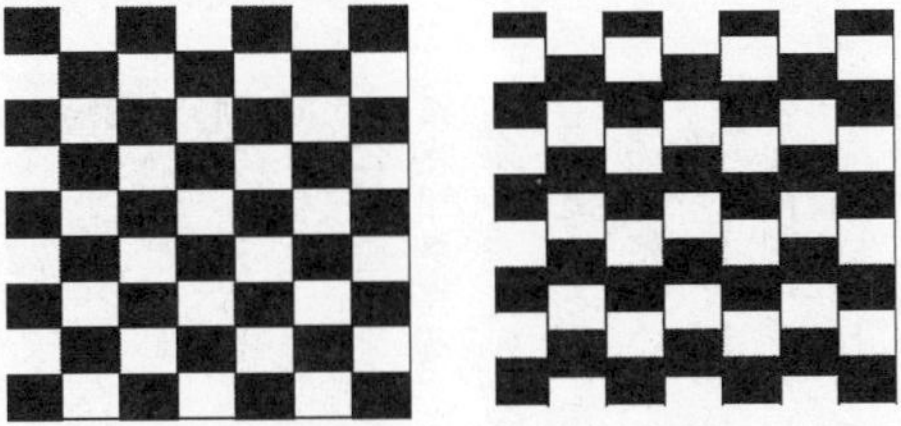

「カフェウォール錯視」と呼ばれる現象。右の図も縦の線は平行に引かれているのだが、私たちにはそう見えない。

感覚器官は周囲の世界をありのままに見せてくれていると、私たちはえてして思いがちである。だが、実際に私たちが経験しているものは、脳によって編集された現実だ。私たちが生き延びて正常に活動するうえで一番重要な情報を脳が選び、それをもとにして組み立てたものにすぎない。もっとも、自分が意識している世界を「本当の現実」だと考えてもたいていは何の支障もない。むしろそう思って行動しなければ、生きていくことがひどく厄介なものになるだろう。しかし本章のテーマについて議論するうえでは、自分たちの経験している現実が編集されており、部分的な（しかもかなり個人的な）ものだと認識することが大事だ。

脳がどのように高次処理を行なっているかについては、五感のなかでも視覚に関する研究が最も進んでいる。視覚情報を処理する際、脳はただ鏡のように環境を映し出すのではなく、一番重要と思われる特徴を抜き出す。たとえば、人間の視野の縁《へり》の部分は動きに敏感だ。神経細胞が動きに反応するようになっているので、動く物体があるとすぐに感知される。この動きを検出する能力は、視野の中央部よりも周辺部のほうがはるかに高い。顔も重要な手がかりとなるので、脳は顔の情報を処理する特別なメカニズムをもっている。広告や雑誌の表紙に人の顔が多く使われるのはこのためだ。伝える内容とその顔にたいしたつながりがなくてもそうである。

視覚ほど研究は進んでいないものの、風味を感知するうえでもこの種の高次処理が重要な役割を果たしている。私たちは膨大な種類の化学物質の刺激にたえずさらされている。脳はそれをフィルターにかけて、大事な情報だけを通すようにしなくてはならない。どうやら脳のかなりの部分は、現実を適切に編集してまとめる作業に専念しているようである。まるでニュース編集室のスタッフが、一日中懸命に取材データをより分けて、夕方のニュース番組用に一五分のビデオを編集しているかのように。

データを集める

ここで重要な疑問にぶつかる。神経細胞が発した電気信号にすぎないものが、ひとつのまとまりのある経験として脳内で統合されて意識されるなんて、いったいどうすればそんなことができるのだろうか。この問いに直接答えられるようになるまでには、科学はまだ長い道のりを行かなくてはならない。だが近年、機能的磁気共鳴画像法（ｆＭＲＩ）という比較的新しい技術のおかげで、脳の活動が目で見られるようになり、脳研究は一変した。

通常のＭＲＩスキャンの場合、被験者は円筒形の巨大な磁石のなかに入れられて強い電磁波を浴びる。発生した信号を高性能の探知装置が捉え、組織や器官の三次元画像を生み出す。ｆＭＲＩはこれにひと工夫加えたもので、脳内の血流変化を計測するために使われる。一群の脳細胞の活動が活発になると、その部分でほかより多量の血液が必要になる。これが信号を発生させるというわけだ。ｆＭＲＩの素晴らしいところは、たとえばチョコレートのことを考えたり中指を動かしたりしたとき、私たちが脳をどう使っているかを見せてくれるところだろう。ただし難点もある。信号を正確に読み取らせるために、被験者は金属製の大きな円筒のなかで、頭をまったく動かさずに横たわっていなければならない。

本章では、味や匂いの情報が脳でどう処理されるかを解明するために、ｆＭＲＩなどの技術を駆使してどのような研究が行なわれてきたかに目を向けたい。この種の研究では、実験を考案するうえでも実際に実施するうえでも困難が伴うため、まだ明らかになっていないことも多い。だが、これまでに得られたわずかなデータを見るだけでも、ワイン・テイスティングに大いに関連する問題が浮かび上がっている。

まずは風味の情報が脳でどう処理されるかを見ていこう。味覚と嗅覚は、手を携《たず》さえてふたつの重要な仕事をしている。ひとつは、栄養豊富な飲食物を突き止めること。もうひとつは、体に悪いものを避けることだ。脳はこの仕事を実行するにあたって、私たちに必要な食べ物を報酬刺激と結びつけ、その味や匂いを「おいしい」もしくは「いい匂い」と感じさせている。そして、体に悪いものや不要な食べ物は不快に感じさせている。これは、風味を感じる仕組みが、記憶（どの食べ物がおいしくて、何を食べたら病気になったかを思い出す）や情動（空腹時には食欲が激しいため、それが原動力となってまともな食事を探そうとする気持ちが湧く）の処理とつながっていなければうまくいかない。食べ物を探すという行為は、場合によってはかなりの労力を伴う厄介な作業である。それをするには強い誘因が必要だ。空腹と食欲は強力な肉体的誘因となるが、同時に両者は巧みに連動している。そのおかげで、ほとんどの人は必要な分だけ食べることができ、極度に多すぎることも少なすぎることもない。これは素晴らしいことだ。このバランスが少しでも崩れれば、長い年月のうちにはひどい肥満になったり餓死したりするだろう。

味覚情報は舌で取り込まれる。取り込まれた化学情報は電気信号に変換され、脳内の第一次味覚中枢に送られる。大脳皮質の島《とう》と呼ばれるあたりだ。一方、匂いの情報は嗅

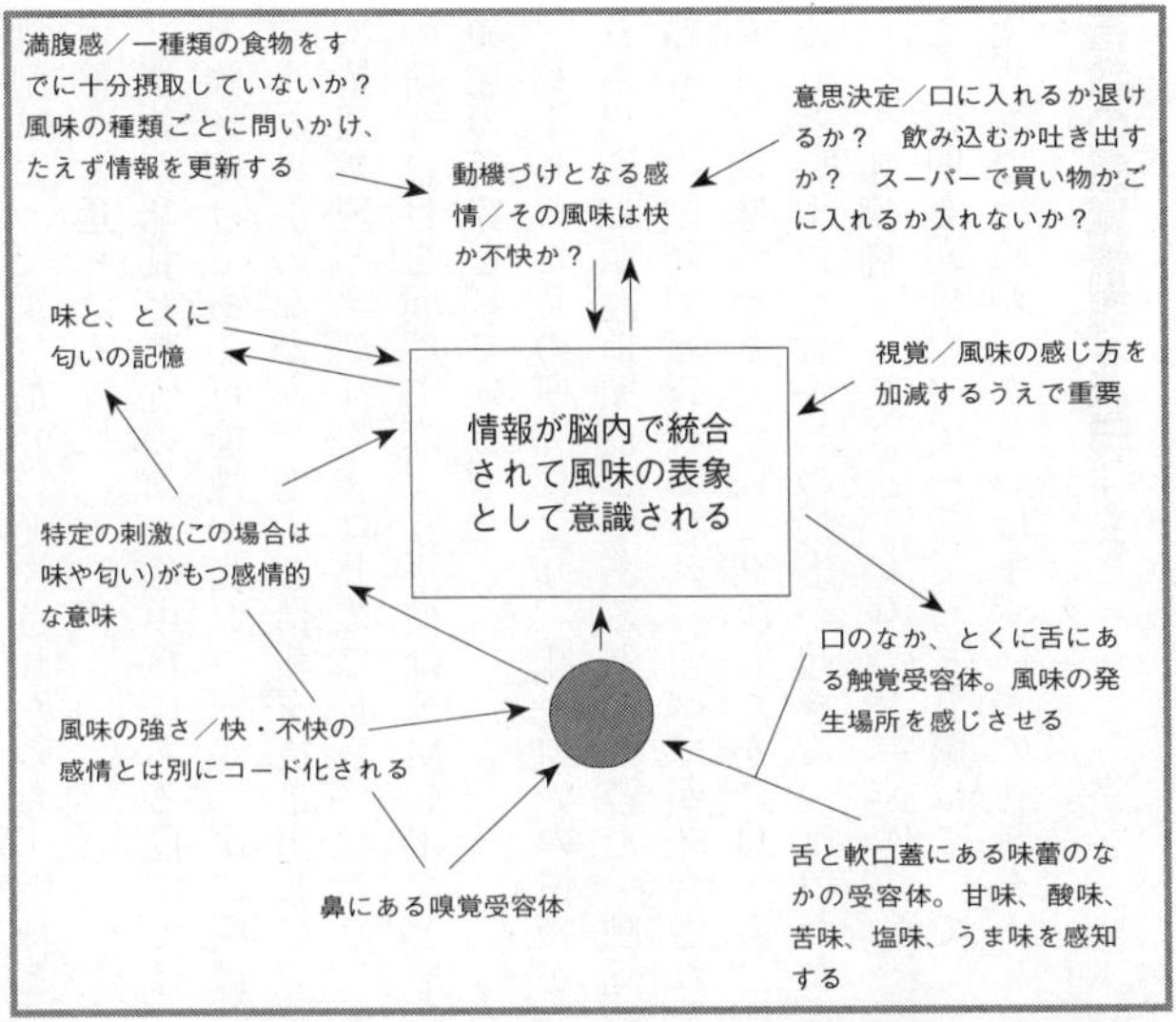

脳における風味の表象の生まれ方。さまざまな入力情報を脳が処理して風味の表象に統合する様子を、かなりおおまかに観念的なネットワークのかたちで示した図。重要なポイントは、風味が複雑な処理を経て生まれるということ。感覚器官が味や匂いを感知してから、それが意識されるまでの道筋は、けっして単純で直線的なものではない。灰色の丸は、いろいろな高次の処理が行なわれていることを示している。いくつかの矢印については、位置がそこでいいかどうか議論の余地がある。この図は考え方をつかんでもらうためのもので、個々の相互関係がすべて確実な情報を示しているわけではない。

細胞によって電気信号に変換されたのち、嗅球《きゅうきゅう》と呼ばれる器官を通して大脳皮質の嗅覚中枢へと送られる。

情報が味覚と嗅覚の第一次中枢にある段階では、情報に含まれているのは刺激の正体と強さだけである可能性が高い。だが、次に脳はじつに気の利いた作業をやってのける。データの塊のなかから使える情報を抜き出して、その意味を理解しようとするのだ。高次情報処理と呼ばれるプロセスである。ここで、実験心理学者のエドモンド・ロールズの研究に目を向けてみよう。彼はｆＭＲＩなどを駆使して、眼窩前頭皮質《がんかぜんとうひしつ》と呼ばれる脳領域の研究をしている。

ロールズたちの研究により、味と匂いの情報がひとつになって「風味」の感覚が生まれる場所は眼窩前頭皮質であるとわかった。触覚や視覚といったほかの感覚からくる情報もこの段階で組み合わされ、すべてが統合された複雑な感覚が生まれる。こうして生まれた風味の感覚は、口で発生したかに思える。何といっても、飲み込んだり吐き出したりといった飲食物への反応が起きるのは口だからだ。ロールズの実験からは、味や匂いへの報酬価（「いい味」「いい匂い」と感じること）が生じるのも眼窩前頭皮質であることが明らかになっている。つまり脳はここで、口のなかのものがおいしいのか、何の変哲もない味か、あるいはまずいかの判断を下している。

複数の感覚情報を処理する

眼窩前頭皮質の神経細胞のなかには、複数の感覚情報の組み合わせに反応するものがある。たとえば、味覚と視覚、味覚と触覚、嗅覚と視覚などだ。このような感覚情報の合流は、学習によって可能になる。ただしこれには時間がかかる。感覚情報のいくつもの組み合わせを経験したのちに、ようやくひとつが固定されるからだ。私たちはえてして、新しい食べ物やワインについては何度か試してみないとその良し悪しを見極められない。それも、固定に時間がかかるからと考えれば納得がいく。また、刺激－強化・連合学習と呼ばれるものが起きるのも眼窩前頭皮質の段階だ。たとえば、はじめて口にする食べ物を食べたとき（刺激）、味は良かったのにしばらくして激しく吐いてしまったとしよう（刺激と嘔吐が連合）。すると、次に同じものが口に入ったら、すぐに嫌悪感を覚えて吐き出すようになる。これは、ふたたび嘔吐せずに済むようにあなたを守る防衛メカニズムだ。

感覚特異性満腹

ロールズの研究で、ワイン・テイスティングに直接関係してくるのは感覚特異性満腹である。感覚特異性満腹とは、ある食べ物を十分な量食べると、その報酬価が低下する現象だ。つまり、「食べると嬉しい」という気持ちが減るのである。しかも、その減り方がほかの食べ物に比べて大きい。わかりやすくいえば、バナナもチョコレートも好きな人がバナナをたくさん食べた場合、バナナをもう一本食べようと思っただけで胸やけがするが、チョコレートはまだ欲しいと思う。この脳の巧みな技のおかげで、私たちはその時々に必要な食べ物を欲しがるようになっている。栄養バランスを保つのに貢献しているわけである。飽きるほど食べたものの匂いに対しては眼窩前頭皮質はあまり反応しなくなるが、まだ食べていないものの匂いには変わらぬ反応を見せることがロールズの研究でわかっている。また別の研究でロールズは、食べ物を飲み込まなくても感覚特異性満腹が起きることを示した。推測には慎重なロールズも、テイスターが同じ種類の味や匂いを繰り返し経験したら、感覚特異性満腹の影響が多少はあるかもしれないと語る。大規模な品評会では、一度に一〇〇種類ものワインをテイスティングすることも珍しくない。こういう状況に感覚特異性満腹が当てはまるとしたらどうなるか。もしどのワインにも共通する味や香りの成分（タンニン、果実味、オークなど）があったら、最初に試飲したワインと最後のワインでは脳の処理の仕方が違ってくる可能性が高い。

熟練したワイン・テイスターの脳と素人の脳

二〇〇二年、ローマの医療研究機関であるサンタルチア財団で、アレッサンドロ・カストリオータ・スカンデルベルク博士率いる研究チームが、単純ながらじつに見事な実験を考案した。実験の目的は、訓練を受けたワイン・テイスターと素人を比べて、ワインの味わい方が違うのかどうかを調べることである。

この研究では、プロのソムリエ七人と、ワイン・テイスティングの技能をとくにもたない七人を集めて、ワインを味見しているときの脳の反応をモニターした。素人の被験者には、ソムリエと同じ年齢・同じ性別の人を選んである。脳をスキャンされながらワインのテイスティングをするのは容易なことではない。参加したソムリエのひとりはこのときの経験をこう振り返っている。「かなり苦痛でした。なにしろ、プラスチックのチューブを四本も口に入れられて、トンネルのなかでじっとしているのですから」。被験者にはチューブを通して四種類の液体が順番に与えられた。三種類のワインと、比較対照のためのブドウ糖溶液である。被験者はワインの種類を特定して、それぞれの評価をする。また、液体が口のなかにあるとき（「味」を感じる段階）と、飲み込んだ直後（「後味」を感じる段階）とでは、どちらが味を強く感じられるかも教えるように指示された。

さて、これで何がわかったのだろうか。「味」を感じる段階では、いくつかの脳領域の活動が活発になった。とくに目立つのは、島《とう》と呼ばれる部分にある第一次味覚中枢と、眼窩前頭皮質《がんかぜんとうひしつ》にある第二次味覚中枢だ。これは、ソムリエでも素人でも変わらない。ところがこのとき、もうひとつ活性化した場所がソムリエの脳にだけ現れた。扁桃体《へんとうたい》＝海馬《かいば》領域と呼ばれる部位の前部である。「後味」を感じる段階になると、この部分の活性化は素人の脳でも見られるが、素人の場合はそれが右脳に限られるのに対し、ソムリエの場合は左右両方の脳で活性化した。そのうえ、ソムリエの脳にだけ、左脳の背外側前頭前野《はいがいそくぜんとうぜんや》にさらなる活性化が見られた。

先ほども触れたように、風味の情報処理に眼窩前頭皮質は重要な役割を果たしている。それを思えば、熟練テイスターの脳でも素人の脳でも眼窩前頭皮質が活発に活動したのも無理はない。では、そのときに活動したあとふたつの脳領域はどうだろう。ソムリエの脳でだけ活動した領域は何をしているのだろうか。

まずひとつは扁桃体＝海馬領域である。扁桃体は動機づけのかなめ、海馬は記憶のかなめとなるところだ。スカンデルベルク博士は次のように説明する。「ソムリエたちの脳で、早い段階から一貫して扁桃体＝海馬の活性化が見られるということは、彼らのほうがワインの識別に意欲的であることをうかがわせますね」。これは、ソムリエがテイスティングに報酬を期待し、したがってテイスティングが楽しいと考えたためかもしれない。もうひとつ見逃せない領域は左脳の背外側前頭前野だ。ここは、計画を立てたり認知（思考）による戦略を用いたりすることにかかわる場所だ。ソムリエの脳でだけこの部分が活性化したとすれば、ワインを口に含んだときに、熟練したテイスターだけが特別な分析戦略を使っていると考えられそうだ。その戦略は、風味と言葉を結びつける言語関連のものかもしれないと研究者たちは考えている。音楽を聴いているときの脳活動をｆＭＲＩで観察すると、熟練した音楽家と何気なく聴いている一般人とでは活性化する脳領域が違うことがわかる。これと同様に、ワインをテイスティングするとき、ソムリエはどうやら一般の人とは違う何かを感じているようだ。スカンデルベルクはこう説明する。「訓練や経験によって脳内の神経接続が変化することはわかっています。被験者の経験が増すと、それに合わせて脳がネットワークの構造を変えるのです」。

読者も本書を読むくらいであるから、たぶん長年にわたって相当量のワインを飲んできただろう。はじめて本当においしいと思ったワインを覚えているだろうか。今、当時に戻ってもう一度そのワインを味わいたいと思っても、すでにたくさんのワインを飲んできたために、二度目はまったく違う味に感じられるに違いない。これまでに飲んできた数々のワインがあなたの脳を変えてしまったのだ。いや、アルコールのせいで神経が劣化したという意味ではない。先ほどの研究のソムリエたちのように、ワインを注意深く味わってきたために、素人とは反応の仕方が違っているのである。このことからも改めてわかるように、ワインの評価には学習が大きな役割を果たしている。かりにあなたがひとつのワイン文化に精通していても、別のワイン文化に足を踏み入れるときはもう一度学習し直す必要があるだろう。オーストラリアの赤にかけてはベテランだとしても、ドイツ・リースリングの評価をするならたぶん一から学習しなければならない。

もっている知識によって感じ方が変わることは、別の研究でも浮き彫りになっている。こちらの研究を行なったのはカリフォルニアの研究チームで、神経経済学という新しい学問分野に取り組んでいる。チームがｆＭＲＩを使って明らかにしたのは、ワインに関する情報を事前に与えることで被験者の感じ方が変わるということだ(1)。研究チームは「経験効用」(それを経験したときに感じる効用)という経済用語を取り上げ、特定の商品の経験効用がマーケティング活動によってしばしば変化することを示した。商品自体の性質は変わっていなくても、である。この研究で、価格の違いで経験効用がどう変わるかを調べる題材に選ばれたのがワインだ。二〇人の被験者の脳をｆＭＲＩ装置でスキャンしながら、五種類のカベルネ・ソーヴィニヨンを味わってもらう。被験者には事前にそれぞれのワインの小売価格を伝えておき、ワインを味わったらその風味に集中して好き嫌いを判断するように指示する。ただし、ひとつ気の利いたひねりを加えてある。実際に被験者に飲ませるワインは五種類ではなく三種類であり、残りふたつについては、同じワインを別の価格の別のワインであるかのようにして提示したのだ。このため、被験者は次の五通りのワインを味わうこととなった。五ドルのワイン（ワイン①、正しい価格）、一〇ドルのワイン（ワイン②、本当は九〇ドル）、三五ドルのワイン（ワイン③）、四五ドルのワイン（ワイン①、偽りの価格）、九〇ドルのワイン（ワイン②、正しい価格）である。

おそらく意外ではないだろうが、価格と好みには相関関係が見られた。ワイン①と②に関しては、高い価格として提示されたほうのワインを被験者は好んだのである。それぞれ脳スキャンの結果を比べたところ、価格が高いと聞かされたものを飲んだときのほうが、快楽を感じる脳領域の活動が盛んになっていた。価格の情報がワインに対する受け止め方を変えた。そのせいで、被験者にとってはワインの実際の品質まで変わったように感じられたわけである。この結果からは重要なポイントが浮かび上がる。私たちがどんな期待をもってワインに臨むかによって（おそらくはラベルを見ることで生じる期待）、感じられるワインの味は変わってしまうということだ。

言葉とワイン

少し違った分野の研究も見てみよう。認知心理学者のフレデリック・ブロシェは、ワイン・テイスティングに直接かかわる重要な研究をしている。彼が注目するのはテイスティングのやり方だ。テイスティングの手順も教育も、理論的な根拠に乏しいというのがブロシェの持論である。「テイスティングとは心に表象を抱くことです」とブロシェは説明する。この場合の「表象」とは、肉体の経験（ワインの味、香り、見た目、口当たりの情報）に基づいて心が構築した意識の経験である。ブロシェは三つの切り口から研究を行なっている。「文書分析」（テイスターが自分の表象を言葉にするときの用語の種類に着目する）、「行動分析」（テイスターの行動を観察してそこから認知メカニズムを推測する）、「脳機能分析」（ｆＭＲＩを使って脳がワインにどう反応するかを直接見る）だ。

文書分析――テイスターが使う言葉の研究

文書分析では、ひとつの文書に使われている用語を統計学的に研究する。ブロシェは五種類の資料をもとにした。ワインの評価本『アシェット・ガイド』、ワイン評論家として有名なロバート・パーカー、ジャック・デュポン、そしてブロシェ自身によるテイスティング・ノート。そして世界最大のワイン見本市「ヴィネスポ」で四四人の専門家が八種のワインを評価したときのテイスティング・ノートである。ブロシェは、ALCESTEと呼ばれる文書分析用ソフトウェアで、さまざまなテイスターが味の表現にどのような言葉を使ったかを分析した。おもな結果は次のとおりである。(一) テイスターは、テイスティングで得たさまざまな情報に基づくのではなく、ワインのタイプに基づいて説明している。(二) 表現に「型」がある。つまり、ワインのタイプを表すのに特定の用語が使われており、用語ごとに表すタイプが決まっている。いい換えれば、ひとつのワインのテイスティングをしたときに彼らが使う言葉は、そのワイン自体というよりその種のワインについて思い浮かべる言葉、ということになる。(三) 使われている語の幅 (語彙《ごい》範囲) はテイスターによって異なる。(四) テイスターは、好みのワインとそうでないワインを表すのに決まった語彙をもっている。好みに左右されずに表現できるテイスターはいないようだ。(五) ワインの色は、説明に使う用語の種類を選ぶ際の重要な要素であり、使われる用語の種類に大きな影響を与える。(六) 感覚をどう表現するかには文化的な情報が反映される。ブロシェは論文でおもしろい指摘をしている。「認知した表象を説明するのに用いるある種の用語は、舌や鼻からの情報ではなく、本人の過去の記憶や見聞きした情報からきていると思われる」。

行動分析――知覚の期待

次に行なった行動分析では、五四人の被験者 (ワインの専門家) を集めて一連の実験に参加してもらった。被験者は、まず本物の赤ワインと本物の白ワインを試飲してその特徴を述べる。数日後、同じ被験者が同じ白ワインを試飲する。ただし、今回は無味無臭の食品着色料で赤く色づけされている。おもしろいことに、彼らはどちらの実験でも「赤い」ワインの特徴を述べるときに同じ用語を使った。そのうちのひとつが実際には白ワインなのに、である。ブロシェの結論はこうだ。味や香りの感じ方は色に左右される。ワイン・テイスティングの過程で、視覚は私たちが思う以上の情報を与えているのだ。彼は視覚の影響の実例として、食品や香水の世界では古くから知られている現象をあげている。無色の製品を販売する業者はほとんどなくなっている、と。

ブロシェはもうひとつ、同じように意地悪な実験をしている。今度は被験者に標準的な品質のワインを飲んでもらい、一週間後にもう一度同じワインを試飲させる。ただし、一度目のワインは「テーブルワイン」と書かれたボトルから被験者につぎ、二度目のワインは「グラン・クリュ（特級）」と書かれたボトルからつぐ。つまり、実際には二度とも同じワインなのに、被験者は最初に普通のワインを、次に特別なワインを飲んだと思ったわけだ。テイスティング・ノートで使われた言葉を分析すると、それが如実に現れている。「テーブルワイン」評と「グラン・クリュ」評を比較すると、「やや」が「非常に」に、「平板な」が「複雑な」に、「バランスの悪い」が「バランスの良い」に変わっているのだ。すべてラベルを見たために起きたことである。

ブロシェはこの現象を「知覚の期待」と呼んでいる。被験者は前もって知覚していたことを知覚するのであり、その情報の影響をまぬかれるのは難しい。人間にとっては、化学的な感覚情報より視覚情報のほうが重要なので、私たちは視覚に頼りがちである。偉大な醸造学者だったエミール・ペイノーはかつて、「高級ワインをブラインド・テイスティングすると、期待を裏切る結果が出ることが多い」と述べた。ブロシェはその原因を、私たちが視覚を重視しすぎることにあると説明している。

表象の個人差

この一連の研究でブロシェはさらに、品質の格づけがテイスターによってどう違うかも調べた。八人の専門家を集め、商品名を見せずに一八種類のワインをブラインド・テイスティングさせ、好みの順に順位をつけてもらう。結果はばらばらだった。そこでブロシェは、イタリアのスカンデルベルクたちと同じように、四人の被験者にワインを次々に試飲してもらいながら、そのときの脳の反応をｆＭＲＩで調べた。非常に興味深い結果がいくつも得られる。そのひとつは、同じ刺激を受けても、人によって脳の反応が異なることである。脳領域でいえば、言語野の活性化が著しい人もいれば、視覚野のほうが活発になる人もいる。また、同じ被験者が同じワインを何度か試飲した場合、脳の画像がその都度少しずつ違うこともわかった。ブロシェはこれを「表象が変わりやすいものであることを示す」好例だとしている。表象とは「化学的な感覚情報、視覚情報、想像力、言語などから生まれる心像を、同程度取り込んで統合した包括的なもの」なのだ。

オックスフォード大学実験心理学部のチャールズ・スペンス博士は、このように複数の感覚がかかわる情報処理についてデータを集めている。彼の研究がワインにどう当てはまるのかを尋ねてみた。「風味を特定したり風味の感じ方の強さを判断したりする際、人は目で見たものの情報によって影響を受けます。私たちの研究室ではそういう実験をいくつも行なっています」とスペンスはいう。「ですが、あいにく訴訟のリスクがあるために、被験者にアルコールを与えることができません。そこで、ほとんどの実験では色つきのソフトドリンクを使って、風味の知覚を強く左右するのが何色かを調べています。その結果、匂いについても味についても、赤い色が私たちの感じ方に強い影響を与えることがわかりました。なぜかといえば、赤は自然界に見られる熟した果実を思わせるからです」。スペンスはさらに続ける。「正体をはっきり特定できない匂いを嗅いだとき、事前の期待や内容説明のラベルが大きな役割を果たします。意外なことに、ワインの専門家であっても『赤い色をつけたワイン』の効果からは逃れられないようですね。専門家がすっかりだまされるのを何度も見ましたし、もしかしたら素人よりだまされやすいくらいです。重要なポイントは、こうした複数の感覚の相互作用が無意識の段階で起きるということです。私たちの五感は、大量の感覚刺激を雨あられと浴び続けています。そこで脳がその負担を減らそうと手助けして、見たこと、聞いたこと、味わったことを自動的に結びつけます。私たちには、その結びつけた結果だけを提示するわけです。

ですから、どれだけ注意しようと思っても、こうした錯覚からは逃れられません」。

結論

私たちがワインを通して感じるものを、脳はどのように組み立てているのか。まだわからない点も多いが、すでに明らかなことがひとつある。これが実際は複雑な問題であるにもかかわらず、えてして単純化されがちだということだ。私たちはワイン・テイスティングの根本原理を単純化しようとする。感じ方には間違いなく個人差があり、同じ人でも感じ方の変化があるのは明らかなのに、それを無視して一律同じように扱おうとする。だからこそ、テイスティングの結果を解釈する際に問題が生じるのだ。ワインを通して経験するのは匂いや味だけではなく、もっとはるかに大きなものである。匂いや味という化学的な刺激から得た基礎的な情報は、視覚や触覚や記憶などからくるほかの情報に文字どおり補われる。そのうえで、すべての情報は柔軟かつ複雑な処理を経て高次の脳領域で統合され、それでようやく、ワインを味わうときに経験する総合的な知覚（「表象」）が形成される。

ブロシェたちの研究からは、次の二点が明らかになった。ひとつは、テイスティングの際に商品名を見せるか見せないかといった要素が、最終的な表象を決定的に変えてしまうこと。もうひとつは、同じワインであっても、個々のテイスターが抱く表象は著しく異なることだ。しかも、過去のテイスティング経験によって、現在のワインをどう味わうかが変わってくる。こうした点を踏まえれば、ワイン・テイスティングの科学を理解するうえでも、テイスティングの手順を考案するうえでも、きっと役立つはずだ。ワインを試飲してその味わいを表現するのはかなり複雑な作業だ。しかし、ここで紹介したような手法を使ってさらに研究を進めれば、私たちの理解はもっと深まるに違いない。

最後に、紙幅の都合で簡単に触れるにとどめるが、私の考えを述べておきたい。まずワインの評価については、これまでの見方を根本的に改める時期にきていると思う。そうするだけのデータがすでに十分集まっている。専門家が等級づけしているのはワインそのものの特徴ではなく、彼らが心に抱いた表象だ。しかも、その表象は多かれ少なかれその人に固有のものである。では、同じワインを飲んで同じ経験を分かち合うことは無理なのかといえば、かならずしもそうではない。たしかにひとりひとりが抱く表象はその個人に特有なものだが、幸い私たちには言語という道具がある。今この文章を打っているノートパソコンは、いわば私の脳の延長だ。言語があれば、自分の思いをほかの人と分かち合うことができるし、また同じようにして他者の心の風景の延長にもアクセスできる。ワイン・テイスティングの場合におもしろいのは、言葉で経験を共有する作業を通して逆に表象が調整される場合があることだ。私たちはワインの感じ方を表現するために、味や匂いや風味を表すさまざまな言葉を発達させてきた。それは自分の表象を他者と共有する手段であると同時に、表象自体の作られ方にも影響を与えている。つまり、味や匂いや風味をいい表すのにどういう言葉が存在するかによって、味わったワインをどう表現するかが決まるだけでなく、感じられる味自体も決まってくるのである。

（1） Plassman H., O'Doherty J., Shiv B., Rangel A. "Marketing actions can modulate neural representations of experienced pleasantness." Proc Natl Acad Sci USA, 105:1050-1054, 2008

「ペプシの挑戦」が教えてくれたこと

テキサス州にあるベイラー医科大学の脳神経科学者、リード・モンタギューは、ワイン・テイスティングにもかかわりのある素晴らしい実験を考えた。事の起こりは、ペプシコーラ社が一九七〇年代から八〇年代にかけて流していた一連のテレビコマーシャルだった。これは「ペプシの挑戦」と称して、ペプシがコカ・コーラに味の対決を挑むというもの。両者をブラインド・テイスティング、つまり被験者にどちらがどちらと知らせずに味見してもらう。すると、被験者は決まってペプシのほうが好きだと答える。ところが彼らが買うときペプシを選ぶかというと、かならずしもそうではなかった。

なぜだろうか。モンタギューはそれを突き止めるために、被験者を募って「ペプシの挑戦」を再現した。ただしコマーシャルとは違い、ｆＭＲＩ装置を使って被験者の脳活動を観察した。その結果、概してペプシはコカ・コーラよりも腹側被《ふくそくひ》殻《かく》に強い反応を引き起こすことがわかる。腹側被殻は、報酬を処理すると考えられている脳領域である。ペプシ好きがペプシを飲むと、コカ・コーラ好きがコカ・コーラを飲んだときより被殻の活動が五倍も活発になった。

モンタギューはさらに工夫して、今度は飲み物の正体を教えたうえで飲んでもらった。すると、なんとほとんどの被験者が急にコカ・コーラのほうがおいしいといい出す。脳活動にも変化が見られ、内側前頭前野《ないそくぜんとうぜんや》で活動が起きていた。ここは、高次の認知能力の方向性を決める領域だ。要するに、被験者はコカ・コーラについて知っていること、すなわちそのブランドイメージで好みを決めたことになる。驚くよりほかない。

ワイン・テイスティングにとって、この研究が意味するところは明らかだ。銘柄を知りながら試飲をすると、そのワインについて前からもっている情報によって好みが左右されやすい。どんなに客観的に評価しようとしても、それは不可能だ。ワインについての知識が味や香りの感じ方を変え、今飲んでいるワインをどれだけ楽しめるかにも影響する。ここにもワイン・テイスティングの複雑さがうかがえる。

21章　唾液が鍵を握るワインの味

口のなか（もう少し固い言い方をするなら口腔内環境）というテーマは、ワインの味を議論する際にこれまで目を向けられてこなかった。しかし、少なくとも飲み込むまでのあいだは、口こそがワインとの最も緊密な相互作用が起きる場所である。

ワインに対して多少なりとも深い興味を抱いている人なら、味わう前にまず嗅いでみるのが普通だろう。だが、香りから何らかの一時的な判断を得たとしても、ひとたびワインが口のなかに入ればもっと具体的な評価が可能になって、当初の印象に取って代わる。口のなかでの相互作用は多面的だ。味覚だけでなく嗅覚や触覚もかかわってくる。そう考えると、私たちがワインを経験するうえで唾液はきわめて重要な要素といえる。

唾液の成分

唾液は水分の多い分泌液で、異なる三つの腺から分泌される。耳下腺《じか》（頬の内側で耳の下にある）、顎下腺《がっかせん》（顎《あご》の下にある）、舌下腺《ぜっか》（舌の下にある）だ。何の刺激がなくても、唾液はつねに少量ずつ流れている。この刺激によらない分泌が口の渇きを防ぐとともに、口腔内の表面や歯を保護している。

しかし、唾液の大部分は味や匂いからの刺激によって、もしくは噛むといった機械的な刺激によって分泌される。連想するだけで唾液分泌が促されることもある。パブロフのイヌがいい例だ。あの有名な実験を繰り返してしばらくすると、イヌは食物の刺激がなくてもベルの音だけでよだれを垂らすようになった。平均的な人間の場合、一日におよそ〇・五～一・五ℓの唾液が分泌され、そのほとんどは飲み込まれる。分泌量は夜（就寝中）になるとほぼゼロにまで減少する。また薬の服用や脱水などの状態によってもその量は左右される。

では、唾液には主成分である水以外にどんな特別な成分が含まれているのだろうか。まずあげられるのが、ムチンと呼ばれるタンパク質だ。炭水化物の含有量が多く、ネバネバしていて、大量の水を吸収する働きをもつ。ムチンは口のなかだけに存在するのではない。口腔内のムチンは、口内組織の表面を覆って口をなめらかにするのを助けるとともに（話をしたり食物を咀嚼したりするのに役立つ）、炎症や病原菌から組織を保護する役目も果たす。ムチンは大量の水を吸収できるおかげで、保護潤滑層として適度な厚みを保つことができる。さらには唾液が液体であることとも相まって、好ましからぬ微生物や食べ物のカスをきれいにしてくれる。

唾液にはカルシウムイオンとリン酸塩イオンも高濃度で含まれており、それらが歯のエナメル質を保護するとともに歯の再石灰化を可能にしている。また唾液は、有害になりうる化学物質があってもそれを洗い流したり薄めたりして歯を保護するほか、食品中の酸などによって引き起こされるpHの変動を抑える働きももつ。ペリクルと呼ばれる唾液タンパク質の保護膜がさらに歯を保護してくれる。

なぜこのような保護が必要かといえば、口のなかが非常に傷つきやすい場所だからだ。温かく湿っているので、有害な微生物が成長するにはうってつけの環境といえる。また、歯は酸に弱い。このように唾液は口内を保護する重要な役割を担っているのだが、私たちにはそれが当たり前に思えて、唾液の分泌が減少したり完全に止まったりしてはじめてそのありがたみを知る。ある種の病気や薬の服用、あるいはがんの放射線治療などのせいで実際に唾液分泌の減少や停止は起きることがある。もしも唾液の分泌が大幅に減少したら、口内に人工唾液を定期的にスプレーしなくてはいけなくなる。だが、そうした人工唾液はあまり複雑なものではないため、通常の唾液がもつ機能をすべて果たすことはできない。

PRPとHRP

ワインとの関連で最も興味深い唾液成分は、高プロリンタンパク質（PRP）と高ヒスチジンタンパク質（HRP）だ。PRPは唾液タンパク質全体の約七〇％を占めており、アミノ酸であるプロリン、グリシン、グルタミンの含有量が高い。PRPにはおよそ二〇種類があり、それらは大きく三つのグループに分けられる。酸性ＰＲＰ、グリコシル化ＰＲＰ、塩基性ＰＲＰだ。酸性ＰＲＰはカルシウムと強力に結合する作用をもち、歯のペリクル層を形成するだけでなく、歯の再石灰化に必要なカルシウムを確保するうえでも重要な役割を果たしている。というのも、ＰＲＰはカルシウムが高濃度で存在するときにはそれと結合するものの、カルシウム濃度が十分でないときにはそれを少しずつ放出するからだ。グリコシル化ＰＲＰは潤滑剤であり、微生物とも相互作用する。それにひきかえ塩基性ＰＲＰにはひとつの役割しかない。タンニンと結合して沈殿物を作ることだ。一方、ＨＲＰは小型のタンパク質で、ヒスチジンを豊富に含み、唾液中にしか見られない。人間には一二種類のＨＲＰが知られており、唾液タンパク質全体のわずか二・五％を占めている。ＨＲＰは抗菌性と抗真菌性をもつだけでなく、タンニンとも非常によく結合する。ワイン・テイスティングの観点から見て、本当の意味でおもしろくなってくるのはここからだ。つまり、ＰＲＰとＨＲＰがタンニンと結合する性質をもつという点である。

植物性のタンニンは防御のための分子だ。微生物からの攻撃を防ぐとともに、摂食阻害剤（昆虫などに食べられないようにする化学物質）としての役目も果たす。植物は文字どおり根を生やしていて動けないため、自分を「食べてもおいしくない」ものにしなくてはならない。鋭い毛やとげなどの物理的な防御を発達させるだけでなく、まるで化学工場のように多種多様な有毒の二次代謝産物を製造している。人間が食べても大丈夫なのは比較的少数の植物にすぎない。むしろ、私たち（または動物）が食べることのできる部分は植物がそれを望む部分である場合が多い。たとえば種子をばらまくために果実を食べさせる、などがそうだ。ブドウの実の場合、はじめは緑の葉と同じ色で、糖分を含まず、高濃度のタンニンと強い酸で自分の味をまずくしている。ところが、ひとたび種子が熟してばらまけるようになると、実は甘く熟してよく目立つ魅力的な食べ物へと変わる。

「タンニン」という言葉は、一群のかなり多様な重合体の総称である。古くから動物の皮をなめして革に変えるために使われてきた。ワインのなかにはタンニンがさまざまな状態で見つかる。タンニンはもともと「くっつきやすい」分子だ。ワインに含まれるアントシアニン（ブドウの果皮の色素）のような成分と結合して色素ポリマーを生成したり、ほかの化学物質と結びついたりする。タンニン分子の大きさを表すときには重合度という単位を用い、これはタンニンを構成するサブユニットの数を指す。種子や木質部に含まれるタンニンは、果皮に含まれるタンニンより通常は小さい。小さいタンニンは渋みではなく苦味をもつと考えられている。ワインを熟成させるおもな目的は、少量の酸素に触れさせてタンニンを変化させ、調和のとれたワインを生み出すことだ。酸素が存在するときにタンニンが変化するのは、植物を守る役割のひとつと見られている。たとえばリンゴをかじってそのまま放置しておくと、「傷口」が茶色に変色する。これは組織内のタンニンが酸素と反応することにより、傷ついた領域に微生物がすみつきにくいようにするためだ。

唾液中のPRPとHRPの重要な役目のひとつは、タンニンの悪影響から私たちの体を守ることである。そのためにタンニンと結合して、腸に届く前に沈殿させる。PRPにこの沈殿作用がなければ、タンニンは腸内で消化酵素（これもタンパク質）と反応して働かなくさせてしまう。するとその植物片ははるかに消化しにくくなるために、私たちはそれをおいしいと感じなくなる。熟していない果実に不快な味がするのは、タンニンの濃度が高いせいもある。これもまた、種子が熟す前に食べられないようにするための手段のひとつだ。人間はタンニンの苦味と渋みを不快と感じ、そう感じることで有害なものを食べないようにしている。したがって、PRPとHRPはふたつの役割を果たしているといえそうだ。ひとつは、食物中のタンニンを検知して、濃度が危険なレベルであればその食物を受けつけないこと。もうひとつは、食物中のタンニンを無力化して消化できるようにすることだ。

渋みとは

私たちはタンニンをおおむね渋みとして感じる。だが、渋みはそもそも基本五味（甘味、酸味、苦味、塩味、うま味）のなかに入らないので、そういう意味では味覚の一種とはいえない。渋みは味覚としてではなく、おもに口内の触覚によって探知されている（ただし、渋みを味として感じる場合もあるとの意見もあり、まだ科学者のあいだで議論されている)。口のなかにワインを感じること、つまり一般に「口当たり」と呼ばれるものは、口内の機械的受容器によって検知される。歯医者に行って、口のなかをなんらかのかたちで変えたことがあれば、人間が口内の変化に非常に敏感であることがわかるだろう。口のなかでの触覚の役割のひとつは、味や匂いを飲食物の口内の位置と結びつけることだ。この働きがあるからこそ、味や匂いの特性がその飲食物からきていると判断することができる。唾液中のPRPとHRPは、食物と一緒に口に入ってきたタンニンと結合して沈殿物を作る。これが渋みを生じさせている。しかし、PRPとHRP以外にも唾液中には重要なタンパク質が含まれている。ムチンだ。前述のとおり、ムチンはぬるぬるした潤滑剤のような層を作って口内の表面を覆い、保護している。タンニンはこの潤滑層を取り除き、口が渇くような、なめらかさがなくなって表面にしわが寄るような感覚を生じさせる。それも私たちは「渋み」と表現するわけだ。

渋みに似ているものに苦味がある。大部分のタンニンはおもに渋みとして感じられるものの、「苦味」として捉えられることもある。それは、タンニン分子が小さくて、舌にある苦味受容体と作用できる場合だ。タンニンを苦味として感じることが最も多いのは、重合度が四のときであるらしい(四個のサブユニットが結合しているもので、タンニン分子としては小さい)。重合度がこれより大きくなるにつれて苦味より渋みが増し、重合度七のときに渋みが最大に達して(少なくとも一部の研究によれば)、それより分子が大きくなると渋みは減る。タンニンの渋みは、多糖やその他のワイン成分が存在すると和らぐ。また、タンニンはさまざまな物質をつかまえて自らの構造を変えるので、そのせいで渋みが和らぐ場合もある。ワインのなかでタンニンはたえず長さ（重合度）を変え、その構造にいろいろなものをつけ足している。したがって、ワイン中のタンニンは信じがたいほど複雑な構造をもつため、どの構造がどういう口当たりを生むのかについてはいまだに解明されていない。

おもしろいことに、ワインのpHが低いほどタンニンの渋みは強くなる（つまり、かりにタンニンの含有量が同じだとしても、酸度の高いワインのほうが渋く感じられる）。また、アルコールの濃度が高まるにつれて渋みは弱くなる。一方、タンニンの苦味はアルコール度数とともに上昇し、pHの変化には左右されない。

ここで指摘しておきたいのは、酸は唾液の分泌を促すということだ。分泌量が増えれば唾液タンパク質の数も増え、それだけ多くのタンニンと結合して沈殿物を作る。だとすれば、タンニンの組成がまったく同じでもpHの異なる赤ワインが二種類あれば、両者の口当たりは違ってくる。pHを下げると渋みが増すというのは経験からいわれてきたことだが、その一端はこの唾液タンパク質の量の違いで説明できるかもしれない。ただし、酸味と渋みを両方感じることで、なんらかの相乗効果が働いている可能性も否定できない。

私たちがワインを飲むと、ワイン自体が唾液の分泌量を増やし、それが今度はワインの感じ方を変えていく。唾液タンパク質がタンニンと結合することで苦味受容体には届かなくなり、そのせいで苦味が減って渋みが増すとも考えられる。

ワイン・テイスティングへの影響

以上のことはワイン・テイスティングにとってどんな意味をもつのだろうか。あなたが次に赤ワインを試飲して吐き出したとき、スピットゥーンのなかを覗いてみてほしい。あまりきれいな光景とはいいがたく、赤いような紫のような黒いような唾液の筋が塊を作っている。これはワインと唾液が相互作用を起こした結果であり、おもに唾液タンパク質がタンニンと結合して沈殿物を作ったことによる。弾性と粘液性を併せもつ色つきのつばができているのは、唾液中のムチンがひと役買ったためだ。

普通の状況でワインを飲むだけなら、唾液が作られる速度はワインが消費されるペースにたぶん追いつくことができるだろう。赤ワインの場合、味覚を識別するうえでの難題となるのは繰り返しタンニンにさらされることだ。それでも、普通はワインを知覚するうえでの大きな障害にはならない。ところが、短時間のあいだに繰り返し味わう場合は話が別だ。専門家がワインを味わう場合、まさにその短時間での繰り返しが起きやすい。品評会で試飲するのであれ、ワインコンクールの審査員を務めるのであれ、どこかの地域のワインを論評するのであれ、一日に一〇〇サンプル以上を試飲するのも珍しいことではないのだ。

赤ワインの場合、タンニンが唾液タンパク質と反応して沈殿し、口が渇く感覚と渋みを生じさせる。口を潤していたムチンの層も剝がれる。これは普通にワインを飲む状況であれば起きないことだ。

同じ味や匂いに繰り返しさらされていると、ある程度の慣れが生じる。ところが渋みは別で、繰り返しさらされると渋みが増す結果となる。ワインを飲むことで唾液の生産は促されるものの、短い間隔で何度も赤ワインを飲むのに対応できるほどの量にはならない。口内の表面を覆うムチンの層が補充できないのだ。そのせいで、新たなサンプルを飲めば飲むほど渋みが増していき、不快に感じるまでになる。

なにもワイン・テイスティングには意味がないと説いているわけではない。ただ、テイスティングの際にはある程度の謙虚さをもって臨むべきだといいたいだけである。いくつものサンプルを立て続けに試飲することにはリスクが伴う。味覚が疲弊するだけでなく、どの順番で飲むかによって判断が影響されるからだ。どんなワインを味わうにせよ、それはひとつ前のワインがどんな性質をもつかによって左右される。この点を考えると、複数のテイスターたちに別々の順序で試飲させるというのは良い方策だといえる。たとえ、何人かに逆の順番で飲ませるといった単純なやり方でもそうだ。専門家がよく行なうような頻度でワインを続けて味わうと、唾液がそれに追いつけないのだとしたら、私たちにできることはないのだろうか。一番単純な方法は、適切に水分補給をすることである。体内の水分が足りていないと唾液の分泌量が減る。しかも試飲してワインを吐き出すときには、せっかく作られた唾液も捨ててしまっている。口のなかを洗い流すパレット・クレンザーを官能評価の際に使うことで、口内の状況が基本状態にリセットされるかどうかを調べた研究がある。ある研究では何種類かのクレンザーを試し、それぞれが渋みの増大をどの程度抑えるかを比較した。使用されたのは、脱イオン水、一ℓの水に一グラムのペクチンを溶かした溶液、一ℓの水に一グラムのカルボキシメチルセルロースを溶かした溶液、そして無塩クラッカーである。被験者は同じワインを六回試飲し、三回目が終わったところでクレンザーで口内をきれいにした。その結果、渋みの増大を抑える効果が最も高かったのは無塩クラッカーであり、最も低かったのは水だけの場合だった。とはいえ、どのクレンザーを使っても渋みが増すこと自体に変わりはなかった。別の研究では、ペクチン水で口をゆすぐのが最も効果的で、次いで無塩クラッカーという結果が出ている。いくつかの状況では、カルボキシメチルセルロースの効果が高いことも示された。

高級ワインでは、特性のわずかな違いが大きな意味をもつ。最高級の赤ワインの場合は、口当たりが重要な評価要素のひとつだ。上品さと調和はとくに年代物のワインで高く評価されるが、これは口当たりによるところが大きい。この種のワインを確実に品定めするには、試飲サンプルの数を減らす必要がある。

唾液とワイン・テイスティングの関連でもうひとつ指摘したいのは、唾液の組成や生産量は人それぞれであるうえ、たとえ同じ人であっても唾液の分泌量はさまざまな要因に応じて変動するということである。たとえば水分補給の状態、時間帯、精神状態、薬服用の影響などだ。しかも人口全体の一〇〜一五%はおもに口から呼吸をしていて、結果的にかなりの量の唾液が蒸発している(一日当たり約三四〇㎖の喪失との試算もある)。唾液量にこのような変動や個人差が見られるのなら、おそらく赤ワインの口当たりにも影響するだろう。ただでさえ味蕾の密度や、もっている嗅覚受容体の種類や、知識・経験が人によって違うのに、個人差を生む要因がもうひとつあったわけだ。同じ個人のなかでの変動については、テイスターが自覚しておくべき問題といえる。自分がワインをどう感じるかが日によって、さらには時間によっても変化しうるのを知っていれば、ワインと向き合ったときに謙虚さを失わずにいられるのではないだろうか。

まとめると、私たちがワインと出会ううえで一番重要な場所は口のなかだ。口のなかの環境がワインの感じ方に大きな影響を及ぼしているのは間違いない。私たちがワインを経験するとき、重要な仲介役となるのは唾液である。したがって、ワインを味わうという行為を正しく理解したいなら、唾液と口腔内環境が風味の知覚に欠かせない要素であると見なす必要があるだろう。

22章　ワインを語る言葉と共感覚

ワインはとかく「語られる」ことの多い飲み物である。ワイン業界に生きる人間はかなりの時間を費やして、自分の感じたワインを言葉に置き換えようとする。それが知覚経験を分かち合うための手段だからだ。自分だけの世界を言葉を介して他者と共有する行為は、知覚に興味をもつ神経科学者や哲学者から大きな関心を寄せられている。その一方で、ワイン業界以外の人たちにとって、ワインを語る言葉はときにおもしろおかしく響き、当惑や嘲笑すら招くものでもある。

二〇〇五年、ロンドンの新聞『タイムズ』紙の記事で、食に関するライターのジョナサン・ミーズはワインの描写に使われる言語を槍玉にあげた。ワイン評論家のヒュー・ジョンソンの代表的著書『世界のワイン』が一九七一年にはじめて刊行されたとき、ジョンソンが提案したテイスティング用語は八〇語に満たなかったとミーズは指摘する。それ以後、語彙が急速に増えたことを非難しているのである。「ワイン造りが世界中に広がり、飲む人の種類が変わった結果、用語は大幅に増えた。以前とは質的に異なる新しい言語が進化したのである。かつての言語は、紳士クラブとボルドー・ワインのたしかさの上に築かれており、一種の符号であった。それは職業上の隠語の例に漏れず厳密で排他的なものであり、外部からの影響を受けることもなかった」とミーズはいう。「こうした言語は今やあらかたなくなり、騒がしい日常の言葉に掻き消されてしまった。この新しい言葉は符号化とは程遠く、ワインの特性を表現しようと（分類ではなく）努める一方で、斬新な言葉を編み出す自らの才を証明しようとする手段ともなっている。しかもそうした表現を、商人やソムリエや、ライターやマニアや、何の気なしにただ飲んでいる人たちまでもが使っている」。さらにミーズはこうも述べた。「会話のなかでこの手のワイン語りが聞かれるときには、自分の言い方を茶化すような言葉や冗談をちりばめて逃げ道を作っていることが多い」。

ミーズの不快感からはひとつの重要な問いが浮かび上がる。ワインを描写するとき、私たちは何をしようとしているのだろうか。決まった符号を使うことで、標準化された用語とワインの物理的な特徴を対応させているのか。それとも、実際にそこに何があるのかを、門外漢の人にもわかるように説明しようとしているのか。現実にはそのどちらもが少しずつ混ざり合っているといったところだろう。とはいえ、私たちがどちらをやろうとしているのかを考えることは重要だ。つまり、符号なのか、実際に即した描写なのか、である。ここからさらに疑問が生じる。ワインを語る際にはどういう言語表現が適切であり、また許容しうるものなのだろうか。直喩《ちょくゆ》（「〜のようだ」という表現を用いて別のものに喩《たと》える方法）の域を出るべきではないとの意見もある。かと思えば、自分の感じたことを他者と共有するには隠喩《いんゆ》（「ようだ」を用いずに別のものに喩える方法）が欠かせないとの考え方もある。私たちはできるだけ正確に、ありのままにワインを描写し、個々の風味や香り要素に分解すべきなのだろうか。それとも、より比喩的で独創性のある言葉を用いて、もっと全体を描写すべきなのだろうか。

本章が目指すのは、自分の感じたワインを他者と共有する際に用いられる言語について考えることだ。その出発点として、共感覚という興味深い現象を取り上げたい。さらには脳が感覚刺激をどう処理しているかを振り返るとともに、個人個人の感覚経験を比較する手段として「疑似共感覚的」ともいうべき表現法が注目されていることも見ていく。最後に、ワイン・テイスティングにおける言葉の使われ方に関するいくつかの研究と、その成果についても紹介したい。

共感覚

共感覚とは、ひとつの感覚が刺激となって別の感覚が誘発されるというじつに奇妙な現象である。この現象を経験したことのない者にとっては、なぜ「手押し車」という言葉を読むと緑色が見えるのか、あるいはなぜ「ド」の音を聞くと甘い味がするのか、想像もつかない。この現象が知られ始めた頃、私たちはともするとこれをでっちあげか本人の思い違いとして片づけようとした。ところが、心理学者たちが厳密に調べた結果、感覚が混じり合うこの現象は共感覚者にとってまさしく本物であることが明らかになる。

最も多く見られる共感覚は、書かれたり発話されたりした文字や数字、あるいは単語が引き金となって特定の色が見えるというものだ。このタイプの共感覚では、単語（これが誘導刺激となる）によって色の経験（併発する知覚）が確実に与えられ、何度やっても同じ結果が再現される。これは、一般の人が「赤」という単語を見て心のなかに赤い物体や赤色そのものを思い浮かべるというのとはまったく異なる。特定の単語がきっかけとなって特定の色が本当に見えるのだ（実際に色を見るときと同じように）。およそ二〇〇〇人にひとりがこの能力をもつとされる。

もっと珍しいタイプの共感覚もあり、そちらのほうが本章のテーマと関連性が高そうだ。それは、ほかの感覚からの刺激によって「味覚」が誘発されるというものである。チューリッヒ大学の研究者、ルッツ・イェンケとそのグループは、エリザベス・サルストンという共感覚者を調べてその結果を発表した(1)。サルストンは当時二七歳で、プロの音楽家である。正式な音楽教育を受け始めた頃、音の特定の間隔によって自分の舌に味覚が生じることに気づいた。おもしろいことに、この非常に珍しい「音の間隔から味覚」という共感覚のほかに、もっと一般的な「音から色」という共感覚も彼女はもっていた。

一方、これよりはるかに一般的なのにあまり目を向けられていない共感覚もある。それはたぶん、ほとんどの人が経験しているものだからだろう。読者はこれまで、匂いを

「甘い」と表現したことがどれくらいあるだろうか。たとえばイチゴの匂いなどの場合だ。だが「甘い」というのは嗅覚ではなく味覚である。私たちは特定の匂いを特定の味と結びつけていながら、そのことに気づいていない。だから「甘い」匂いという話をしても少しもおかしいとは思わないのだ。

最新の脳画像技術により、共感覚の原因とみられる基本メカニズムについて解明の光が当たり始めている。どうやら、異なる脳領域が同時に活性化されるらしい。科学雑誌『ニューロン』に載った論文は、書記素（文字や数字）から色が誘発される共感覚者に関する研究結果を報告している。[2] 機能的磁気共鳴画像法（ｆＭＲＩ）で被験者の脳を調べたところ、紡錘状回《ぼうすいじょうかい》と呼ばれる脳領域のなかで、色と書記素に関与する別々の場所が同時に活性化していることがわかったのだ。

心理学者は共感覚に大きな関心を寄せている。その現象自体がおもしろいからというのもあるが、知覚に関する難問を解く手がかりにもなるからである。そうした難問のひとつが「結びつけ問題」と呼ばれるものだ。脳内では、さまざまな感覚情報がかなり離れたばらばらの領域で処理されている。ひとつの感覚だけをとってみても、それを構成する要素を処理する場所は別々だ。たとえば視覚の場合、形、動き、色、大きさの情報は最初は別々の脳領域に入ってくる。にもかかわらず、私たちはそれをばらばらの断片としてではなく、継ぎ目なく統合されたひとつの知覚として経験する。どうやって結びつけられているのだろうか。

基本的に共感覚は一種の病気である。だが、正常なシステムの仕組みを知る手がかりは配線の異常からもたらされるものだ。現に生物学の世界では、病気や機能不全のおかげで正常な仕組みが明らかになることが繰り返し起きている。共感覚はじつに奇妙に思える反面、私たちの経験する世界がかなり編集されているという事実を裏づけてくれるものでもある。私たちの感覚系はいわば目の前の現実の「模型」を作っている。有用な情報を抜き出して、それを最も効率のいい方法で私たちに見せているのだ。これについては、ワインと脳に関する20章で取り上げたとおりだ。

ワインを描写する際の疑似共感覚

ここまでは「本物の」共感覚の話。ほかに「疑似共感覚」というものも存在する。これは芸術家肌の人に多く見られ、少し文学者気取りと受け取られなくもないものだ。この場合は、斬新でインパクトのある表現を狙って、想像上の共感覚を意識的に使用する。ワイン・ライターはよくこの疑似共感覚を使ってワインを描写する。たとえば私はある種の赤ワインを「ダーク」と表現する。色が濃いからだけでなく、風味に「ダークさ」があるからだ。あるいは、最近試飲した白ワインが非常にフレッシュかつ繊細だったので、それを「透明」と表現したこともある。

視覚は私たちの知覚を方向づける。もしもワインを見て、それが赤黒い色をしていたら、そのことによってどういう言葉で表現するかが左右される。こう考えると、ワインを描写するのに共感覚的な表現を用いることは、けっして私たちの感覚処理の仕組みとかけ離れたものではないかもしれない。私たちの知覚は統合されている。先ほども触れたように、五感から得られたさまざまな感覚情報は別々の脳領域で処理されながら、すべて結びつけられて継ぎ目のないひとつのまとまりとして知覚される。もちろんどんな状況でも、特定の感覚にだけ意識を向けることは可能だ。たとえば花を嗅いでいるときの嗅覚や、木材をこすっているときの手の触覚、あるいはアナウンスを聞いているときの聴覚などだ。しかし、瞬間瞬間の感覚には別のもっと普遍的な側面がある。ひとつの経験に快感を覚えるというのもそのひとつだろう。私たちは普通、何かが快か不快かをとりたてて考えたりはしない。イギリスを囲む海に飛び込めば、一年のいつであっても苦痛を感じるほどに冷たい。私たちの体は、それが不快であると明確に告げる。一方、温かい湯に体を沈めるのは気持ちがいい。どちらの場合も、ことさらに頭で考えて、自分の内なる世界に快・不快のフィードバックを与える必要はないのだ。ただし、このように自然と快・不快を感じるのは温度の変化に限ったことではない。嗅覚（バラの花の匂いを嗅ぐこととゴミ捨て場の風下にいること）や、触覚（猫のすべすべした毛をなでることとザラザラのレンガをなでること）や、聴覚（鳥のさえずりと車の騒音）にかかわる経験でも同じことが起きる。快・不快はあらゆる感覚にまたがる特性だ。だとすれば、本来はひとつの感覚を表現するための言葉であっても、それを使って別の感覚を説明することはけっして不自然ではないし、気取っているわけでもない。

ワインを語る言葉

ここからはワインを語る言葉に移り、ワインを味わった経験をどのような表現で伝えるかを考えていこう。まずは書き言葉に焦点を当てたい。書き言葉では、文字という視覚情報が単語に変換される。私たちはそのことにあまりにも慣れ親しんでいて、とくだん不思議にも思わない。ページに書かれたいくつもの単語を見れば、その視覚情報はたちまち意味の詰まったものとなる。ラブレターや税金の支払通知を考えてみるといい。視覚情報が引き金となってほぼ瞬時に感情の反応が引き起こされる。書き言葉のおかげで私たちは、自分の心的空間の延長として鉛筆や紙やノートパソコンを使うことができる。自分の考えを他者と共有できるばかりか、時とともに移り変わる自分の思考を保存し、追加し、やがては記事やアイデアに発展させることもできる。これは、ほかの手段では成し遂げられないことだ。

私たちはワインについても文章を書く。ひとつの風味によって誘発された知覚をなんとか紙の上の文字に変え、同じ風味の刺激を与えられていないほかの人にも自分の感じたものが伝わることを願うのだ。知覚という自分だけの世界をできるだけ明快なかたちで共有しようとする。そのために最も効果的で理にかなった方法とは何なのか。ワインを描写するのに比喩的な表現の力を借りるべきなのだろうか。ここで注目したいのが認知言語学という分野だ。

現在、スペインのカスティーリャ・ラ・マンチャ大学の現代言語学部で、じつに興味深い研究プロジェクトが進められている。参加している研究者はエルネスト・スアレス＝トステ博士、ロサリオ・カバリェロ博士、ラケル・セゴビア博士であり、プロジェクトのタイトルは「感覚を翻訳する——ワインを語る際の比喩的言語」だ。プロジェクトではまず第一段階として、英米の定期刊行物（『ワイン・アドボケート』誌、『ワイン・スペクテーター』誌、『ワイン・エンシュージアスト』誌、『ワイン・ニュース』誌、『デキャンター』誌、拙ブログのワイン・アノラック・コム）から一万二〇〇〇通りのテイスティング・ノートを集めた。それからどのような種類の隠喩がどういう場面で使われたかを分析した。

「ワイン業界の人たちはいつも隠喩を使います」とスアレス＝トステは話している。「ストラクチャーや口当たりを表現しようと思えばまず間違いなく比喩的言語の使用が必要になりますからね。何か高尚なものについて詩的に語ろうとしているわけではありません。ごくありふれた市販のブドウジュースに対してでさえ私たちは隠喩を使うんです」。さらにこうも語る。「たとえば、私たちはよくワインを擬人化します。ワインには個性があり、人間的な美徳や悪徳が与えられているのです。寛大にもセクシーにも官能的にもなれば、気まぐれにも内気にも控えめにもなり、大胆にも攻撃的にもなる。擬人化せずにワインを考えることが私たちにはできないのです」。

私たちが隠喩に手を伸ばすのは、言語には匂いや味を表現する語彙が少ないからだ。

「味や匂いに関するありとあらゆる印象を一語ずつでいい表せる言葉がないために、比喩的な表現に頼らざるをえません」とスアレス＝トステは説明する。「これが詩の世界の話であれば何の不都合もないでしょう。しかし、感覚的な経験は元来主観的なものなので、専門的な議論をしようと思うといくつもの困難にぶつかります」。

テイスティング・ノートについてはどうだろうか。「テイスティング・ノートが大きな拠り所にしているのは、テイスターの記憶にしまわれた言葉の組み合わせと、言葉が醸し出す言外の意味と、そして何より比喩的な言語です。これは、門外漢からすると意図的に曖昧さを狙っているかに映るかもしれませんが、ワインを味わうという経験を伝えるのにそれなりに役立っています。使用される語彙はさまざまな比喩表現を利用しており、いずれも感覚の経験を明確に表現するうえで欠くことができません」。

スアレス＝トステと共同研究者は、ワインに関するこうした隠喩表現をいくつものカテゴリーに分類している。生き物としてのワイン、布としてのワイン、建物としてのワインなどだ。この種の言い回しを笑うのは簡単だが、どれも必要に迫られて生まれたものである。もちろん私たちにしても、ワインを飲んだ経験をもっと的確な言葉で分かち合いたいとは思う。しかし、そうした正確さが望むべくもない以上、個々の香りや風味の名前をあげているだけではもっと大切なワインの特徴をつかみ損なうことになる。たとえば舌ざわり、ストラクチャー、バランス、上品さなどだ。

「現在、私たちが興味をもっているのはストラクチャーと口当たりについてです」とス

共感覚的なワインラベル。「私が自分用にこういうやり方でワインを表現するようになったのは、10年ほど前からです」と、オレゴン州にある「アイリー・ヴィンヤーズ」の所有者、ジェイソン・レットは語る。「文章にするのが苦手なんですよ。だから最近はテイスティング・ノートとして、文章ではなくさっと簡単な絵を描くことが多いです。鉛筆だけで描くのではなく色をつけるようにもなりました。このラベルは、色をつけてまずまずうまくいった最初の頃のものです。色や筆づかいという要素を加えたことで、ワインをまた別の方法で表現できるようになりました。今でもいろいろな描き方を試しています」。

アレス＝トステはいう。「普通、これらを表現するには建築物や布の隠喩が必要になります。テイスティング・ノートを読む側にとって非常に興味をそそられるのは、ひとつのテイスティング・ノートのなかで同じワインが絹にもビロードにも喩えられる点です。もちろんこのふたつはまったく異なるものです。でもこれは、ひとつのことをいうのに別々の布地の隠喩を用いただけにすぎません。要するになめらかで高級だということをいいたいわけです。絹のほうがフレッシュ感が強くて白ワインによく使われ、ビロードのほうが温かみが強くて赤ワインによく使われる、という違いはあるにせよ、本質的には同じです。それから、どんな布地が隠喩に使われるかもさることながら、もっとおもしろいのは布に関連する隠喩が無意識に用いられている点ですね。たとえば、このワインは縫い目がない、縫い目がほつれている、果実味がタンニンのマントに覆われている、アルコール分をうまく身にまとっている、タンニンの芯が果実の層にくるまれている、などといった表現です」。

ワインと言語を研究する者はほかにもいる。フランスの研究者、イザベル・ネグロは、ワイン・テイスティングにおけるフランス語の使われ方を調べた。すると、共感覚的な表現が多用されていることに気づく。その理由をネグロは、フランスでは五感すべてを使ってワインを味わうべきという独特の文化があるせいではないかと指摘している。英語と比べて、フランス語のワイン語りにはもうひとつ珍しい特徴がある。ワインによって聴覚が呼び覚まされるのだ。「ワインを味わうことが、隠喩として音楽を聴くことに喩えられている。ノート〔香りを指すが『音符』の意味もある〕、ハーモニー〔調和を指すが『和声』の意味もある〕、フィナーレ〔後味を指すが『終楽章』の意味もある〕といった表現がその証拠だ」とネグロは説明する。「これはフランスのワイン・テイスティングならではの特徴である」。

ネグロはフランス語で使用される隠喩の種類を分類した。その結果、最も多く使われていたのはワインを人に喩える表現（四七六件）で、次に多かったのは共感覚的な隠喩（一四七件）。次いで、食物に喩える（七〇件）、衣類に喩える（四五件）、物体に喩える（三一件）、建物に喩える（二八件）と続く。

結論

では、以上のことを受けてどう考えればいいのだろうか。私たちがワインの風味を言葉を通して伝えようとするとき、非常に難しいことに挑戦している。覚えておきたいのは、ワインを味わうときには自分自身の「さまざまなもの」をもち込んでいるということだ。たとえばワインに関する文化や、どういう状況でワインを飲むのか、テイスティングに何を期待しているか、などである。そして試飲するときには、味覚、嗅覚、触覚、視覚という複数の感覚からの情報として風味を感じる。そうした情報は往々にして、注意にのぼる前の段階で統合されており、それがフィードバックされて個々の感覚情報を修正することすらある。

だが、味覚は不正確なものであるうえ、ほかの感覚に比べて個人差も大きい。そのため、私たちがワインを味わう際には、もち込んだ自分自身の「さまざまなもの」によってそのワインをどう思うかが影響される。私たちは味わいながら、そのワインがどういうワインかを自分の経験から判断しており、それが描写のためにどんな言葉を選ぶかに影響を与えている。また、飲んでいるワインの産地を知っている場合、その知識によって判断が一定の方向に押される可能性もある。おもしろいのは、自分が過去に編み出した表現が（どんなテイスターもいずれは自分独特の語彙を発達させることになる）、現在のワインの知覚の仕方を方向づけることだ。これはひとつには、自分の語彙によって表現の枠組みが決まるからであり、もうひとつには、自分の語彙のレパートリーのなかにあるものだけに注意が向くからでもある。知らないものは探せないし、探していないものを見つけることはできない。ワインを表現する言葉をもつことによって、個々のワインから「得る」ものが左右されるのである。

このように、テイスティングには複雑な問題が絡み合っている。だからといって絶望するには及ばない。テイスティング・ノートを書き、人に伝えようとするのはそれでもやはり有益なことだ。ただ、知覚がどのような仕組みで起きているかを深く理解すれば、テイスティング・ノートをより良く解釈できるようになるし、ワインを評価するときにどの程度の正確さや意見の一致を期待すべきかをもっと現実的に捉えられるようにもなる。たしかにワイン・テイスティングにはノウハウというものがある。上手にテイスティングするのは難しい技術だ。しかし、私たちがすべきなのは謙虚に味わうことであって、個人差を無視した画一的な評価法を求めるべきではない。能力不足と知覚の個人差はまったく異なる問題ではあるが、往々にして入り交じっている。数人で同じワインを飲んでも例外的な意見が出てくるのは、間違いなく一部のテイスターが能力不足だからだ。しかし、文化の違いや経験の度合いが影響したり、生物学的な理由で本当に知覚の仕方が人と異なっていたりする可能性もある。評論家の存在意義は今でももちろんあるものの、一流評論家の見解がすべてだと思う必要はない。

専門的なテイスティング・ノートに比喩表現を用いるのは適切なことだろうか。それとも、私たちはもっと技術的で分析的な表現を目指すべきなのだろうか。私が思うに、自分が知覚したことをできるだけ正確に伝えようとするなら比喩的な表現は欠かせない。理由は簡単。ストラクチャーや舌ざわりといった重要な要素をうまく伝える方法がほかにないからだ。それに、技術的な響きの言葉に移行しようと思うと、ワインを還元主義的に個々の要素に分解しなくてはならない。隠喩を用いれば、より全体的にワインを捉えることへと私たちを引き戻してくれる。そちらのほうが適切といえるだろう。なぜかといえば、私たちの知覚はいくつもの感覚から成り立っていながら、ひとつの統合されたまとまりだからだ。また、ワインを描写するうえでは共感覚的な表現も重要な役割を果たしている。少しわざとらしく聞こえるリスクはあるものの、これまでにない斬新な切り口を提供してくれ、使い古された表現ばかりを多用してマンネリに陥るのを防いでくれる。

（1）Beeli G., Esslen M., Jäncke L. "When colored sounds taste sweet." Nature 434:38 2005

（2）Hubbard E.M., Cyrus Arman A., Ramachandran V.S., Boynton G.M. "Individual differences among grapheme-color synesthetes: brain-behavior correlations" Neuron 45:975-985 2005

23章　ワインの風味を作る化合物

ワインはさまざまな化合物が混ざり合った複雑な飲み物であり、その性質については解明が始まったばかりだ。ワインには揮発性の風味化合物が一〇〇〇種類程度含まれていると見られ、そのうち少なくとも四〇〇種類が酵母によって作られている。何十年も前から研究されているのに、ワインの化学組成がどうなっているのかはまだ完全には明らかになっていない。なぜ研究が難しいかといえば、ひとつには研究対象が変化するからである。多様な風味化合物の揮発性は、ワインに含まれるほかの成分の影響で変わりうる。そのうえ、風味化合物に対する人間の感じ方も、ほかにどんな物質が含まれているかによって変わってくる。そのため、Aという化学物質が、濃度は同じなのにひとつのワインでは感じられて、別のワインでは感じられないということが起きる。

さらにややこしいのは、ワインの個性を決める重要な物質がたいていは非常に低い濃度で含まれていることだ。逆に、最も濃度の高い成分は、ワインの味や香りの観点からいえばあまり重要でないことが多い。現段階で非常に解明が進んでいる化合物にしても、それがワインの風味を決めるうえで大きな役割を果たしているとは限らない。ただ単に、現在の技術でその化合物が抽出できるというだけにすぎないのだ。

では、何のためにワインの風味を化学的に研究するのだろう。上質のワインを味わうのに、そのニュアンスのすべてを化学物質の名前でいう必要があるだろうか。もちろんそんな必要はない。だが、マスト中の物質が好ましい風味成分に変身するメカニズム（酵母の代謝作用のせいなのか、樽熟成や瓶熟成の影響なのか、など）が正確にわかれば、その好ましい風味を最大限に生かせるように醸造技術を改良できるかもしれない。同じようにブドウ栽培においても、好ましい分子の前駆物質となる成分を増やしつつ、ワインの個性を損なう成分を抑えるように栽培技術を改善できる。

風味成分の五つのグループ

ワインの風味を生む複雑な化学について事細かに解説し出したらきりがない。ワインの化学的な性質については、本書でもすでに何度か登場している。とくに、還元臭（15章）、ブレタノミセス（17章）、酵母（16章）、樽（12章）についてはある程度詳しく解説した。ここからは、風味化合物のおもな種類を紹介したうえで、とくに興味深い化合物に焦点を当てていきたい。風味化合物は、酸類、アルコール類、糖類、ポリフェノール類、揮発性化合物の五つに分けられる。ただし、複数のグループに重複して分類されるものもある。

酸類

酸はワインに欠かせない成分だ。フレッシュな味を生むのを助けると同時に、ワインの保存性も高めている。酸度の高い白ワインは、酸度の低いものより熟成がうまくいく。赤ワインの場合は、なかに含まれるフェノール化合物がワインの保存性を高めるため、白ワインほど酸度が高くなくても問題がない。

ブドウの実に含まれるおもな有機酸には、酒石酸、リンゴ酸、クエン酸がある。とくに重要なのが酒石酸で、未成熟の実のなかでは濃度が一ℓ当たり一五グラムに達する場合もある。かなり強い酸であり、ブドウに特有のものでもある。マスト中には、一ℓ当たりだいたい三〜六グラム程度が存在する。リンゴ酸は青リンゴに豊富に含まれる酸で、酒石酸と違って自然界に広く分布している。ヴェレーゾン（色づき期）前のブドウの実には、一ℓ当たり二〇グラムもの濃度で含まれる場合がある。温暖な地域では、マスト中の濃度が一ℓ当たり一〜二グラム程度、冷涼な地域では二〜六グラム程度である。クエン酸も自然界に広く見られ、ブドウの実のなかには一ℓ当たり〇・五〜一グラム程度含まれる。ブドウの実のなかに存在するそのほかの有機酸には、D-グルコン酸、粘液酸、クマル酸、クタル酸がある。また、実には含まれていなくても、発酵の過程で生成される酸に琥珀《こはく》酸、乳酸、酢酸などがある。醸造中に抗酸化剤としてアスコルビン酸が添加される場合もある。

ワインの酸度を測る尺度はひとつではない。略して「TA」と呼ばれる尺度が二種類あるうえにpH（ペーハー）もある。まずpHから見ていこう。pHとは、溶液中の水素イオン濃度を表す尺度だ。pHの数字が低いほど、酸度は高い。また、pHの数字が一下がれば、溶液の酸度（水素イオン濃度）は一〇倍高くなる。白ワインの典型的なpHは三〜三・三。赤ワインでは三・三〜三・六である。

マロラクティック発酵が起きる場合、乳酸菌の働きでリンゴ酸はあらかた乳酸に変換される。乳酸はリンゴ酸ほど酸味が強くなく、一分子当たりの水素イオンの数はわずか一個。一方、リンゴ酸は一分子当たり二個である。このため、マロラクティック発酵が起きるとワインのpHは〇・一〜〇・三上昇する。

マストのpHを見てワインの最終的なpHを予測するのは難しい。醸造の過程で、pHを変えてもおかしくない出来事がいくつか起きるからだ。補酸が必要な場合は酒石酸を用いるのが普通で、経験からの目安としては、酒石酸を一ℓ当たり〇・五〜一グラム足すとpHが〇・一下がる。リンゴ酸やクエン酸で補酸することも違法ではないが、どちらも弱い酸であるため、酒石酸よりかなり多量に追加しなければならない。それに、マロラクティック発酵が起きる場合には、クエン酸を足すのは得策とはいえない。細菌がクエン酸をジアセチルという物質に変換してしまい、これがバターのようないささか不快な味をもっているからである。私が知っている何人かの生産者は、リンゴ酸を使ってpHを少しだけ下げる方法をとっている。酒石酸で補酸すると、マスト中のカリウムと結合して結晶化して沈殿するが、リンゴ酸ならそれが起きない。温暖な地域の生産者のなかには、硫酸を使ってpHを下げている人がいる。これは違法だが、pHを下げる効果は非常に高い。

なぜ補酸をしてpHを下げるのかといえば、pH値が低いほうが酸化や微生物による腐敗のリスクが減るからだ。pHは、活発に働く分子型の亜硫酸（SO_2）の量にも影響を与える。pHが三・〇なら総亜硫酸量の六％が分子型だが、pHが三・五だとわずか二％、pH四・〇なら〇・六％にすぎなくなる。こうなると、効果を発揮させるために亜硫酸を多量に追加しなくてはならない。

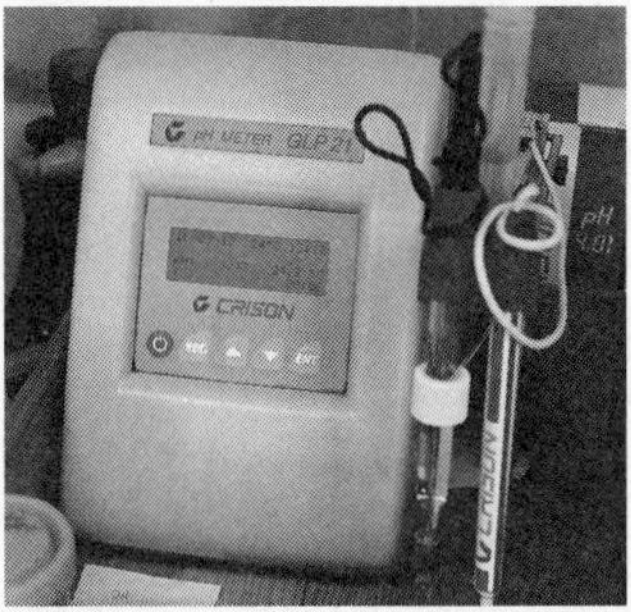

pH 計。重要な研究装置のひとつ。

次に、「TA」と省略されるふたつの尺度に目を向けてみよう。ひとつは総酸度（total acidity）、もうひとつは滴定酸度（titratable acidity）だ。総酸度とは、ワイン中に含まれる有機酸の総量を表す。一方、滴定酸度は、ワイン中の酸が塩基を中和する能力を測るものだ。通常は水酸化ナトリウム（アルカリ性物質）を用い、pHが八・二になるまでにどれくらいの水酸化ナトリウムが必要かを調べる。八・二になったかどうかは、試薬を用いた色の変化で確認する。酸度を知る尺度としては総酸度が一番適しているのだが、実際問題として総酸度を測るのは難しいため、近似値として普通は滴定酸度が用いられている（ただし、滴定酸度は総酸度よりかならず数字が低くなる)。したがって、「ワインのＴＡ」という表現を目にしたら、滴定酸度のことだと思っていい。ＴＡは一ℓ当たりのグラム数で表される。

酸「味」について考える場合、pHとＴＡとではどちらが重要なのだろうか。このテーマに関する文献を見る限り、酸味を与えているのはＴＡで、pHよりＴＡのほうが注目すべき数値であるかに思える。ここで気をつけなければいけないのは、普通はpHとＴＡに相関関係があって、切り離すのは難しいということだ。pHが低いワインはたいていＴＡが高い。ところが、比較的pHが高いワインでもＴＡが高い場合もあり、そうなると酸は非常に酸っぱく感じられる。ひと口に酸味といっても、有機酸の種類が違えばその風味も異なる。酒石酸はきつい酸味が特徴で、リンゴ酸は青臭い酸味をもち、乳酸は酸っぱさがあるもののまろやかだ。温暖な地域でワインを酒石酸で補酸した場合、pHが著しく低いわけではなくても、酸味が突出して硬い角《かど》があるように感じられる。酒石酸のもうひとつの問題は、ワイン中のカリウム濃度を下げてしまうことだ(カリウムと結合して酒石酸水素カリウムとなる)。カリウムはワインの重さやボディに重要な影響を与えると考えられている。

糖類と甘味

ワインの甘さはどこからくるのか。そこには三つの要素が組み合わさっている。ひとつ目は、糖類自体が存在することだ。それが舌の甘味受容体によって感知されて甘味が生じる。ふたつ目は、フルーティさからくる甘味である。「甘さ」とは本来味わうものだが、ワインのなかには甘い匂いがするものがある。市販されている赤ワインの大半は、糖類の含有量という意味では辛口なのに、そのフルーティさから甘い香りを放つものが多い。非常に熟した果実味の強い風味があると、糖類が存在しなくても甘い味と匂いを感じさせる。三つ目はアルコールで、これが甘味を生じさせる。ほかの成分の含有量は同じでも、アルコールの度数が下がるとワインの味は辛口になり、まろやかさやこくに欠けるものになる。最近の低アルコールワインのようにアルコールを大幅に減らした場合は、何らかのかたちで（通常は残留糖分として）甘さを補う必要がある。もともと非常に甘い果実味をもつワインを使うというのも有効な手だ。低アルコールの白ワインには、甘い香りのマスカット・ワインやゲヴェルツトラミネール・ワインをブレンドすると、甘味の低下を防ぐ効果が大きい。

ワインに糖分を残留させるやり方はいくつもある。ひとつは発酵を止めて、糖を残す方法だ。ある種の白ワインの場合は人の手を加えなくても発酵が自然に止まる。さもなければ発酵の速度が遅くなって、冷却したり少量の亜硫酸を加えたりすれば簡単に発酵が止まるようになる。もちろん、今いったふたつの方法（冷却と亜硫酸添加）を使えばどんな段階であっても発酵を人為的に止めるのは可能だ。ただし、発酵が非常にうまくいっているときには、どちらの方法もその程度を強めないと効果が現れない。辛口のワインに、マストやブドウの濃縮果汁をブレンドしても甘口のワインになる。商業ベースのワインの場合、一ℓ当たりわずか数グラムの糖分を加えるだけでまろやかな味になるので、タイミングを正確に見極めて発酵を止めるよりも、この方法でブレンドするのが一番簡単だ。

甘口の白ワインやシャンパンでは、甘味と酸味のバランスが何より重要である。このふたつは互いを相殺する方向に働く。そのため、酸度の低い甘口ワインは、たとえ糖の量が同じであっても酸度が高い場合よりかなり甘く感じられる（締まりのない味にもなりやすい）。辛口すぎるシャンパンをまろやかにするには、一ℓ当たり八～一〇グラムの糖を加えると酸味が和らぎ、それでいて甘味が出ることがない。貴腐ワインが珍重されるのは甘さと風味が濃縮されているからだけでなく、酸味もまた濃縮されているからだ。世界有数の素晴らしい甘口ワインは、糖度が非常に高いのに加えて酸度も高いという特徴をもつ。

アルコール類

エチルアルコールは最も重要なワインの成分であり、酵母の働きで糖類が発酵することにより発生する。アルコールだけではたいして味がない。だが、できあがったワインのアルコール濃度は、感覚の面でワインの特徴に著しい影響を与える。このことは、アルコール除去の試験の際に行なわれた「スイートスポット・テイスティング」によって明らかにされている。天然アルコール度数の高いワインから逆浸透法でアルコールを減らせば、同じワインでありながらアルコール度数だけが異なるサンプルを、たとえば一二度から一八度まで〇・五度きざみで造ることができる。これを審査員たちに試飲してもらうと、おいしいと感じる度数（スイートスポット）がはっきりと分かれる。また、感じた特徴を表すのに、サンプルによって異なる表現が使われるのが普通だ。アルコール度数が高すぎると苦味と渋みが出やすく、「熱く」感じられることもある。

ポリフェノール類

ポリフェノールは、赤ワインの風味を作るうえで最も重要な物質といっていいだろう。ただし、白ワインで果たす役割はごくわずかだ。ポリフェノール類は大きなグループで、何種類もの化合物がここに含まれる。共通するのは、基本構造にフェノール基をもつことである。フェノール化合物の重要な特徴は、多種多様な化合物と結合する点だ。たとえばタンパク質や、ほかのフェノール化合物などとの結合である。一般に、フェノール化合物は健康効果をもつと考えられているが、タンパク質（唾液中の高プロリンタンパク質など）と結合しやすい性質があるため、体内で活躍できそうな場所には届きにくい。以下、おもなポリフェノール類を見てみよう。

非フラボノイド系ポリフェノール

比較的小さな分子であり、安息香酸《あんそくこう》類（没食子酸《もっしょくし》など）と桂皮酸《けいひ》類の二種類に分かれる。たいていはほかの分子と結合したかたちで（たとえばエステルやグリコシドとして）ブドウの実のなかに存在する。

フラバン-3-オール

ワインにとっては重要な化合物であり、カテキンやエピカテキンはこの仲間に含まれる。とくに、プロシアニジンと呼ばれる重合体（しばしば縮合型タンニンとも呼ばれる）を形成しているときに重要な働きをする。

フラボノイド

フラボノールやフラバノノールなどからなり、黄色い色素として赤ブドウや白ブドウに含まれる。

アントシアニン

ブドウの赤、青、黒の色素として、たいていは果皮に含まれる。赤ワインには、マルビジンを中心に五種類のアントシアニン化合物が見られる。若いワインでは不安定だが、タンニンと結合して複雑な色素分子を形成する。色素分子は、ワインの熟成につれてゆっくりと重合を続けて大きくなり、不溶性となって沈殿する。フェノール類の重合を促進するうえで、酸素が大きな役割を果たしている。色素分子の色はマストの酸度と亜硫酸の濃度によって変わってくる。pHが低ければ（酸性が強ければ）赤みが増し、高ければ紫系になりやすい。

タンニン

「タンニン」というのは化学的にはかなり曖昧な用語だが、この言葉を使わないワイン・テイスターはまずいない。タンニンとは、一群の複雑な植物性化学物質の総称だ。おもに植物の樹皮や葉や、熟す前の実に含まれ、タンパク質やほかの植物性ポリマー（多糖など）と結合して複合体を形成する。21章でも説明したように、タンニンの役割は植物を防御することだと考えられている。草食動物がいやがるような渋くて不快な味がするからだ。ワインのタンニンはブドウの果皮や茎や種子に由来しており、これがどれだけ引き出されるかは醸造のやり方によって異なる。ワインを熟成させる際に新樽を使った場合に、樽から混入するタンニンもある。赤ワインの醸造にはタンニンの管理が欠かせない。タンニンを渋く感じるのは、唾液中の高プロリンタンパク質と結合してそれを口のなかで沈殿させるからだと考えられている。また、口内の組織に直接作用する場合もある。

揮発性化合物

ワインに匂いを与えているのは揮発性化合物だ。揮発性化合物にはブドウ由来のものもあるが、発酵の過程で二次的に発生するもののほうが多い。熟成させて寝かせておくあいだに、三次的に香りが生じる場合もある。たいていの揮発性化合物はきわめて低濃度なので、高感度の分析技術が開発されるまではこの分野を研究するのが難しかった。ワインにとって重要と思われる揮発性化合物は四〇〇種類程度ある。そのすべてを一覧にはできないので、おもな種類と具体的な香りの例を以下にまとめてみた。

エステル類

ワインの風味にとくに重要。発酵と熟成の両方の過程で、有機酸とアルコール類の反応によって生じる。ワインでは、酢酸とエタノールが結合してできる酢酸エチルが最も一般的だ。ほとんどのエステル類にははっきりとしたフルーティな香りがある。なかにはオイル、草、バター、ナッツのニュアンスを醸し出すものもある。

アルデヒド類

マストに含まれているが、ワインの風味成分としてはあまり重要ではない。例外はアセトアルデヒドで、ある種のシェリー酒ではこれが風味成分となる。また、オーク樽で熟成もしくは発酵したワインでは、バニリンも重要な芳香分子になる。

ケトン類

ケトン類にはジアセチルが含まれる。ジアセチルが高濃度になるとバターの香りを発し、不快感を与えかねない。またアセトインにはややミルクのような香りがある。β-ダマセノンとα-およびβ-イオノンは、複合ケトン類またはイソプレノイドとして知られている。前者はバラのような香りで、よくシャルドネに含まれている。後者はスミレの香りをもち、リースリングで発生する。ベンズアルデヒドは苦いアーモンド臭をもち、風味にマイナスの影響を与える。樽の内側にエポキシ樹脂が不適切に塗られていると、それが原因で発生する場合がある。

高級アルコール類

フーゼル油としても知られる。ワインではこれまでに少なくとも四〇種が発見されている。最も重要なのはアミルアルコールだ。鼻をつく匂いで、強すぎると不快感を与えるが、抑えれば好ましい香りにもなる。たとえばヘキサノールなどは青葉の香りをもつ。

ラクトン類

ラクトン類はブドウの実とオーク樽の両方から発見されている。オークに含まれるラクトン類は、樽熟成させるワインにとっては重要で、甘く香ばしいココナッツの香りに木の香りが伴う。また、ソトロンは貴腐ワインにつきもので、甘く香ばしいナッツの香りがする。

揮発酸類

ワインに含まれる揮発酸のうち、最も重要なのは酢酸である。発酵中にも発生するが、酢酸菌の活動によって生じるケースが多い。酸味が強く、酢の匂いがする。

揮発性フェノール類

ワインの香りに重要。おもに赤ワインに含まれる4-エチルフェノールと4-エチルグアヤコールはブレタノミセスによって生成され、鳥獣肉の腐敗臭のような鼻をつく独特の動物臭がある（17章参照）。4-ビニルフェノールと4-ビニルグアヤコールは、赤ワインにはまれだが白ワインによく見られ、一般に不快な香気特性をもつ。桂皮酸が酵素によって脱炭酸されて生成されるが、赤ワインではブドウ由来のフェノールの一種によりこのプロセスが抑えられている。

テルペン類

大きな化合物群であり、植物に広く分布する。ブドウの実にもさまざまな量で含まれており、醸造の過程でも壊れないのでワインの香り作りにひと役買っている。ブドウからは四〇種類以上が見つかっているが、ワインの香りを高めると考えられているのは六種類だけである。マスカット・ワインに最も多く含まれ、独特の花の香りはリナロオールやゲラニオールなどから生まれる。ゲヴェルツトラミネール種やピノ・グリ種などにもテルペン成分が含まれる。

メトキシピラジン類

ある種のワインにとっては重要な香り成分。アミノ酸の代謝により生成される含窒素複素環化合物である。2-メトキシ-3-イソブチルピラジンはカベルネ・ソーヴィニヨンやソーヴィニヨン・ブランなどの香りに特有の成分だ。濃度が高いと草の香りが強すぎて、赤ワインでは一般に問題視される。だが、ある種のスタイルの白ワインで、新鮮な青葉の香りを添えてくれる場合は、好ましい香りとされる。メトキシピラジンはきわめて低い濃度でも検知される。

揮発性硫黄化合物

ワインの香りに重要（15章参照）。メルカプタン（チオール）類は量が増えると不快な匂いを発するが、量を抑えればソーヴィニヨン・ブランなどの白ワインの香りに貢献する。硫黄化合物の種類によっては、非常に低い濃度であればワインの香りにプラスに働くものもある。

ワインの風味を研究する

以上のように、ワインはいくつもの成分が混じり合った複雑な飲み物だ。風味を生む揮発性分子が具体的にどれだけ含まれているかは明らかになっていないが、だいたい八〇〇～一〇〇〇種類程度と推定されている。種類は多いとはいえ、普通の人間が感じられる濃度に達しているもの、つまり知覚閾値を超えているものは少ない。しかし、ワインの風味と香りが複雑なのは、単に揮発性化合物の種類が多いからというだけではない。複雑さをさらに高める要因がふたつある。ひとつは、さまざまな味や匂いに対する感受性に個人差があることだ。特定の味分子や匂い分子をまったく感じられない人までいる(味の場合は無味覚症、匂いの場合は無嗅覚症という)。さらには知覚閾値にも個人差があるので、同じ量の物質を嗅いでもそれを他者より敏感に感じる人もいればそうでない人もいる。もうひとつの要因は、香りや風味の現れ方が単純な足し算ではないことだ。成分どうしがいろいろなかたちで影響を及ぼし合うのである。ひとつの成分がほかの成分の効果を邪魔する場合もあれば、複数の成分が合わさって相乗効果を生む場合もある。

したがって、ワインの風味について研究するにはふたつの側面から斬り込まなくてはならない。ひとつは、ワインのなかに具体的にどんな化学物質が存在しているかである。成分の多くは強力で、ごくわずかな濃度でも大きな存在感を示すため、分析するのは一筋縄ではいかない。もうひとつは、その混じり合った化学物質を人がどう知覚するかだ。

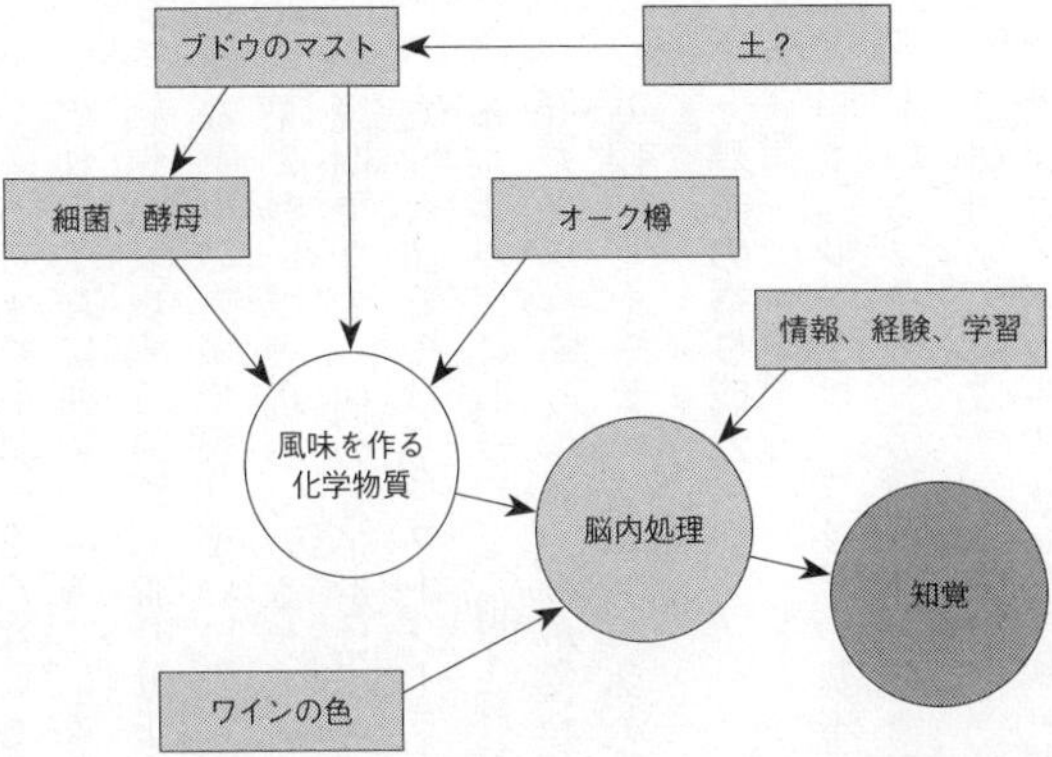

風味を作る化学物質には、ブドウのマスト由来のものや、細菌と酵母由来のもの、あるいはマスト中の前駆物質を細菌や酵母が代謝して生成されるものがある。風味要素の一部は土からきている可能性もあるが、これについては異論も多く、土の影響があるとしても間接的なものである見込みが大きい。オーク樽も風味に影響を与える。また、ブドウの濃縮果汁や酒石酸を添加した場合にも風味は変化する。

私たちが最終的にワインをどう感じるかは、複雑なプロセスを経たあとで決まる。さまざまな味や香りがひとつに統合され、さらにはその人個人がもっているものもそのプロセスに大きな影響を及ぼす。サラゴサ大学（スペイン）のビセンテ・フェレイラは、ワインの成分と香りの研究における第一人者だ。フェレイラの言葉を借りるなら、ワインが複雑なのは香りが単一ではなく「いくつもの香りが集まったパレットのようなものであり、ひと言ではいい表せないうえに人によっても感じ方が違う」からなのだ。

系統立てて考えやすいように、フェレイラはさまざまな風味化合物を三つのグループに分けている。また、「ワインの生地中の不揮発性成分」という重要な概念も提唱している。これについてはあとで詳しく説明する。ワインのなかには、彼が「インパクト化合物」と呼ぶ成分をもっているものもあれば、もたないものも多い。もたない場合も、いくつもの匂い物質がそれぞれワインに独特のニュアンスを加えている。感覚を調べるうえでの難題のひとつは、感覚を表現する言葉と香り分子を一対一で対応させるのが無理なことだ。味わった人がひとつの言葉で香りをいい表したとしても、実際には複数の香り物質が相互作用した結果について表現しているケースが多い。「私が博士課程の研究を始めたとき、すべてを説明できる一個の分子を見つければワインの香りの問題は解決すると思われていました」と語るのは、ニュージーランドのソーヴィニヨン・ブラン研究プロジェクトに携わるローラ・ニコラウ。「博士課程が終わる頃には、ひとつだけではなく複数の組み合わせだというふうに考え方が変わり始めていました。そういう考えを唱えたのは、私の知る限りビセンテ・フェレイラが最初です」。

基本の香り成分

フェレイラは、ワインの基本的な香りを作る成分として二〇種類の香り化合物をあげている。その二〇種類はあらゆるワインに共通し、すべてが合わさってワイン特有の香りを生んでいる。二〇種類のうち、ブドウの実自体に含まれているものはひとつ（β-ダマセノン）しかなく、残り一九種類は酵母によって生成される。その多くは、ブドウに含まれていた前駆物質を酵母が代謝した結果だ。具体的には以下のとおりである。

・高級アルコール類（ブタノール、イソアミルアルコール、ヘキサノール、フェニルエチルアルコール）
・酸類（酢酸、酪酸、ヘキサン酸、オクタン酸、イソ吉草酸）
・脂肪酸エチルエステル類
・酢酸エステル類、およびジアステル類などの化合物
・エタノール

香りに寄与する成分

大多数のワインにはこのほかに一六種類の化合物が含まれ、それぞれがワインの香りに寄与している。ただし濃度は比較的低い。これらの物質の「匂い貢献度」（物質の濃度を知覚閾値で割った値）を計算すると、一を下回るのが普通だ。しかし、相乗作用をもつために、個々の物質としては匂いが感じられなくても、複数が組み合わさって特徴的な香りを放つ。こうした物質には下記のようなものがある。

・揮発性フェノール類（グアヤコール、オイゲノール、イソオイゲノール、2、6‐ジメトキシフェノール、アリル‐2、6‐ジメトキシフェノール）
・エチルエステル類
・脂肪酸類
・高級アルコール酢酸エステル類
・分岐鎖脂肪酸のエチルエステル類

・炭素原子八個、九個、または一〇個の脂肪族アルデヒド類
・分岐鎖アルデヒド類（2-メチルプロパノール、2-メチルブタノール、3-メチルブタノール、ケトン類、脂肪族γ《ガンマ》ラクトンなど）
・バニリンおよびその誘導体

インパクト化合物

インパクト化合物とは、きわめて低い濃度であってもワインに特徴的な香りを与える一群の化学物質をいう。品種特有の香りに寄与することが多いため、大きな注目を集めている。ただし、明確なインパクト化合物をもたないワインも少なくない。

インパクト化合物をもつ代表例がソーヴィニヨン・ブランだ。その独特の香りの大部分は、少数のインパクト化合物からきていると考えられている。おもにメトキシピラジン類（とくに2-メトキシ-3-イソブチルピラジン）と三種類のチオール（4-メルカプト-4-メチルペンタン-2-オン［4MMP］、3-メルカプトヘキサン-1-オール［3MH］、3-メルカプトヘキシルアセテート［3MHA］）である。これらの物質については盛んに研究がなされている。

代表的なインパクト化合物とその香り

メトキシピラジン類のなかで最も重要な2-メトキシ-3-イソブチルピラジン（MI

BP）は、青臭いピーマン香の原因物質であり、白ワインと水のなかでは一ℓ中わずか二ナノグラムで知覚される。メトキシピラジン類は、インパクト化合物としては珍しくブドウの実のなかで作られ、発酵や熟成のプロセスを経ても非常に安定している。

マスカットなど、白ワインの多くに含まれるモノテルペン類もインパクト化合物で、花の香りや柑橘類の香りをもつ。

シス型ローズオキシドはゲヴェルツトラミネール特有のインパクト化合物で、バラの花びらのような甘い香りをもつ。

ロタンドンはテルペンの一種で、シラー種特有のコショウのような風味の原因物質である。きわめて少量でも効果を発揮する。五人にひとりはこの匂いを感じることができない（19章の囲み記事参照）。

多官能チオール類（メルカプタンともいう）も重要なインパクト化合物で、ツゲ香をもつ4MMP（知覚閾値は一ℓ当たり四・二ナノグラム）、トロピカルフルーツ香をもつ3MHA（同六〇ナノグラム）、グレープフルーツ香をもつ3MHなどがある。この三つがなければ、ソーヴィニヨン・ブラン独特の香りは生まれない。15章で詳しく取り上げたように、ほかのチオール類もワインの香りにとって重要な役目を果たしている。

ワインの生地に含まれる不揮発性成分

だが、重要なのは実際に香りを放つ分子だけではない。近年におけるフェレイラの最も興味深い研究のひとつが、ワインの生地中の不揮発性成分に関するものだ。何かといえば、それ自体は無臭であるにもかかわらず、ワイン中のさまざまな香り分子の感じられ方に強い影響を及ぼす物質のことである。じつは、私たちがワインの匂いをどう解釈するかは、この不揮発性成分が鍵を握っているといっても過言ではない。

近年、フェレイラのチームはおもしろい実験を行ない、ワインの香り特性がワイン中の不揮発性成分によって左右されることを示した。その影響力は非常に大きく、白ワインの香り物質を赤ワインの生地に入れてもやはり赤ワインの匂いがするほどである。

この実験を報告した論文のなかで、研究チームは次のように記している。「揮発性成分と不揮発性成分の組成を突き止めるだけでは、ワインの総合的な香りと風味全般を完全に理解することはできない。香り物質どうしの相互作用や、知覚する際の複数の感覚の相互作用、さらには香り物質と不揮発性成分との相互作用がすべて、香り物質の揮発性や風味の放出、全体として知覚される風味や香りの強さと質に影響を及ぼしうる」。チームはこの実験で、次の六種類のスペイン産ワインを選んだ。いずれも市販されているものである。

1　オーク樽で熟成していない、香りの強烈なシャルドネ（フルーティな白）
2　樽熟成したシャルドネ（タンパク質が豊富な白）
3　若くて軽いテンプラニーリョ（個性の強くない赤）

4　樽熟成して四年間寝かせたテンプラニーリョ九〇%と、カベルネ・ソーヴィニヨン一〇%のブレンドワイン（ストラクチャーがしっかりしたポリフェノールの豊富な赤）
5　三年間寝かせて渋みが際立つテンプラニーリョ（渋みの強い赤）
6　三年間寝かせて木の香りが際立つテンプラニーリョ（典型的な木の香りのする赤）

まず、凍結乾燥法（溶液を凍結し、真空下で氷を蒸発させて溶液から固体物質を分離する方法）を用い、それぞれのサンプルから揮発性の香り成分を分離する。この方法で除けなかった香り物質は、ジクロロメタンという溶剤を使って抽出する。そのあとで溶液に窒素を通して、このジクロロメタン自体もあとに残らないようにした。こうして香りを取り去ったものをミネラルウォーターに溶かし、ワインの生地を作る。

また、これとは別の手順で六種類のワインからそれぞれの香り成分を取り出しておく。次に、先ほど作っておいた不揮発性の生地と、抽出した香り成分をいろいろな組み合わせで混ぜて、いくつもの還元ワインを作った。具体的には、二〇mℓの抽出香り成分と、一二〇mℓの不揮発生地を混ぜ、そこに五二mℓのエタノールを加えてアルコール度数が一二度になるようにし、最後にミネラルウォーターを足して全体が六〇〇mℓになるようにする。こうして一八種類の還元ワインを作製し、それを専門家に官能評価してもらった。

その結果、不揮発性の物質が香り成分の感じ方にじつに大きな影響を与えていることがわかる。たとえば、ワイン1（フルーティな白）の香り成分と、別の白ワインの不揮発性生地を組み合わせた場合は、それほどの差はない。ところが、それを赤ワインの生地と組み合わせると大きな変化が現れ、テイスターは白ワインではなく赤ワインの果実味に関連する用語を使い始めた。ほかにも「スパイシー」や「木の香り」といった、赤ワイン独特の表現も見られるようになった。

この影響が最も強く現れたのは、渋みのある赤ワイン（ワイン5）の不揮発性生地を使った場合である。だが、赤ワインの香り成分を白ワインの生地と組み合わせたときにも同様の効果が得られ、白い果実、黄色い果実、トロピカルフルーツといった白ワイン用の言葉がテイスティング・ノートに顔を出し始める。

これは、実験をした研究者たちにとっても意外な結果だった。それまでの研究からも、不揮発性成分がワインの香りに影響を与える可能性は指摘されていて、それは香り物質と結合して揮発しにくくさせることがおもな理由とされていた。ところが今回の実験で、揮発性成分の感じ方が不揮発性の生地によって実際に変化することが確認されたわけである。複数の感覚がかかわると、知覚が変化する場合があることはよく知られている。とくに視覚が関与するとその傾向が著しい（白ワインでも赤い色がついていると赤ワイン用の言葉で描写する、など）。しかし、フェレイラたちの実験ではこれを避けるために黒いグラスを使い、さらにワインを味わう前に匂いだけを嗅いで描写するように専門家に求めている。それに、不揮発性の生地に香り成分が残らないように徹底もしている。

少数の香り物質がごく少量のみ残っていたことが確認されはしたが、それは知覚閾値をはるかに下回る濃度でしかなかった。

この種の研究からは、ワインをもっと全体的な視点で見ることの重要性が浮き彫りになる。ワインの風味を還元主義的に研究しようとすると、ワインを構成成分に分解して個々の成分を別個に調べるしかない。しかし、ワインの風味を研究する分野が成熟するにつれ、そういうやり方では限界があるということに研究者たちは気づき始めた。還元主義的な手法がこれまで大きな成果をあげてきたことは間違いない。だが、ワイン全体をひとつのまとまりとして捉え、人間の側の知覚の仕方も考慮に入れることが、ワインの風味をより徹底的に理解し、納得のいく成果を得る道だと思うのだ。

かつてオーストラリアワイン研究所に所属し、今はワイン栓メーカーのノマコルク社で研究するマウリツィオ・ウグリアーノも同じ意見である。「オーストラリアにいたとき、発酵や栄養分についてずいぶん研究しました」とウグリアーノ。「みんなはとかく物事を単純化しようとしていましたね。個々の要素を全体から切り離して、それぞれについて個別に着目して、この物質には何々が重要だ、なぜならそれが存在すると閾値を超えるから、といった話をするわけです。でも実際には、何らかの操作をすれば同時にいくつものことに影響を与えるのですから、ひとつの物質だけを取り出して個別の閾値を語っても意味がないと思うんです」。ワインの風味に関する現在の考え方は、そこに問題があると彼は考えている。「今はまだ全体的な見地から捉えられていません」。

24章　ワインと健康

　ワインが健康にいいという話は方々で耳にする。その数の多さたるや、本当に驚くしかない。いわれていることを全部信じたら、ワイン以外の薬など飲む必要がないように思えてくる。科学文献を少し探してみただけで、ワイン（とくに赤ワイン）の健康効果を示唆した報告がいくつも見つかる。心臓病、脳卒中、いろいろながん、エイズ、認知症、糖尿病、良性前立腺肥大、骨粗鬆症《こつそしょうしょう》。これらすべてをある程度まで防ぐというのだ。最近では、女性が酒をまったく飲まないと妊娠までに時間がかかるといった報告や、赤ワインをグラスに二杯飲めば、タバコ一本によって心血管系が受けたダメージを帳消しにできるといった報告まである。だが、これが全部真実ということがありうるだろうか。

適度の飲酒は体にいいらしい

　酒をまったく飲まない人は大酒飲みより長生きし、適度に酒を飲む人はまったく飲まない人よりさらに長生きする。欧米ではこれが定説となっている。疫学の研究から、一貫してそういう結果が出ているためだ。疫学とは、病気の発生率や分布状況、およびその原因に目を向けた研究である。

これは「J型カーブ」現象として知られている。「J」とは、アルコール摂取量を横軸に、死亡率（死亡リスク）を縦軸にして表したときのグラフの形のことである。研究の結果、適度の飲酒は平均余命を延ばすことがわかった。おもに心血管系（心臓と血管）を守る効果があるためである。たくさん飲んでも飲酒のメリット自体は変わらないが、飲みすぎによる問題が起きるおそれがあるので死亡のリスクも上がっていく。多量に飲む人は、肝硬変、脳卒中、ある種のがんなど、さまざまな病気になりやすいだけでなく、事故や事件に巻き込まれて死亡する危険も多い。J型カーブ現象についてはこれまで無数の研究で追試・確認されており、すでに議論の余地のないたしかな発見となっている。しかもその効果はじつに大きい。被験者のデータを二五年分さかのぼって調べた大規模な研究によると、適度な飲酒は心臓発作のリスクを二五％も減らすという。

最近でも、こうした結論を裏づける研究が二件発表されている。どちらもカナダの研究者、ウィリアム・ガリ率いる研究チームによるもので、二〇一一年の『ブリティッシュ・メディカル・ジャーナル』誌に掲載された。二件とも「メタ分析」と呼ばれる手法を用いた研究である。メタ分析とは、過去の医学文献から特定のテーマに関連する研究を抜き出し、発表されたすべての科学的根拠を総合して、より強固な結論を得ることを目指すものだ。ガリはひとつ目の論文で、冠状動脈疾患とアルコール摂取の関係を調べた研究に着目した。過去の論文を五〇〇〇件近く精査し、所定の基準を満たす研究データを四四件分抜き出す。それらの研究では、冠状動脈疾患の有無を推し量る指標として全部で一三個の項目に注目していた。すべての研究を総合すると、アルコールの摂取は高密度リポタンパク質（ＨＤＬ）という「善玉」コレステロールの量を大幅に増やし、しかも摂取量が増えるにつれて効果も増えるという関係（用量反応関係という）が見られることがわかった。また、アルコールがフィブリノゲン（血液凝固因子のひとつ）値を下げるとともに、アディポネクチンやアポリポタンパク質A‐1の数値を上げることも確認された。いずれの変化も、心臓疾患を予防する働きがあることが報告されている。研究チームは、こうした変化が「薬理学的にもたらされる程度」であると記している。つまり、アルコールが処方薬のような働きをしているということだ。とくにＨＤＬコレステロールの増加の度合いは、何らかの治療法をひとつだけ用いた場合よりも大きいと研究チームは指摘する。どうやらほどほどの飲酒は良薬として作用するようだ。ふたつ目の論文では、心血管疾患になるリスクに目を向けている。過去の四二三五件の研究のうち、八四件が所定の基準を満たしてメタ分析の対象となった。分析により、酒を飲む人と飲まない人の相対的な死亡リスクを調べたところ、またもや目を見張る結果が得られた。酒を飲まない人が心血管疾患で死亡するリスクを一とすると、適度に飲酒する人のリスクは〇・七五だったのである。冠状動脈疾患に限れば〇・七一だった。毎日二・五〜一四・九グラム（およそ一、二杯）のアルコールを摂取していると、まったく飲まない人と比べて心血管疾患にかかるリスクが一四〜二五％低減することも明らかになる。ガリたちのこの分析を見る限り、少なくとも心血管疾患に関してはアルコールとの因果関係がありそうだ（がんのようなほかの病気もすべて予防するわけではない）。

結論の大筋に疑問の余地はない。飲みすぎたり、まったく飲まなかったりするよりは、適度に飲酒するのが体にいいのはたしかなようだ。だが、細かい点については諸説入り乱れているのが現状である。この結論をどれくらい重視するかについてもコンセンサスは得られていない。たとえば医師は、酒を飲まない患者にも適度の飲酒を勧めるべきなのだろうか。体にいいのは赤ワインだけなのか、アルコール飲料ならば何でもいいのか。アルコールが体にいいとして、それはどういうメカニズムによるものなのか。

考えられるメカニズム

まずは最後の疑問から見ていきたい。適度に酒を飲むと、ある種の病気にかかりにくくなるのはなぜだろう。これはじつに難しい問題で、研究者のあいだでもほとんど意見の一致を見ていない。今のところいくつかの仮説が出されており、程度の差はあれ、どれにも裏づけとなるデータがある。

抗酸化作用説

赤ワインの健康効果としてとくに大きな支持を集めているのが抗酸化作用説である。

ワインに含まれる抗酸化物質が、血液中の分子の酸化を防ぐというものだ。その分子のひとつにＬＤＬがある。ＬＤＬとは低密度リポタンパク質、いわゆる「悪玉コレステロール」のことで、酸化すると動脈硬化の主要な原因となる。研究室の実験では、赤ワイン中のフェノール類、たとえばレスベラトロールなどが強力な抗酸化作用をもち、ＬＤＬの酸化を防ぐことがわかっている。ところが、実際に大勢の人間を対象にして臨床試験を行なっても、抗酸化物質の摂取に健康効果があると実証されたことはないのだ。研究室で物質の作用が確認されたからといって、それが人体内でも同じ力を発揮するとは限らない。そこには大きな隔たりがある。おまけに、過去最大級の規模を誇る疫学的研究を見ると、赤ワインのみならず酒類全般を適度に飲むことに健康効果があるように思える。

アルコール自体の効能説

抗酸化作用説より信憑性が高そうなのが、アルコール自体に効能があるとする説だ。アルコールを摂取すると、血液中のＨＤＬ（高密度リポタンパク質）の濃度が高くなることが複数の研究で確認されている。いわゆる「善玉コレステロール」のことだ。ＨＤＬには炎症を抑えて動脈硬化のリスクを減らす効果がある。アルコールによるＨＤＬの増え方は、運動などの方法をとった場合と遜色がない。裏づけもあり、かなり有力な仮説なのだが、反対意見もある。このメカニズムによるプラス効果は微々たるものなので、肥満や喫煙といったマイナス要素が絡んでくれば簡単に打ち消されてしまうというのだ。一般の人にもアルコール効能説は受け入れがたい。「アルコールは悪役のはずではないか？」と。ワインに含まれるほかの成分のほうがよほど体に良さそうに思える。

抗血栓《こうけっせん》作用説

第三のメカニズムは、血小板（血を固まらせる働きをもつ）に対する作用だ。ワインには血小板の「粘着力」を減らす作用があり、これを「抗血栓作用」と呼ぶ。たしかにこの作用は、心臓発作や脳卒中の防止には効果があるかもしれない。どちらも心臓や脳に通じる血管の凝固塊《クロット》が原因だからだ。適量のワインを飲むと、アスピリンを飲む程度の抗血栓作用が得られる。

血管内皮の保護作用説

近年、ロンドンの科学者、ロジャー・コーダー教授により、第四のメカニズムが提唱されて注目を集めている。彼の率いるグループが培養細胞で実験したところ、赤ワインのポリフェノールがエンドセリン１（ＥＴ１）という物質の生成を抑えることが確認された。比較的少量のポリフェノールで大きな効果が得られるという。ＥＴ１は重要な物質である。血管収縮作用があるため、動脈硬化の進行を促すからだ。ＥＴ１が生成されるのは、血管内皮（血管の内壁を構成する扁平で薄い細胞の層）と呼ばれる場所である。

赤ブドウの房。適量のワインを毎日飲むと健康にいいのは、赤ブドウの果皮に含まれるポリフェノール類に原因があると一般には考えられている。

赤ワインが血管内皮の機能を調整することはほかの研究でも示されていて、コーダーたちの発見はそうした研究結果とも合致する。なぜこれが重要かというと、動脈硬化は血管内皮が傷つくことから始まるからだ。したがって、もしも赤ワインでこの初期のダメージが防げたら、心臓病を防ぐ見込みも高まる。非常に有望な説に思えるものの、人間の体で実証することが求められる。

サーチュイン説

近年の発見から、さらに驚くべきメカニズムが提案されている。この発見は、赤ワインの抽出物を酵母に与える研究からもたらされた。赤ワインに含まれるレスベラトロールというポリフェノール化合物が、酵母のＳｉｒ２（サーチュインと総称される酵素の一種）を活性化することがわかったのだ。Ｓｉｒ２はＤＮＡを安定させる酵素と考えられている。実験の結果、レスベラトロールを与えられた酵母の寿命は七〇％延びた。同様の結果は、ショウジョウバエを使ったほかの研究からも得られている。この背景には、以前から知られているひとつの現象がある。カロリーを大幅に制限する（通常の三分の二に減らす）と、哺乳類の寿命が延びるというものだ。Ｓｉｒ２を活性化させると、カロリーを制限しなくても同様の結果が得られるのである（Ｓｉｒ2と同等の酵素は哺乳類にもある）。その後の研究により、Ｓｉｒ2が寿命を延ばすメカニズムも明らかになった（Ｓｉｒ2が脂肪細胞からの脂肪の動員を促進する、つまり結果的に貯蔵脂肪が減る）。もちろん、酵母やショウジョウバエの結果を一足飛びに人間には結びつけられないかもしれない。だが、もしも寿命を延ばしたいなら、空腹に耐えてまでカロリーを制限するよりワインを飲むことを選ぶ人がほとんどだろう。

全体像は複雑

適量のアルコール、とくに赤ワインは体にいい。だがそこには、以上のようなメカニズムがいくつか絡み合った複雑なメカニズムが働いているに違いない。全体像をつかむには、これから解明すべきことがたくさんある。研究の方向性は正しいように思えるものの、困難も大きい。ひとつには、決定的な証明をするには人間を対象とした試験が必要なのに、その種の研究は非常に難しく、費用がかかるせいもある。

本当に飲酒の効果か？

だが、これだけ効果があるのかと手放しに喜ぶ前に、反対意見もあることを知っておいたほうがいい。適度な飲酒の健康効果なるものは実際には虚構の産物であって、別の要因が作用しているのではないかというのだ。近年、スウェーデンとデンマークからそれぞれひとつずつ研究結果が報告された。どちらも、過去のさまざまな研究論文を調べ、実験の被験者となった人々が飲酒の度合いに応じてどんな特徴をもつかを洗い出したものである。その結果、ワインを適度に飲むグループには、比較的裕福で高学歴で、心理学的な特性も好ましいといった傾向が見出された。どれも良好な健康状態に結びつきやすい要素である。もちろん、本格的な研究を行なう際は、できるだけ別の要因が絡んでこないように配慮をする。たとえば、被験者の社会的地位や経済状況がグループごとに大きく異ならないようにバランスをとる、などだ。だが、こうした要因があるために、ワインの摂取と健康との関係がやや曖昧になっている面は否定できない。

ワインを処方すべきか？

では、医師はワインを処方すべきなのだろうか。一日に赤ワインをグラスに二杯飲むと心臓病のリスクが大幅に減るといわれ、これにはたしかな裏づけがある。中年男性のように、すでにリスクを抱えている人にはとくにお勧めだ。その一方で、アルコールにはマイナス面もあるため、たいていの医師は酒を飲まない患者にまで積極的に飲酒を勧めようとはしない。飲酒による別の問題を背負い込む危険があるからだ。

おわりに

読者が本書の数章だけでも読んでくれたとしたら、いくつかの答えを見つけられたのではないかと思う。だが、それ以上に疑問も増えたはずだ。本書で取り上げた問題には、さらに質の高い研究が急がれるものが多い。ワインの世界は依然として、伝統と経験に基づく通説や、言い伝えや慣習をたくさん抱えている。昔ながらの慣習の多くはたしかな科学に裏打ちされているが、そうとはいえないものもある。その違いがわかれば役に立つに違いない。その一方で、伝統抜きでワインの魅力は語れないと考える消費者が少なくないのも事実だ。ワインの歴史的背景や、文化的なルーツである。新しいテクノロジーを利用する際にはこの点への配慮を忘れてはならない。ここでは最後の締めくくりとして、ふたつのテーマに簡単に触れておく。本書で取り上げた問題の多くには、その根底に共通してこのふたつのテーマが流れている。道具を批判することの過ちと、還元主義的な科学の限界だ。

道具を批判するなかれ

本書では、ワイン醸造とブドウ栽培の分野で利用できるさまざまな道具や、技術や操作法が、どのような科学に基づいているかをおもに紹介してきた。だが、最終的に個々の技術より大事なのは造り手の意思や意図である。おもしろいワインを造る優れた生産者が、何らかの目標を達成するために科学技術を駆使することもあるだろう。どの技術を利用し、どの技術には手を出さないかは重要な選択であり、どういう長所と短所が予想されるかを把握していないと選べない。

一方、できるだけ安上がりにワインを造ろうとしている生産者も、自分たちの目標を助けるために科学技術を利用するだろう。しかし、心得違いとしか思えない生産者（安いワインに風味を添加して高級な味にする、フェノール化合物を抽出しすぎた濃度の濃い点数稼ぎのワインを造る、露骨な不正を働こうとする、など）に悪用されたからといって、科学技術自体が悪いわけではない。科学技術は善でも悪でもない。たしかに一部の技術は、つい不正を働きたくなるような気持ちにさせる。そういう技術には規制が必要かもしれない。だが、道具というものはほとんどがそうだが、正しく使われもすれば、胡散《うさん》臭い用途に使われもするものだ。私たちは道具にばかり目を向けて、ワイン生産者の意図や能力の問題をおろそかにしていないだろうか。

還元主義的なアプローチはどの程度有効か

還元主義とは、ひとつのシステムをいくつかの構成要素に分け、個々の要素を個別に調べるやり方をいう。還元主義は科学研究においてきわめて大きな成果をあげてきた。ほとんどの分野はこのやり方で研究がなされている。だが、科学哲学者たちはかなり前から「還元主義には限界がある」と警鐘を鳴らしてきた。今では研究者たちも、じつは彼らが正しいのではないかと思い始めている。たしかに、還元主義的に研究したからこそ、生物学者はヒトゲノムの解読に成功した。しかし、解読ができても、その意味を理解することはまったく別の問題であって、そこには還元主義的なアプローチ以上のものが必要になる。神経生物学の分野にしてもそうだ。脳細胞の仕組みは詳細にわかってきたが、それで意識の問題がどれくらい明らかになったというのだろう。

ワインについても同じことがいえる。還元主義的なアプローチのおかげで、ワインへの理解がどれだけ進んだだろうか。ワインの風味については解明が進み、重要な風味成分の化学的性質についてもさまざまなことがわかってきた。だが、その知識がどれだけ役に立つのか、また、それがワインの品質向上に資する道なのかどうかと、疑問の声も一部であがっている。

なぜだろうか。それは、ワインの品質にはいわゆる「創発性《そうはっせい》」があるからだ。品質とは、システム全体がもつ特徴なのである。ワインのいろいろな要素が組み合わさることで、ワインを味わうという感覚が経験できる。これは、個々の要素をばらばらに調べていてもわからない。たとえばあなたが何年もかけて分析能力に磨きをかけ、ワインの特定の香りや味覚を見事にいい当てられるようになったとしよう。ワインのなかに感じられる化合物をすべて書き出し、しかも化学分析をしてそれらが本当に存在すると証明することもできる。だが、それでワインの特徴を十分伝えたといえるだろうか。そのワインを飲んで私がどんな感覚を覚えるかが、そこからわかるだろうか。

ワインによってどんな感覚が得られるかは、ワイン自体がもつ特徴と、それを味わう人の体や心の反応の両方によって決まる。そのことを忘れてはならない。化学分析を通して理解できることは、複雑な全体像のごく一部である。人間の脳は分析機器のように働くのではない。私たちがワインを味わうとき、化学分析よりもはるかに多くのことを行なっている。

一九九〇年代の半ば、ヴィノヴェーション社のクラーク・スミスはこうした発想から、ウィットと洞察に富んだ文章を発表して賛否両論を呼んだ。タイトルは、「カリフォルニア大学デイヴィス校（ＵＣデイヴィス）においしさがわかるのか？」である。スミスは、この大学のブドウ栽培・ワイン醸造学部を槍玉にあげた。要するに、ＵＣデイヴィスが還元主義にはまり込んでいるといいたいのである。ＵＣデイヴィスの分析的なアプローチにかかると、ワインは小《こ》綺《ぎ》麗《れい》だがおもしろみに欠けるものになりやすい。だが、それを「昔ながらの直感的で全体論的な評価法」と組み合わせれば、何がワインを「おいしく」しているかを広い視点から見ることができるとスミスは主張した。彼は次のような喩《たと》え話を用いている。「私は医療にも似たようなジレンマを感じている。私はいたって健康だ。一〇〇歳まで生きるにはどうすればいいかを教えてもらえればそれでいい。ところが、主治医は西洋医学を学んだ人間なので、私の血圧やコレステロール値やビリルビン値などを調べ、具合が悪くなったらまた来なさいという。彼は、病気がないことが健康だ、と考えているのだ。

そこで私は鍼医《はりい》を試してみた。すると鍼医は、健康とは何かという理論をもっているのがわかった。彼は私を一通り診察し、何本か鍼を打って調子を整え、漢方薬をくれ、ためになる助言をくれる。じつに気分がいい。鍼医に、前立腺がんについてアドバイスしてほしいと頼むと、彼には病気とは何かがわからなかった。西洋医学に健康の概念がないのと同じで、UCデイヴィスにはおいしさとは何かがわかっていない」。スミスはさらに続ける。「だが、彼らが提供してくれるものも同じくらい重要なのだ」。そのうえでこう結論づける。「UCデイヴィスのアプローチは西洋医学と同じで分析的だ。その対極に位置するのが全体論的なアプローチである。私たちに必要なのは、その両方のアプローチを統合させることだ」。

問題のひとつは、科学者が考える「ワインの品質向上」が、実際にワインを造ったりワインを飲んだりしている人たちの考えと食い違うケースが多いことである。たとえば、次のような筋書きを考えてみてほしい。科学者はワインの欠陥をひとつひとつ突き止める。ブレタノミセス、還元臭、亜硫酸の使用量不足、「青臭さ」、などなど。科学者は、どうすればこうした欠陥を是正できるかをワイン生産者に教えようとする。さらには、プラス効果のある風味化合物を特定し、その量をできるだけ増やすための方策を授ける。ブドウ畑での介入、マセラシオンのやり方、特定の酵母株の使用。その結果、非の打ち所のないワインができた。だが、五感に響く感動がない。心を震わせるものがないのだ。この先、還元主義的なアプローチではワイン全体の品質や「おいしさ」を捉えられない。ワインの科学を発展させて、ワインの品質に関する理解を深めようと思うなら、還元主義のみに頼った分析的なアプローチの足かせを解く必要がある。そして、全体論的な見方も組み合わせ、ワインを飲むという経験を理解しようとしなくてはならない。

こうした意見を目にすると、たぶん研究者は苛立ちを覚えるだろう。陸上選手やサッカー選手が、観客からああしろこうしろと指図されたときと同じ気分に違いない。「全体論的」と口でいうのは簡単だ。だが、実際問題としてそれはどういう意味なのか。科学者が還元主義的な研究をしているのは、彼らがそういう訓練を受けてきたからであり、前進するにはそれが一番理にかなった方法に思えるからである。実際、ワイン研究の分野においても、還元主義から有益な結果が得られてきた。

ワインの科学は今のところデータ収集の段階である。だが、いずれそれ以上データを集めても新たな洞察が得られなくなるかもしれない。データが多すぎてかえって混乱したり、データに圧倒されたりすることもあるだろう。そうなったら手を休めて、全体像の把握に努める必要がある。本書の冒頭でも指摘したように、科学は強力で有益な道具だ。還元主義的な考え方にのみ終始していたら、せっかくのワイン科学の有用性を狭めることにならないだろうか。

謝辞

本書の執筆にあたっては、お世話になった方々があまりにも多すぎて個別に名前をあげることができない。やってみたとしても、名前を書き漏らすのが落ちだろう。本書における私の役割は、いろいろな人たちの仕事や考えをつなぎ合わせて再統合することにあった。いろいろな人たちとは、科学者やワイン生産者のことである。ブドウを理解し、ブドウからワインへの不思議な変身を解明しようと、彼らは日夜真剣に取り組んでいる。

また本書は、宣伝の専門家や編集者、そして同僚のワイン・ライターの助けがなければ世に出ることはなかった。ワイン業界は本当に素敵な人たちであふれている。本書に収録された章の多くは、『ザ・ワールド・オブ・ファイン・ワイン』誌、『ハーパーズ』誌、および『マイニンガーズ・ワイン・ビジネス・インターナショナル』誌に寄稿した記事を出発点としたものか、そこから抜粋したセクションを含んだものである。文章の使用を許可してくれたことに対し、それぞれの素晴らしい雑誌の編集長に感謝する。

訳者あとがき

本書『新しいワインの科学』はその名のとおり、二〇〇八年に日本語版が刊行された『ワインの科学』の「新しい」版である。著者であるワインライターのジェイミー・グッドが旧版の好評を受け、そこに加筆修正をして最新の情報を盛り込んだのが本書だ。旧版同様、本書でも著者はワインの科学にふたつの視点から斬り込んでいる。ブドウ栽培からワインが生まれるまでの自然な過程を科学的に解説するという視点と、ブドウやワイン造りの過程で使用されるさまざまな技術や人為的な介入を紹介し、それを科学で探るという視点だ。しかし、取り上げられているテーマや内容については、近年のワイン界の動向や著者の興味の対象の変化を反映して、旧版とはかなり変わっている。具体的にいうと、旧版からは、地球温暖化とワイン、遺伝子組み換えブドウ、ワインに人為を加えることの是非、ミクロ・オキシジェナシオン、ワイン・アレルギー、およびワインと寿命に関する章が外された（ただし内容の一部が新版に組み込まれたものもある）。新版で新たに加わったのは、土とブドウ（3章）、酸素管理（10章）、全房発酵（11章）、唾液とワイン（21章）、ワインと言語（22章）というテーマである。

11章の全房発酵は、近年のワイン生産者が「複雑で繊細なワイン」を求める傾向を強めるにつれて注目を集めている技法だ。これに関する章は、科学的な仕組みだけにとどまらずさまざまな生産者による具体的な実践法も紹介されているので、ワインの専門家にとって興味深いのはもちろん、素人が読んでもおもしろいものになっている。また、酸素管理については著者の興味が旧版からさらに深まったことがうかがえ、新しい章のみならず、関連する章でも酸素の役割についての記述が詳しくなっている。酸素イコール「酸化を引き起こす悪役」と見るのではなく、酸素を「ワインのスタイルをつくる重要なツール」と捉える見方に基づき、さまざまな考察や研究が紹介されている。

旧版から残った章については、旧版とおおむね内容が同じものもいくつかある一方で、かなりの修正が加えられているものもある。その修正も、単に新しい情報を追加するだけではない。たとえばフィロキセラに関する章（5章）は、旧版ではフィロキセラ自体の生態やブドウの被害などを解説することに主眼を置いていたのに対し、新版ではそれらは軽く触れるにとどめ、フィロキセラ禍以前と以後のワインではどちらがおいしいのかという非常に興味深い問題に迫っている。また、ワインの風味を作る化合物に関する章（23章）では、旧版ではワイン中のおもな物質を紹介することが中心だったのに対し、新版ではそれらの物質がワイン全体の風味にどう貢献しているかという視点や、じつは風味化合物ではないワインの生地に重要な役割があるとする近年の研究結果も取り上げて、さらにその深みを増している。微生物の章（16章）でも、見落とされがちな乳酸菌に光を当て、マロラクティック発酵について旧版よりかなり詳しい説明がなされている。

本書が扱うのは、ワイン造りにかかわる「ハードウェア」的な科学だけではない。そのワインを人がどう味わい、どう感じるか、そのとき脳内で何が起きているのか、またその感じ方が人によってどう違うのかといった、目には見えない「ソフトウェア」的な科学についても踏み込んだ議論がなされている。そこが本書のユニークな点であり、大きな魅力のひとつだろう。人は目の前のワインを評価しているのではなく、そのワインを味わったことで脳のなかに生みだされた「表象」を評価しているというのは、旧版でも著者が訴えていたことだ。新版ではそれをより強く押し出し、ワインを語る言語とも絡めるという意欲的な考察に挑んでいる。味覚や嗅覚に関する議論は、ワイン好きのみならず、食の心理学や脳に関心をもつ読者にとっても読みごたえのある内容となっているはずだ。

このように、本書は普通のワイン本とは違った切り口からワインを探ることのできる刺激的な読み物である。ワインを科学のレンズで眺めても、けっしてその魅力が褪せることはない。本書で新たな気づきや発見を得て、ワインをさらに深く楽しむ一助にしていただければ幸いだ。

旧版同様、今回も日本ワインアカデミー校長の藤見利孝氏に監修をしていただいた。訳稿に丹念に目を通して下さり、原文にまであたって貴重なご指摘とご助言を多数いただいたことに、この場を借りて深く感謝申し上げる。なお、新版で新たに追加された章の一部は林美佐子さんに翻訳をお手伝いいただいた。記してお礼を申し上げる。最後になるが、本書を訳す機会を与えて下さり、刊行までさまざまなかたちでお世話になった河出書房新社の撰木敏男氏に、心より感謝の言葉を申し上げる。

二〇一四年一〇月

梶山あゆみ

メトキシピラジン類 **Methoxypyrazines**　含窒素複素環化合物。アミノ酸の代謝により、ブドウの実のなかで生成される。2−メトキシ−3−イソブチルピラジンは、ソーヴィニヨン・ブランやカベルネ・ソーヴィニヨンに特有のピーマンや青葉のような風味をもたらす。実の成熟とともにメトキシピラジン濃度は低下する。実に日光が当たることによっても濃度は下がる。

メルカプタン **Mercaptans**　ワインにときどき含まれる硫黄化合物。15章参照。

モノテルペン類 **Monoterpenes**　マスカット種やリースリング種などの香りと風味を作る化合物群。

ラクトン類 **Lactones**　ブドウに含まれる場合もあるが、オークから抽出されるほうが多い化合物（オークラクトンともいう。12章参照）。

硫化水素 **Hydrogen sulphide**　腐った卵の匂いがする物質。発酵中に生じ、ワインの風味を損なうおそれがある。マストの窒素不足が原因。15章参照。

硫化物 **Sulphides**　還元した硫黄化合物。ワイン醸造中に生じる。通常、否定的に捉えられるが、適正な濃度であればワインに複雑味を与える場合もある。15章参照。

リンゴ酸 **Malic acid**　ブドウの実に含まれる二大有機酸のひとつ（もうひとつは酒石酸）。マロラクティック発酵の際、乳酸菌の作用によって酸味のまろやかな乳酸に変わる。

レスベラトロール **Resveratrol**　フェノール化合物の一種で、植物が微生物に感染したときに生成される抗菌性化合物のひとつでもある。ブドウや赤ワインに含まれており、健康効果があると考えられている（24章参照）。

2, 4, 6−トリクロロアニソール（TCA） **2, 4, 6-trichloroanisole**　カビ臭を発する強力な化合物。コルク臭のおもな原因。18章参照。

4−エチルグアヤコール **4-ethylguaiacol**　揮発性フェノール類参照。

4−エチルフェノール **4-ethylphenol**　揮発性フェノール類参照。

GIS　地理情報システム（Geographical Information System）の省略形。精密ブドウ栽培で、ブドウ畑の物理的特性に関するデータ収集のために使用される。

SO_2　亜硫酸（二酸化硫黄）の化学式。

こりうる。コルクの密閉性にはかなりのばらつきがあることが明らかになっているため、変則的な酸化は酸素を通しやすいコルク栓が原因と見られている。しかし、研究者のなかには栓の種類とは無関係だと考える者もいる。何らかの未解明の化学反応が原因かもしれないというのだ。白ワインの鮮度を保つためにアスコルビン酸（ビタミンC）を添加すると、それが亜硫酸の効果を低下させ、ワインを酸化しやすくするのではないかとの説もある。また、瓶詰めラインの手順が不適切であったり、ラインが断続的に正常に機能しなくなったりすることが原因との説もある。つまり、瓶詰めの時点ですでにワイン中の酸素濃度が高いボトルがあったということだ。変則的な酸化が起こりやすいのは白ワインである。ワイン栓を通して酸素が侵入すれば、もちろん赤ワインもダメージを受けるが、フェノール含有量が多いために、白ワインより酸化しにくい。酸化が白ワインで見つかりやすいのは、色の変化が大きいせいもある。

補糖（シャプタリゼーション） **Chaptalization**　アルコール度を高めるためにマストに糖を添加すること。

ポリフェノール酸化酵素 **Polyphenol oxidase（PPO）**　**フェノール化合物**を酸化させて、ワインの褐変を引き起こす酵素。真菌に感染したブドウの実はPPOの含有量が多いため、ワインが酸化しやすい。その際、直接PPOの影響で酸化する場合もあれば、PPOが遊離亜硫酸と結合することによって酸化が起きる場合もある。

ポリフェノール類 **Polyphenols**　赤ワインの風味化合物としてはおそらく最も重要。白ワインでの重要性は低い。複数のフェノール基を基本構造にもち、大きなグループをなす。**フェノール化合物**の重要な特性のひとつは、さまざまな非共有結合力（水素結合や疎水結合など）により、**タンパク質**やほかのフェノール化合物など、多種多様な化合物と自然に結合する点である。23章参照。

ポリマー（重合体） **Polymers**　小さなサブユニットが重合することによってできる分子。

マセラシオン **Maceration**　赤ワインに重要。**フェノール化合物**を抽出するためにブドウ果皮を浸しておくプロセス。さまざまな手法があり、最近では、アルコール発酵前に低温で長時間マセラシオンを行なうといった新しい工夫もある。

マロラクティック発酵 **Malolactic fermentation**　乳酸菌の作用により**リンゴ酸**が乳酸に変換されるプロセス。16章参照。

ミクロ・オキシジェナシオン **Micro-oxygenation**　発酵中または熟成中のワインにゆっくり酸素を添加する技術。10章参照。

バトナージュ　Batonnage　澱《おり》を撹拌すること。澱とは、酵母細胞が発酵容器の底に溜まったもの。

ビオディナミ　Biodynamic　宇宙との調和を重視する有機農法の一形態。賛否両論ある。7章参照。

ヒスタミン　Histamine　人間のアレルギー反応にかかわる化学物質。ワインに含まれる場合もある。ワインに対する有害反応はときに「ワイン・アレルギー」と呼ばれるが、ヒスタミンが原因ではないと考えられている。

フェノール化合物　Phenolic compounds　ポリフェノールともいう。複数のフェノール基を基本構造にもつ、反応性の高い高分子化合物の一群。大きなグループをなす。ワインでは非常に重要。23章参照。

節《ふし》　Nodes　ブドウの茎のなかで芽ができる部分。節間によって隔てられている。

ブドウ糖　Glucose　光合成によって生成される。ブドウに含まれる糖類のなかで最も重要。

ブドウ葉巻病　Leafroll　ブドウ葉巻ウイルスによる厄介な病気。有効な対処法はなく、原因ウイルスに感染していないブドウを植えるしかない。

フラボノイド類　Flavonoids　アントシアニンなどの色素成分を含む大きなフェノール化合物の一群。

ブレタノミセス　*Brettanomyces*　酵母の一属。かなりの量が含まれるとワインの風味を損なう。ただし、少量では個性となりうるとの意見もあり、議論を呼んでいる。17章参照。

ペーハー　pH　専門的にいうと、溶液内の水素イオン濃度の対数に負号をつけた値。溶液がどれほど酸性かアルカリ性かを示すのに使われる（酸性度が高いとpH値は小さくなる）。ワイン造りで非常に重要。

ペクチン　Pectins　植物の細胞壁をつなぎ合わせる役目をもつ多糖類の一種。

べと病　Downy mildew　真菌の一種であるブドウべと病菌（*Plasmopara viticola*）によって引き起こされる深刻な病気。1880年代にアメリカからヨーロッパにもたらされ、甚大な被害を与えたが、ボルドー液の噴霧によって対処可能になった。現在でも深刻な問題のひとつ。

変則的な酸化　Random oxidation　「瓶詰め後の散発的な酸化」ともいう。瓶詰め後数ヵ月で、白ワインの一部に早すぎる褐変が起きる現象を指す。かなり頻繁に発生するため、業界では「新たなコルク汚染」だとの声もあがっている。おもにコルクの密閉性にばらつきがあるために発生すると考えられる。瓶詰めの際には酸化防止剤として亜硫酸（SO_2）が添加されるが、遊離亜硫酸の濃度が低すぎるとワインの酸化を防げず、褐変が起

テルペン類 **Terpenes**　植物に広く分布している化合物の大きな一群。ブドウにも品種によってさまざまな量で含まれており、醸造過程で壊れることなく、ワインの香りに貢献している。ブドウに含まれるテルペンは40種類以上が同定されているが、ワインの香りを高めると考えられているのはそのうち6種類にすぎない。テルペン濃度が最も高いのはマスカット・ワインで、その独特な花の香りや果実味は、テルペンの一種であるリナロオールやゲラニオールなどによってもたらされている。ゲヴェルツトラミネール種やピノ・グリ種などの香りも、テルペン成分による。

銅 **Copper**　ブドウ畑ではけっして珍しくない元素。その理由は、真菌性の病気対策としてボルドー液（硫酸銅を含む）を使うことにある。**還元臭**を防ぐために、ワインから**揮発性硫黄化合物**を取り除くのにも利用できる（15章参照）。

糖度 **Brix**　糖の含有量を測る尺度。ブドウ果汁中に糖が1%含まれていると糖度も1%になる。かりにブドウ果汁の糖度が20%だと、完成したワインのアルコール度数はおよそ12度になる（酵母が糖をどの程度アルコールに変換するかによって前後する）。

苦味 **Bitterness**　味の感覚。ワインにはさほど感じられない。よく渋みや酸味と混同される。

二酸化炭素 **Carbon dioxide**　よく知られている気体。光合成の炭素源として、植物の成長に欠くことができない。地球温暖化の一因ともなっている。ワイン醸造では、ブドウ、マスト、ワインの**酸化**を防ぐために用いる。発酵時にも自然に生成されるが、ほとんどのワインでは消えてしまう。ただし、ある種のスタイルのワインではかなりの量が残り、新鮮さを保つのに役立っている。

乳酸 **Lactic acid**　酸味のまろやかな酸。**マロラクティック発酵**の際に、酸味の強い**リンゴ酸**を**乳酸菌**が代謝することで生じる。

灰色カビ ***Botrytis***　真菌の一属。すでに熟したブドウに感染した場合は、貴腐状態となってプラスの効果を生む場合がある。世界の優れた甘口ワインの多くはこの菌の感染によるもの。ただし、マイナスに作用すれば灰色かび病を引き起こす。

ハイブリッド種 **Hybrid vines**　種の異なるふたつのブドウを掛け合わせて誕生した品種。種間雑種ともいう。普通は、病気に強いアメリカブドウ（学名ヴィティス・ラブルスカ）をヨーロッパブドウ（学名ヴィティス・ヴィニフェラ）と掛け合わせる。ハイブリッド種は、病気への抵抗力をもちながら、アメリカブドウ特有のキツネ臭がない。通称アメリカ雑種（またはフランス雑種）。

精密ブドウ栽培　Precision viticulture　データを集め、その結果に合ったやり方を選んで作業をする農法。4章参照。

生理学的成熟　Physiological ripeness　**フェノール**類の成熟ともいう。**糖度**以外の面におけるブドウの木と実の成熟段階を示す流行の言葉。温暖な地域では、糖度だけを目安に実を収穫すると、未熟で青臭い風味がワインに生じる。

節間《せっかん》　Internode　茎の節《ふし》（芽がつくところ）と節のあいだの部分。

総合的有害生物管理　Integrated pest management　省略形の「IPM」としても知られる。除草剤、殺菌剤、殺虫剤を賢く使うことにより、それぞれの投入量の削減を目指す農法。6章参照。

総酸度　Total acidity　ワイン醸造における重要な尺度。滴定法によって求め、1リットル中の**酒石酸**または硫酸の重量（グラム）に換算して表される。不揮発酸度と**揮発酸度**を両方含む。

多糖類　Polysaccharides　おもに単糖類が多数重合してできた炭水化物。

タンジェンシャル濾過　Tangential filtration　**クロスフロー濾過**参照。

短梢　Spur　数芽残して短く切り戻したブドウの新梢。

短梢剪定　Spur pruning　**コルドン**から出ている枝を短く剪定すること。9章参照。

タンニン類　Tannins　多種多様な植物の樹皮、葉、未成熟な果実におもに含まれる。**タンパク質**やほかの植物性ポリマー（多糖など）と結合して複合体を形成する。タンニンの本来の役割は植物の防御だと考えられている。化学的には、サブユニットが結合してできた大きなポリマー（**重合体**）である。モノマー（ポリマーを構成する基本単位物質）は**フェノール化合物**であり、それらがきわめて複雑に結合されている。さまざまな組み合わせで並べ替えが起きることにより、化学構造がさらに変えられることもある。タンニンには縮合型と加水分解型の2種類がある。加水分解型タンニンはワインではさほど重要ではない。縮合型タンニンはプロアントシアニジンともいい、ブドウ由来の主要なタンニンである。縮合型は、フラバン-3-オールのモノマーである**カテキン**やエピカテキンが重合することにより形成される。

タンパク質　Proteins　自然に生成する20種類の**アミノ酸**が、さまざまに組み合わさってできる高分子化合物。タンパク質の合成は遺伝子にコード化されている。

抽出　Extraction　ワイン醸造では、醸造過程でブドウ果皮から**フェノール化合物**を取り出すことをいう。

長梢剪定　Cane pruning　6〜15芽残して枝を剪定すること。9章参照。

あいだに厳密な相関関係はない。ワイン中の酸類の組成とワインの実際の酸味との関係は複雑である。酸によってはその化学構造のために必然的に酸味が強いものとそうでないものがあるからだ。また、酸味の感じ方は、ほかの風味成分に大きく影響される。とくに甘味成分は酸味の感じ方を著しく弱める。

ジアセチル　**Diacetyl**　ブタン−2, 3−ジオンの一般名。発酵中、もしくは乳酸菌の働きにより発生する**ケトン類**のひとつ。かすかに甘いバターの香りがする。

色素ポリマー　**Pigmented polymers**　色素タンニンともいう。赤ワインの発色への関与が指摘される複雑な化合物群。発酵中に**アントシアニン**が**カテキン**と結合して生成される。23章参照。

自己消化　**Autolysis**　ワイン中で酵母細胞が自己破壊すること。これによりワイン中に風味成分が放出される。

渋み　**Astringency**　触覚により口内に感じられる。ワインの渋みは**タンニン**によるもの。口の水分が奪われるような、また口がすぼまるような感覚。

ジベレリン類　**Gibberellins**　**植物ホルモン**の一群。ブドウの成長と発生に重要な役割を果たす。人の手で散布する場合もある。新梢の伸張と休眠解除に重要。

重合《じゅうごう》　**Polymerization**　小さなサブユニットが結合してもっと大きな分子を作ること。

酒石酸　**Tartaric acid**　ワインで最も重要なブドウ由来の酸。無害な酒石酸水素カリウムの結晶として沈殿することが多い。

醸造用タンニン　**Oenological tannins**　ブドウ以外の原料で製造された市販の**タンニン**。ワインに添加される。想像するより高い頻度で使用されている。

植物ホルモン　**Plant hormones**　植物の成長と発生、およびストレス反応に影響するシグナル分子の一群。専門用語で「植物成長調整物質」ともいう。代表的な植物ホルモンに、オーキシン、**サイトカイニン**、**ジベレリン**、アブシジン酸、エチレンがある。さらにブラシノステロイドやジャスモン酸を含める研究者もいる。

スピニングコーン・カラム　**Spinning cone column**　専門的にいえば、気液向流接触装置のひとつ。重要な揮発性物質を除去することなく、ワインのアルコールを低減させることができる。大事な成分は残したまま果汁を濃縮したいときに使われる場合が多い。広く利用されているが、装置が高価なので、開発した会社では販売ではなくリースで対応している。13章参照。

抗酸化物質　Antioxidant　自ら酸化されることにより他の物質の酸化を防ぐ化学物質。つまり、ほかの化合物を守るために犠牲を払っている。

酵素　Enzymes　化学反応に触媒作用を及ぼす（反応を早めたり、反応に必要な温度を下げたりする）**タンパク質**。市販製剤があり、さまざまな理由でワイン造りに利用される。なかにはあまり感心できない理由もある。

酵母　Yeasts　単細胞の真菌。ブドウ果汁を発酵させてワインにするのに重要な役割を果たす。16章参照。

コナラ属　*Quercus*　オークのさまざまな種からなる属。

琥珀酸　Succinic acid　ブドウとワインに低濃度で含まれている酸。

コルドン　Cordon　木質化したブドウの枝を、幹から水平方向に誘引したもの。**短梢剪定**をした短い枝がここから突き出る形になる。

サイトカイニン類　Cytokinins　**植物ホルモン**の一群。とくに細胞分裂の調節に関与するため、成長期に影響を与える。

酢酸　Acetic acid　酢の主成分となる揮発性の酸。酸素のある環境で**酢酸菌**が**アルコール**に作用して発生する。発酵により自然に生まれるので、どのワインにも少量含まれる。しかし、これが多すぎると風味を損なう。

酢酸エチル　Ethyl Acetate　ワインに含まれる一般的な**エステル類**の一種。**酢酸**と**エタノール**の結合により生成される。エタン酸エチルともいう。

酢酸菌　Acetobacter　ワインの風味を損なう細菌。酸素のある状況でワインを酢（ヴィネガー）に変える。

サッカロミセス・セレヴィシエ　*Saccharomyces cerevisiae*　ワインのアルコール発酵に関与する出芽**酵母**の学名。通称として、ワイン酵母、ビール酵母、パン酵母などとも呼ばれる。多種多様な変種がある。16章参照。

酸化　Oxidation　物質が酸素と結合して、電子または水素を失うこと。酸化にはつねに逆の反応、つまり**還元**が伴う。たとえば、ひとつの化合物が酸化すると、別の化合物が還元する。ワインの場合、酸化は空気に触れることによって起こり、まず間違いなく悪影響を及ぼす。

酸化還元電位　Redox potential　**酸化**と**還元**の状態を表す電位。測定可能。10章参照。

酸類　Acids　ワインの風味を構成する重要な要素。これがもたらす鋭い酸味がほかの要素とのバランスをとる。ワインにはさまざまな酸が含まれているが、とくに注目すべきは**酒石酸**と**リンゴ酸**（ブドウに含まれる）、ならびに**乳酸**と**琥珀酸**（発酵中に生じる）である。酸度はワインにとって重要である。ワインの風味のみならず色にも影響を与え、亜硫酸の添加効果をも左右する。酸度は通常、不揮発酸と揮発酸の酸度の測定値を合計した**総酸度**で示す。また、**pH（ペーハー）**でも表すが、これと総酸度との

揮発酸度　Volatile acidity　さまざまな揮発酸によって生じる酸度。揮発酸のうち、ワインで最も重要なのは**酢酸**。少量ならよいが、多すぎるとワインから酢の匂いがする。

揮発性フェノール類　Volatile phenols　ワインの香りに重要。おもに赤ワインに含まれる4-エチルフェノール（4EP）と4-エチルグアヤコール（4EG）は、汚染酵母である**ブレタノミセス**の作用で生まれ、鳥獣肉の腐敗臭のような鼻をつく独特の動物臭がある（17章参照）。4-ビニルフェノールと4-ビニルグアヤコールは、赤ワインにはまれだが白ワインにはよく見られ、一般に不快な香気特性をもつ。

逆浸透法　Reverse osmosis　ワインの濃縮と**アルコール**の除去に利用される濾過技術。使用の是非については賛否両論ある。13章参照。

グリセロール　Glycerol　発酵中に生じる。多価アルコールの一種で、ワインにかすかな甘味を与えるが、俗説とは異なりワインの粘性には影響を与えない。

クローン　Clone　ブドウ栽培では、同じ親植物から無性生殖（接ぎ木）で発生した一群のブドウを指す。したがって、遺伝的には同一。

クローンの選択　Clonal selection　繁殖のために、畑内の優れたブドウから挿し穂を取ること。畑では遺伝的に同一のブドウ（同じ品種の同じクローン）が植えられることが多いにもかかわらず、何年かたつと、自然環境の差異以外の要因で性質に優劣が現れてくる。これは、自然突然変異が原因の場合もあるが、病気ストレスの違いによる場合が多い。樹勢が強くて成長の良いブドウは、質の良い実をつけないのが普通なので、考えなしにそういう木から挿し穂を取らないように注意が必要だ。

クロスフロー濾過　Cross-flow Filtration　タンジェンシャル濾過ともいう。**逆浸透法**で使われる技術。13章参照。

クロロアニソール類　Chloroanisoles　塩素含有化合物の一群。不良コルクによるカビ臭の原因物質。最もよく知られているのが2, 4, 6-トリクロロアニソール（TCA）。

結果母枝　Cane　生えて1年たったブドウの枝。**長梢剪定**または**短梢剪定**の対象になる。9章参照。

ケトン類　Ketones　通常は発酵中に生じる。β-ダマセノンとαおよびβ-イオノンは複合ケトン類と呼ばれ、ブドウの実のなかに存在すると考えられている。β-ダマセノンはバラのような香りを生じる。αおよびβ-イオノンはリースリング種のブドウにとくに多量に含まれる。

高級アルコール類　Higher alcohols　フーゼル油ともいい、発酵中に生じる。ワインにある種の香りをつけることもある。

ヴィティス・ヴィニフェラ ***Vitis vinifera***　ヨーロッパブドウの学名。私たちが愛するブドウの品種はすべてこの種に属している。

ヴェレーゾン **Veraison**　ブドウが成熟する過程で果皮が柔らかくなり、実の色が変わること（色の濃いブドウ品種で顕著に見られる）。実が成長から成熟へと移行する段階にあたる。ヴェレーゾンを終えると酸度が減少し、糖の蓄積が始まる。

うどんこ病 **Powdery mildew**　厄介な真菌性の病気。1840年代後半にアメリカからもたらされ、ヨーロッパのブドウ畑に壊滅的な被害を与えた。のちに硫黄粉末の散布は効果があるとわかる。今でも硫黄散布を続けている生産者もいる。病原体はウドンコカビ（*Uncinula necator*）。

うま味 **Umami**　ごく最近になって認められた第5の基本味。**アミノ酸**を感知した結果として生じる。19章参照。

エステル類 **Esters**　ワインの風味に重要な揮発性化合物。発酵と熟成の両方の過程で、有機酸と**アルコール**類の反応によって生じる。ワインでは、**酢酸**と**エタノール**が結合してできる**酢酸エチル**（エタン酸エチルともいう）が最も一般的。ほとんどのエステル類ははっきりとしたフルーティな香りをもっている。なかにはオイル、草、バター、ナッツのニュアンスを醸し出すものもある。

エタナール **Ethanal**　**アセトアルデヒド**の別称。

エタノール **Ethanol**　**エチルアルコール**の一般名。単に**アルコール**と呼ばれることのほうが多い。

エチルアルコール **Ethyl alcohol**　ワインのなかで水に次いで2番目に量が多い成分。**酵母**の働きで糖類が発酵することにより発生する。エチルアルコール自体にはほとんど味がないが（ワイン程度の濃度ではかすかに甘いだけ）、できあがったワインのアルコール濃度は、感覚器官が捉えるワインの質に著しい影響を与える。

カテキン **Catechin**　フラバン−3−オール（**タンニン**の構成成分となる一群のフェノール化合物）の一種。ワインで重要なものには、ほかにエピカテキンがある。カテキンの重合体はプロシアニジンと呼ばれる（しばしば縮合型**タンニン**ともいわれる）。23章参照。

果糖 **Fructose**　**ブドウ糖**と並んでワインに豊富に含まれる糖類の一種。

カバークロップ（被覆植物） **Cover crop**　休眠期にブドウの列のあいだに植えられる植物。ブドウの成長が始まる前に、耕して土に埋め込んでおく。6章参照。

還元（臭） **Reduction**　ワイン中の硫黄化合物の風味を指して使われる単純化した表現。化学的にいうと、還元とは**酸化**の反対の状態。15章参照。

用語解説

＊解説文内のゴチック体は見出し項目として解説あり。

アスコルビン酸　**Ascorbic acid**　ビタミンＣとも呼ばれ、ワインの**酸化**防止剤として使われることがある。**亜硫酸**と相乗的に働くが、このふたつはともに**変則的な酸化**の一因になると指摘され、議論を呼んでいる。

アセトアルデヒド　**Acetaldehyde**　ワインに含まれる**アルデヒド類**で最も一般的な化合物。**エタノール**の**酸化**によって発生する。どのワインにも少量含まれる。悪臭があるので、あまり好ましい存在ではない。ワインが酸化するとおいしくなくなる原因のひとつ。体内で**アルコール**を分解する際の一次代謝産物でもあり、二日酔いの最大の原因となる。アセトアルデヒドは**フェノール化合物**の共重合にかかわるため重要である。**亜硫酸**と結合しやすい。

アブシジン酸　**Abscisic acid（ABA）**　重要な**植物ホルモン**（植物成長調整物質ともいう）の一種。寒さや水不足などのストレスを受けたときに、植物体内に信号を送る役目を果たす。

アミノ酸類　**Amino acids**　**タンパク質**の構成成分。ワインにも感知できる程度含まれており、**うま味**のもととなる。アミノ酸は20種類しかないが、生物はそれを組み合わせることにより何千種ものタンパク質を作っている。

亜硫酸（SO_2）　**Sulphur dioxide**　ワイン醸造におけるきわめて重要な分子。ワインを酸素や微生物から守るために添加される。14章参照。

アルコール　**Alcohol**　**エタノール**の一般名。

アルデヒド類　**Aldehydes**　**ケトン類**と同様、カルボニル化合物とも呼ばれる。ワイン中で**亜硫酸**と速やかに結合する。ワインが酸素に触れるとかならず発生する。ワイン中で最も重要なアルデヒドは**アセトアルデヒド**である。ほかのアルデヒド類も風味を作るうえで重要な役割を果たす場合がある。たとえば、ある種の高級アルデヒドはワインの香りに貢献する。バニリンは複雑な芳香族アルデヒドで、ワインをオーク樽で発酵・熟成させると発生する。

アントシアニン類　**Anthocyanins**　赤ブドウや黒ブドウの色のもととなる**フェノール化合物**。ワイン中でほかの化合物と結合して**色素ポリマー**を形成し、ワインに色をつける。23章参照。

本書は小社より刊行した単行本『ワインの科学』（二〇〇八年刊）、改訂新版『新しいワインの科学』（二〇一四年刊）のうち、後者を文庫化したものである。

Jamie Goode:
Wine Science (2nd Edition): The Application of Science in Winemaking
First published in the English language in 2014 by Octopus Publishing Group Ltd., Carmelite House, 50 Victoria Embankment, London, EC4Y 0DZ
Japanese translation rights arranged with Octopus Publishing Group Ltd., London through Tuttle-Mori Agency, Inc., Tokyo

ワインの科学《かがく》

二〇二一年一月一〇日　初版印刷
二〇二一年一月二〇日　初版発行

著　者　J・グッド
訳　者　梶山《かじやま》あゆみ
監修者　藤見《ふじみ》利孝《としたか》
発行者　小野寺優
発行所　株式会社河出書房新社
〒一五一-〇〇五一
東京都渋谷区千駄ヶ谷二-三二-二
電話〇三-三四〇四-八六一一（編集）
〇三-三四〇四-一二〇一（営業）
http://www.kawade.co.jp/

ロゴ・表紙デザイン　粟津潔
本文フォーマット　佐々木暁
本文組版　KAWADE DTP WORKS
印刷・製本　中央精版印刷株式会社

落丁本・乱丁本はおとりかえいたします。

Printed in Japan　ISBN978-4-309-46726-9

植物はそこまで知っている

ダニエル・チャモヴィッツ　矢野真千子〔訳〕　46438-1

見てもいるし、覚えてもいる！　科学の最前線が解き明かす驚異の能力！　視覚、聴覚、嗅覚、位置感覚、そして記憶——多くの感覚を駆使して高度に生きる植物たちの「知られざる世界」。

感染地図

スティーヴン・ジョンソン　矢野真千子〔訳〕　46458-9

150年前のロンドンを「見えない敵」が襲った！　大疫病禍の感染源究明に挑む壮大で壮絶な実験は、やがて独創的な「地図」に結実する。スリルあふれる医学＝歴史ノンフィクション。

この世界を知るための　人類と科学の400万年史

レナード・ムロディナウ　水谷淳〔訳〕　46720-7

人類はなぜ科学を生み出せたのか？　ヒトの誕生から言語の獲得、古代ギリシャの哲学者、ニュートンやアインシュタイン、量子の奇妙な世界の発見まで、世界を見る目を一変させる決定版科学史！

この世界が消えたあとの　科学文明のつくりかた

ルイス・ダートネル　東郷えりか〔訳〕　46480-0

ゼロからどうすれば文明を再建できるのか？　穀物の栽培や紡績、製鉄、発電、電気通信など、生活を取り巻く科学技術について知り、「科学とは何か？」を考える、世界十五カ国で刊行のベストセラー！

チョコレートの歴史

ソフィー・D・コウ／マイケル・D・コウ　樋口幸子〔訳〕　46436-7

遥か三千年前に誕生し、マヤ・アステカ文明に育まれたチョコレートは、神々の聖なる「飲み物」として壮大な歴史を歩んできた。香料、薬効、滋養など不思議な力の魅力とは……。決定版名著！

酒が語る日本史

和歌森太郎　41199-6

歴史の裏に「酒」あり。古代より学者や芸術家、知識人に意外と呑ん兵衛が多く、昔から酒をめぐる珍談奇談が絶えない。日本史の碩学による、「酒」と「呑ん兵衛」が主役の異色の社会史。